Berger/Schuh

•

Grow East

Grow East

Wachstumsstrategien in CEE
Von Beiersdorf bis Henkel, von Hipp bis Erste Bank

Herausgegeben von

Manfred F. Berger
Arnold Schuh

Linde
international

Bibliografische Information Der Deutschen Bibliothek

Die Deutsche Bibliothek verzeichnet diese Publikation in der Deutschen Nationalbibliografie; detaillierte bibliografische Daten sind im Internet über http://dnb.ddb.de abrufbar.

ISBN: 978-3-7093-0202-6

1210 Wien, Scheydgasse 24, Tel.: 01 / 24 630
www.lindeverlag.at

Umschlag: buero8
Satz: deleatur.com, 1050 Wien, Hartmanngasse 15
Druck: Hans Jentzsch & Co. GmbH, 1210 Wien, Scheydgasse 31
1

Inhaltsverzeichnis

Einleitung und Übersicht

Während das enorme Marktpotential der Wachstumsmärkte in Mittel-, Ost- und Südosteuropa offensichtlich und verlockend ist, bedarf die Wahl der richtigen Markteintritts- und Marktbearbeitungsstrategie einer genaueren Analyse. Obwohl die Globalisierung auch die Märkte dieser Region erfasst hat und damit die Übertragung von westlichen Produkt- und Markenkonzepten grundsätzlich erleichtert, ist vor einer unreflektierten Übernahme zu warnen. Die Gefahren lauern, wie viele nach CEE expandierende Unternehmen leidvoll feststellen mussten, unter der Oberfläche. Das hypermoderne Erscheinungsbild vieler Einkaufszentren und Innenstädte, die westlich anmutende Medienwelt und CEE-Konsumenten, die in ihrem Shopping-Verhalten jenen in Westeuropa ähneln, führen leicht zur Annahme, dass kaum mehr Unterschiede bestehen. Aber der Schein trügt. Die rasanten und tiefgreifenden Veränderungen in Wirtschaft, Recht und Gesellschaft haben vielfach zum Entstehen von parallelen Konsumwelten nicht nur im Ländervergleich, sondern auch im selben Land – West-Ost- bzw. Stadt-Land-Gefälle – geführt, die eher ein Mehr an Komplexität in der Marktbearbeitung und Markenführung verlangen als einen einfachen Strategietransfer.

Das Gleichsetzen der Region CEE mit homogenen Produktmärkten, Handelsstrukturen und Konsumentenerwartungen wäre fatal. Es bestehen weiterhin Unterschiede im wirtschaftlichen Entwicklungsstand, im Konsumentenverhalten, in der Handels- und Medienlandschaft und im rechtlichen Umfeld. Kulturellen Unterschieden kommt durch das Bestreben der Länder, ihre (wieder gewonnene) nationale Identität in Sprache, Politik und Gesellschaft hervorzuheben, eine große Bedeutung zu. Auch die häufig zu beobachtende Polarisierung der Märkte in einkommensstarke Oberschichten und kaufkraftschwache Massenmärkte sowie ausgeprägte Stadt-Land-Gefälle in der wirtschaftlichen Entwicklung relativieren die Bedeutung von Durchschnittsgrößen bei Haushaltseinkommen und Kaufkraft und erfordern segmentbezogene Marktanalysen. Gleichzeitig variiert der Einfluss dieser Umfeldfaktoren nach Branchen und Produkten. Eine Betrachtung der Besonderheiten der CEE-Märkte und erfolgreicher Markenstrategien aus der Perspektive verschiedener Branchen kann somit zu einem besseren Verständnis der Marktbearbeitung in CEE beitragen und einen zusätzlichen Erkenntnisgewinn leisten.

Das war genau die Zielsetzung des 1. Grow-East-Kongresses, der vom 6. bis 7. September 2007 in Wien stattfand. Unter dem Generalthema „Grow East – The Future of Brands and Retailing in Central and South Eastern Europe" präsentierten und diskutierten Vertreter/innen aus der Markenartikel- und Werbebranche, dem Einzelhandel, aus Banken und Versicherungen sowie Wissenschaftler die

Besonderheiten der Marktbearbeitung in dieser Region. Die in diesem Sammelband vereinigten Beiträge entstammen diesem Kongress.

Das Buch wird mit einem Statement des Grow-East-Initiators Manfred Berger, Geschäftsführer von Draftfcb Kobza, eröffnet. Manfred Berger verweist in seinem Vorwort auf die revolutionären Veränderungen der Marketinglandschaft in den CEE-Märkten, die sich in kürzester Zeit mit unglaublicher Radikalität vollzogen haben. Die in der Region tätigen internationalen Markenartikel- und Handelsunternehmen sehen sich heute parallelen Konsumwelten gegenüber, die die Komplexität in der Markenführung erhöhen und damit den einfachen Transfer von westlichen Marketingkonzepten nach CEE in Frage stellen. Walter Hitziger, Vorstandsmitglied der Österreichischen Post AG, hebt in seinem Vorwort den Beitrag der Pionierunternehmen hervor, die diese Märkte aufgebaut und modernisiert haben.

Es folgt dann jener Teil – gegliedert in die Kapitel „Insights“ und „CEE-Unternehmensstrategien“ –, der die am Kongress gehaltenen Vorträge umfasst. In den „Insights“ sind jene Beiträge gesammelt, die sich länder- und branchenübergreifend mit marketingrelevanten Besonderheiten in den CEE-Märkten beschäftigten und auf Grundfragen des (Marken-)Managements in CEE eingehen. Der Marktforscher Rudolf Bretschneider untermauert mit Daten den radikalen Wandel der Gesellschaften und Märkte der Region, sieht aber die ablaufende Vereinheitlichung bzw. Globalisierung der Märkte nur als ein Oberflächen-Phänomen und glaubt an keine Gleichschaltung der europäischen Märkte. Elisabeth Ochsner und Tamás Bognár geben einen guten Überblick über Mediennutzungsverhalten und Medienstrategien in CEE, vor allem in Ungarn, und zeigen auf, wie rasch die ungarischen Medienagenturen zu westlichen Standards aufgeschlossen und in manchen Bereichen heute sogar Vorbildwirkung haben. Marie-Hélène Magenschab beschäftigt sich mit der grundlegenden Frage der Ein- versus Mehrmarkenstrategie. Selbst im technikaffinen Mobilfunkbereich ist eine Einmarken-Strategie nicht immer die beste Lösung. Unterschiedliche Marktsituationen, Markteintrittsformen und kulturelle Aspekte erfordern angepasste markentechnische Lösungen. Manfred Berger zeigt an den Beispielen von Nivea und Eurobilla, wie in der Kommunikationspolitik und Kampagnenentwicklung mit dem Konflikt zwischen kostensparender internationaler Standardisierung und wirkungsstarker Lokalisierung umgegangen werden kann. Die geschickte Gestaltung des Kreativprozesses und konzeptionelle Klarheit sind wesentliche Erfolgsfaktoren beim kommunikativen Markenaufbau in CEE. Wie nach CEE expandierende Unternehmen ihre Marken, Geschäfts- und Produktaufmachung vor Nachahmung schützen können, ist das Thema der Autoren der Wolf Theiss Rechtsanwälte GmbH. Sie zeigen anhand einzelner konkreter Fälle, in welchen Formen Markenpiraterie auftreten kann und wie ein Exporteur oder Investor seine Markenstrategie rechtlich absichern kann. Arnold Schuh und Piotr Ploszajski, Wirtschaftswissenschaftler aus Wien und Warschau, nehmen die vorherrschende westliche Sichtweise im CEE-Management als Ausgangspunkt ihrer Analyse und fragen provokativ, was denn der Westen vom Osten lernen kann. Neben der persönlichen intellektuellen Horizonterweiterung finden sie mehrere Ansatzpunkte für organisationales Lernen innerhalb multinationaler Unternehmensgruppen. Der Beitrag von Schuh zur Frage, ob die Erfolgsgeschichte der österreichischen Wirtschaft in CEE so weitergehen wird, schlägt eine thematische Brücke zu den nachfolgenden Expansionsstrategien aus Firmensicht. Er ist optimistisch, dass sich diese „Mini-Globalisierung" der österreichischen Wirtschaft fortsetzen wird und sieht mittelfristig am ehesten Risiken in dem sich abschwächenden Wirtschaftswachstum und im zunehmenden Konkurrenzdruck.

Im Kapitel „Erfolgreiche Wachstums- und Marktbearbeitungsstrategien in CEE" finden sich Beschreibungen des „Going East" von Unternehmen aus verschiedenen Branchen. Beim Großteil der Unternehmen handelt es sich um CEE-Pioniere, die gleich nach dem Fall des Eisernen Vorhangs in die Ländermärkte eingetreten sind und heute auf eine beachtliche Marktpräsenz verweisen können. Die Erste Bank Group ist mehrfacher Marktführer im Retail Banking in CEE und agiert in einem „erweiterten Heimmarkt", der 120 Millionen Einwohner umfasst. Kein Wunder also, dass bereits vom „Kontinent Erste Group" gesprochen wird, wo über die Präsenz hinaus an der Vereinheitlichung des visuellen Auftritts und an gemeinsamen Leistungsangeboten gearbeitet wird. Autor Helmut Hager betont die Bedeutung eines vertrauenswürdigen Images und der Nähe zu den Kunden als Erfolgsfaktor bei Finanzdienstleistern. Ulrich Schmidt arbeitet in seinem Beitrag die enormen und raschen Veränderungen im Kosmetikmarkt in CEE hervor. Vom Vordringen internationaler Handelsketten und moderner Handelsformate profitieren die Kosmetikhersteller in hohem Maße, sie treffen in CEE auf schnell wachsende und aufnahmebereite Märkte. Schmidt tritt für eine stärkere Zusammenarbeit zwischen Industrie und Handel ein, da es zahlreiche „Win-Win"-Situationen für beide Seiten gibt und damit bedeutende Synergien erzielt werden können. Henkel CEE ist ein wahres Paradebeispiel für ein erfolgreiches Markenartikelunternehmen in CEE. Wenn Günter Thumser von einem „Marketing for Greater Europe" spricht, dann bezieht sich das auf die Präsenz in 30 Ländern Mittel- und Osteuropas mit fast 500 Millionen Einwohnern. Es wird verständlich, dass Fragen der internationalen Standardisierung und der Balance von lokalen und regionalen Marketingprogrammen eine besondere Bedeutung zukommt. Offen zu bleiben gegenüber Marktentwicklungen, den kulturellen Erfahrungsaustausch zu kultivieren und Flexibilität bei bestmöglicher internationaler Standardisierung anzustreben sind Empfehlungen, die beim Marketing im Großraum Europa zu beachten sind. Mirka Škrabalová erläutert in ihrem Beitrag, wie Chiquita zur führenden Markenbanane in CEE wurde. Der Markenaufbau von Chiquita ist ein Lehrbuch-Beispiel dafür, wie durch die konsequente Umsetzung eines professionell entwickelten Marketingkonzeptes Märkte aufgebaut werden können. Mit einer ähnlichen Situation setzt sich der folgende Beitrag aus dem Lebensmittelbereich auseinander. Der Aufbau einer neuen Produktkategorie, und zwar von hochwertiger Babynahrung, und damit zugleich des Geschäfts der Marke Hipp in CEE ist Thema von Franz Salm-Reifferscheidt. Auch hier ist der Ausgangspunkt ein Produkt- und Unternehmenskonzept, nämlich das der Kombination von biologischem Anbau mit hochqualitativen Verarbeitungsprozessen zur Herstellung von hochwertiger Babynahrung, das konsequent auf die CEE-Märkte übertragen wurde. 1989 als Exportorganisation von Herrn Salm-Reifferscheidt mit einer Mitarbeiterin gegründet, umfasst Hipp CEE heute ein Produktions- und Vertriebsnetzwerk mit rund 600 Mitarbeitern, das 100 Millionen Euro erwirtschaftet. Christian Wimmer geht auf den Aufstieg von Devin zur führenden Mineralwassermarke in Bulgarien und den aktuellen Relaunch der Marke ein. Unstimmigkeiten in den Kundenassoziationen machten bei Devin eine Imagekorrektur und Produktlinienerweiterung notwendig.

Josef Dutter und Ludwig Wimmer beschreiben die CEE-Expansion eines professionellen Mietwäsche-Dienstleisters, der Salesianer Miettex. Als Erfolgsrezept hat sich der Fokus auf internationale Kunden in der Hotellerie und im Produktionsbereich herausgestellt, die das Mietwäschekonzept bereits kennen und akzeptieren. Die nationalen Kunden sind dann die Zielgruppe der weiteren Marktdurchdringung, wobei die Autoren eine äußerst selektive Vorgangsweise bei der Kundenauswahl anraten. Viele österreichische Unternehmen verbindet mit Teilen der CEE-Region eine lange Geschichte. So ein Traditionsunternehmen ist Steyr Mannlicher, ein bekannter Hersteller von Armee-, Jagd- und Sportgewehren. Andreas Philipp übertitelt daher seinen Beitrag mit „Rückeroberung der Märkte im Osten“. Er gibt einen Einblick in das Vermarkten von Zivilwaffen in CEE, das von hochrestriktiven rechtlichen Rahmenbedingungen, Schutzzöllen, hohem finanziellen Risiko und komplexen Netzwerkstrukturen in Verkauf geprägt ist.

Der abschließende Teil mit den Länder- und Marketingdaten wurde von unserem Partner, der Österreichischen Post AG, aufbereitet und zur Verfügung gestellt. Zwei Beiträge von Martin Weseloh und Peter Umundum leiten diesen Abschnitt ein. Martin Weseloh nimmt die Veränderungen im Einzelhandel in CEE als Ausgangspunkt für seine Betrachtung. Die Modernisierung des Handels, wie sie unter anderem in der Vielzahl neuer Shopping-Center sichtbar wird, führt zu einer verstärkten Nachfrage nach Direktmarketing-Aktivitäten. Eine Auflistung von fünf Erfolgsfaktoren, die beim Markteintritt in CEE zu beachten sind, liefert jenen, die vor so einer Entscheidung stehen, eine gute Orientierungshilfe. Peter Umundum gibt einen makroökonomischen Überblick zur Wirtschaftsregion CEE und widmet sich dann einzelnen Bereichen, in denen er Risiken für Investoren sieht. Mangelnde Rechtssicherheit, ein schrumpfendes Angebot an Fachkräften, steigende Lohnkosten und weiterhin ein hohes Maß an Korruption werden als Herausforderungen genannt. Die nachfolgende Zusammenstellung von marketingrelevanten Daten für die einzelnen Ländermärkte in CEE erlaubt es, erste

Einblicke in die Größe, Struktur und Entwicklung der einzelnen Ländermärkte zu erhalten und diese Informationen für Marktanalysen zu nutzen.

Den Abschluss des Buches bildet der Beitrag des Malers Oskar Stocker. Die vier präsentierten Bilder wurden speziell für den Grow-East-Kongress gemalt. Der thematische Bogen reicht vom rumänischen Diktator Nicolae Ceaucescu bis zur deutschen Studentin in Budapest. Er verweist in seiner Erläuterung auf die Schattenseiten dieser gesellschaftlichen Transformation, aber auch auf die neuen Chancen, die sich aus der Öffnung von CEE ergeben.

Die Herausgeber hoffen, mit diesem Buch eine aufschlussreiche Sammlung von Erfahrungsberichten, Tipps sowie Daten und Fakten bereitzustellen, die dem interessierten Neueinsteiger Lust auf ein Engagement in CEE macht und eine gute Informationsbasis für die Vorbereitung des Markteintritts abgibt. Der erfahrene CEE-Manager wiederum kann seine CEE-Erfahrungen und mentalen Erfolgsmodelle zur Marktbearbeitung in CEE mit jenen anderer CEE-Experten vergleichen. Wir wollen an dieser Stelle allen Sponsoren danken, ohne deren Unterstützung das Grow-East-Projekt – Veranstaltung des Kongresses und Herausgabe des Buches – in dieser Form nicht zustande gekommen wäre. Hervorzuheben sind Ulrich Schmidt von Beiersdorf CEE für sein unermüdliches Engagement und seine wertvollen Ideen zur Weiterentwicklung des Projekts, Helmut Hager von der Erste Group für sein Commitment und seine visionären Ansätze und Martin Weseloh von der Österreichischen Post AG, der sich massiv in das Projekt eingebracht hat und uns die Marketingdaten für unser Buch zur Verfügung gestellt hat. Besonderer Dank gilt auch all den Autoren der Beiträge für ihre gute Zusammenarbeit und die Bereitschaft, ihre CEE-Erfahrung mit den Lesern zu teilen. Last but not least möchten sich die Herausgeber ganz herzlich bei Eva Veit für die hervorragende Kongressorganisation und die umfassende redaktionelle Unterstützung bedanken. Wir blicken optimistisch in die Zukunft und freuen uns auf gemeinsame zukünftige Grow-East-Aktivitäten.

Arnold Schuh

Grow East – oder: Wie internationale Markenartikler und Retailer die radikalen Veränderungen in Mittel- und Osteuropa als Chance begreifen

Es vergeht wohl kaum ein Tag, ohne dass nationale und europäische Medien berichten, dass die Region Mittel- und Osteuropa neben China und Indien die Wachstumsregion der kommenden Jahre sein wird. Der Eintritt in diese Ländermärkte bietet uns die Chance, der Enge und dem Konkurrenzdruck auf unseren westeuropäischen Märkten zu entkommen. Dabei übersehen wir gerne, dass die Region Mittel- und Osteuropa – im Buch durchgängig mit der gebräuchlicheren englischen Abkürzung CEE, was für Central and Eastern Europe steht, bezeichnet – historisch und kulturell alles andere als eine Region, also eine homogene Ländergruppe, ist. Das Label CEE täuscht eine Einheitlichkeit vor, die es auf lokaler Marktebene nicht gibt.

So finden wir verschiedene Stadien der Marktkonsolidierung auf wenigen hundert Kilometern Distanz, die unterschiedlicher nicht sein könnten. Zum Beispiel variiert der Umsatzanteil moderner Handelsformate im Lebensmitteleinzelhandel extrem zwischen den Ländern: Während in der Tschechischen Republik bereits mehr als 80% der Lebensmittelumsätze über Verbraucher- und Supermärkte sowie Diskonter abgewickelt werden, laufen in der Ukraine noch knapp 40% über die klassischen Tagesmärkte und weniger als 10% über den modernen Lebensmittelhandel.

Ähnliches gilt auch für den Kulturbereich. Kunst und Kultur waren und sind vor und nach dem Fall des Eisernen Vorhanges in den einzelnen Ländern ganz unterschiedlich ausgeprägt. Während sich in Rumänien ein Bildhauer nur in einer Variation von Ceausescu ergehen konnte, erreichten selbst zu Zeiten des kommunistischen Regimes das Filmschaffen in Ungarn und der polnische Jazz internationale Bekanntheit. Diese Unterschiede im damaligen Liberalitätsgrad, also zwischen dem im sozialistischen Regime gesellschaftlich offeneren Polen und Ungarn und dem autoritärer geführten Rumänien und Bulgarien, sind bis heute zu spüren.

Wir reisen heute in eine Region, der wir eine Einheitlichkeit im Konsumverhalten, in den Marktbedingungen, in den Handels- und Medienstrukturen unterstellen, die es so nicht gibt und bringen bei Weitem nicht jene Sensibilität auf, die zu Zeiten der K.u.K-Monarchie eine Selbstverständlichkeit war: Jeder Offizier, der in eine entfernte Garnison verlegt wurde, musste binnen fünf Monaten die

Landessprache lernen, was das grundsätzliche Verständnis mit der lokalen Bevölkerung mehr als gefördert hat. Auch wenn CEE in einem Atemzug mit China und Indien genannt wird, handelt es sich bei dieser Region eben nicht um ein Land mit einem gemeinsamen politischen und wirtschaftlichen System und gemeinsamer kultureller Wurzel, sondern um ein Konglomerat von eigenständigen Nationen und Kulturen, die es individuell zu verstehen gilt, weshalb marktindividuelle Kommunikation gefragt ist.

Heute nivellieren wir mit Englisch, pardon, kommunizieren wir. Wir fliegen kurz ein, geben unser Wissen zum Besten und erkennen oft gar nicht, dass uns eine Generation von hochqualifizierten und hoch motivierten Mitarbeitern und Geschäftspartnern gegenübersteht, von denen wir einiges lernen können. Keine Frage, Kapital ist ein wesentlicher Motor sämtlicher Entwicklungen, aber eben nur einer. Wenn man den Entscheidungsträgern von führenden Private-Equity-Unternehmen zuhört, dann gibt es zwar weltweit genügend Kapital, es fehlen nur die zündenden, tragfähigen Konzepte und die qualifizierten Mitarbeiter für deren Realisierung.

Um daher in CEE erfolgreich zu agieren, sollten wir uns vor Augen halten, dass Entwicklungen in diesen wirtschaftlich aufstrebenden Märkten nicht evolutionär, sondern fast immer revolutionär verlaufen. Es gibt keine sanfte, systematische Entwicklung von einer Stufe auf die nächste, sondern nur unglaubliche Brüche – wohin man schaut. In CEE gibt es Entwicklungen, die es in dieser Geschwindigkeit, Komprimiertheit und Klarheit in unseren westlichen Gesellschaften nie gegeben hat. Man geht vom Greißler direkt zum großflächigen Verbrauchermarkt mit dutzenden Kassen über. Haben wir wirklich Erfahrung im Umgang mit solchen radikalen Veränderungen? Man nehme nur den Umstieg von der Tankstelle mit einfacher Zapfsäule zu einem Tankstellen-Restaurant mit angeschlossenem Supermarkt. Es ist daher kein Wunder, dass manche Hochzeitsgesellschaften nach der Trauung in das Restaurant der OMV-Tankstelle bitten, weil dieser Betrieb in Aussehen und Qualität mit zu den besten in diesem Bereich zählt.

Während unsere Gesellschaft mehr als 50 Jahre Zeit hatte, einen solchen Wandel evolutionär zu erleben und zu verarbeiten, laufen in der CEE-Zone Entwicklungen rascher und parallel nebeneinander ab. Gleichzeitig treten in dieser Transformationsperiode alt und neu nebeneinander auf, was den Markenaufbau extrem komplex und vielschichtig macht. Es wäre eine reizvolle Aufgabe für die Marketingwissenschaft, die Auswirkungen dieser beobachtbaren Brüche und Parallelitäten auf das Kaufverhalten und die Wirksamkeit der Markenpolitik zu untersuchen und nachzufragen, ob hier nicht ein anderes Marketing- und Kommunikationsverhalten angebracht wäre.

Auch Mobilität muss in diesem Kontext anders definiert werden. Während in den städtischen Zentren für einen oberflächlichen Betrachter eine im Wesentlichen mittel- bis westeuropäisch geprägte Gesellschaft und Infrastruktur zu finden ist und man relativ leicht von A nach B gelangen kann, sind Transporte außerhalb der Ballungszentren anders zu sehen. Schon manches Einkaufszentrum, schon mancher Einzelhandelsstandort, der sich außerhalb einer urbanen Struktur etablierte, war überrascht, dass sich eine Kundenfrequenz nur sehr langsam aufbaute. Genauso wie das Gros der Außendienstmitarbeiter noch mit öffentlichen Verkehrsmitteln unterwegs ist, stehen auch den Konsumenten nur eingeschränkte Beförderungsmöglichkeiten zur Verfügung. Natürlich wird es auch bei der Motorisierung und beim Ausbau der Verkehrsinfrastruktur schneller gehen als bei uns, aber die extrem heterogenen Formen der Mobilität, die eben wieder nebeneinander bestehen werden, gilt es zu berücksichtigen.

Genügt es daher wirklich, unsere aktuellen Marketing- und Kommunikationssysteme in diese Region zu exportieren oder wiederholen wir dabei nicht allzu leicht historische, kolonialistische Fehler? Diese und viele weitere Fragen im Zusammenhang mit der Expansion nach und der Marktbearbeitung in CEE werden in diesem Buch aufgegriffen. Die Beiträge stammen vom 1. Grow-East-Kongress im September 2007 an der Wirtschaftsuniversität Wien, der speziell der Diskussion der Marktbearbeitung in den Ländern dieser Region gewidmet war. Der Großteil der Beiträge gibt Antwort darauf, wie westliche Pionierunternehmen in diese Märkte eingetreten sind, ihre Geschäfte aufgebaut haben und in CEE gewachsen sind. Ergänzt werden diese „Success Stories" um Beiträge, die spezielle Fragestellungen beleuchten. So beschäftigen sich einige Beiträge mit Fragen des Konsumentenverhaltens, der Einzelhandels- und Medienstruktur sowie des Markenrechts. Mehrere Beiträge gehen auf die Handhabung des Spannungsfelds internationale Standardisierung versus Lokalisierung in der Markenpolitik ein. Der Sammelband liefert in Summe spannende Einblicke nicht nur für internationale Großunternehmen, sondern auch für die vielen Klein- und Mittelbetriebe, die am Wachstum der Märkte dieser Region teilnehmen wollen. Ein umfangreicher Statistikteil ergänzt das Erfahrungswissen und die Empfehlungen der Experten. In Summe liegt ein Handbuch vor, das Mut macht, den Schritt nach CEE zu wagen, und Wege aufzeigt, wie man sich dieser spannenden Region vor unserer Haustüre am besten nähert. Und nähern sollten wir uns diesen Ländern auf alle Fälle.

Manfred Berger

Growing East – Wirtschaftswunder & neue Wirtschaftsmacht Mittel- und Osteuropa

Der Eiserne Vorhang fiel zwar schon im Jahr 1989, aber erst in den letzten Jahren hat ein breiter wirtschaftlicher Aufschwung unsere Nachbarn selbst erfasst. Die meisten Volkswirtschaften in diesen Regionen haben mittlerweile gute Fortschritte im Transformationsprozess gemacht, der Lebensstandard ist gestiegen. Rasch steigende Haushaltseinkommen fördern die Nachfrage der CEE-Konsumenten, die nach Jahren des Verzichts endlich an der modernen Konsumwelt teilhaben können und sich am Lebensstil der „westlichen Welt" orientieren. Nach wie vor glänzen Russland und generell Länder aus Südosteuropa mit den höchsten Wachstumsraten, sodass der aktuelle Boom an Direktinvestitionen nicht überrascht. Ein gewaltiges Nachfragepotential besteht noch immer in allen Wirtschaftssektoren.

Einen wesentlichen Beitrag zu dieser Transformation haben jene internationalen Unternehmen geleistet, die als Pioniere diese Märkte betreten haben. Mit Hilfe eines massiven Transfers von Kapital, Technologien und Wissen haben sie die Unternehmens-, Markt- und Branchenstrukturen entwickelt. Viele Produkte und Dienstleistungen, die heute angeboten werden, hat es vor der Wende überhaupt nicht oder nicht in dieser Form gegeben. Das Banken- und Versicherungswesen beispielsweise musste von Grund auf überarbeitet werden, moderne Handelsformate und Medienangebote wurden neu eingeführt, Produktionsanlagen wurden ersetzt und Direktinvestitionen in Branchen getätigt, die vorher nicht existierten. Dies gilt auch für die Österreichische Post. Wir sind unseren Großkunden nach Mittel- und Osteuropa gefolgt, indem wir Unternehmen im Bereich unadressierte Werbesendungen und Paketdienstleistungen gekauft haben. Unsere Kunden sollen Leistungen aus einer Hand in gleich hoher Qualität auch im Ausland erhalten können. Zugleich haben wir damit zur Verbreitung von zeitgemäßen Systemen des Direktmarketings und des Versands in den Reformländern beigetragen und damit neue lokale Kunden gewonnen.

Ich selbst war in einem Handelsunternehmen beschäftigt, das als eines der ersten in den frühen 1990er-Jahren den Schritt in diese Regionen wagte. Wir konnten nicht davon ausgehen, dass eine funktionierende Infrastruktur bereits bestand. Wir mussten diese Basis vielfach erst aufbauen. Diese spannende Zeit war ein Lernprozess sowohl für Führungskräfte, Mitarbeiter, Zulieferer, Vertriebspartner als auch Kunden. Es galt den Nutzen moderner Betriebsprozesse und Leistungsangebote zu vermitteln und aufzubauen. Das soll nun nicht bedeuten, dass die CEE-Märkte auf dem Weg zu Kopien westlicher Märkte werden. Dem äußeren Anschein nach mögen sich die Produktwelten in den urbanen

Zentren zwar gleichen, unterschwellig ist jedoch bei allen Verkauf-, Kauf- und Nutzungsprozessen der national-kulturelle Einfluss wirksam – und das wird sich langfristig nicht ändern. Von regionalen Unterschieden in den einzelnen Ländern – Stichwort „Stadt-Land-Gefälle“ – ganz zu schweigen. Ein gutes Verständnis der lokalen Kultur und Einfühlungsvermögen ist daher in Verkauf und Marketing, aber natürlich auch in der Mitarbeiterführung, weiterhin ein Erfolgsfaktor.

Die Expansion nach Mittel- und Osteuropa war somit mehr als nur eine reine geografische Ausweitung des Absatzmarktes. Das erklärt auch, warum viele dieser Pionierunternehmen eine starke Marktstellung haben: Nicht nur weil sie die ersten im Markt waren, sie haben auch „Mehrwert“ geliefert, der vom Aufbau von Unternehmens- und Marktstrukturen bis hin zu „erzieherischen“ Elementen reicht. Und dabei wurden oft tiefgehende Partnerschaften geformt, weil die Markterschließung oft gemeinschaftlich erfolgte: mit Kunden, Geschäftspartnern und begleitenden Dienstleistungsunternehmen aus dem Heimmarkt. Diese Partnerschaftsidee ist es auch, die die Österreichische Post veranlasste, den Grow-East-Kongress zu fördern.

Grow East schafft eine Plattform für den Erfahrungsaustausch zwischen den CEE-Pionierunternehmen, den potentiellen Neueinsteigern, die in kompakter Form Einblicke in verschiedene CEE-Geschäftsideen von CEE-Praktikern erhalten, und Studierenden der Wirtschaftsuniversität, die als fundiert ausgebildeter Managementnachwuchs Karrieren in expansionsorientierten Unternehmen anstreben.

Ich bin überzeugt, dass noch einige Aufbauarbeit in Mittel- und Osteuropa geleistet werden muss und diese Länder sich zu einer enormen Wirtschaftskraft entwickeln werden. Nützen wir diese historische Chance. Sie bietet die Aussicht auf ein neues Lebensgefühl für die Menschen vor Ort, Wachstum für uns Unternehmer und gestalterisches Potential für an spannenden Tätigkeiten interessierten Mitarbeiter und Führungskräften.

Walter Hitziger
Vorstand für Brief und Logistik der Österreichischen Post AG

Insights zu Konsumenten, Medien, Branding, Markenrecht und Management in CEE

Unsere alten neuen Nachbarn aus anderer Perspektive – die neuen EU-Länder aus Marktforschungssicht

Rudolf Bretschneider

Lassen Sie mich mit einem kleinen Gedankenexperiment beginnen. Stellen Sie sich Folgendes vor – Sie kennen dieses Thema aus Märchen und Sagen: Jemand schläft im Jahr 1989 in London ein und erwacht erst im Jahre 2007. Eine andere Person ist zur gleichen Zeit in Bukarest oder Sofia eingeschlafen und vor kurzem wieder aufgewacht. Beide betrachten die Welt um sich herum. Unser Londoner Langschläfer wird sich zwar vermutlich wundern, dass der Verkehr in der City of London mit ungewohnten Auflagen versehen ist, dass er plötzlich Gebäude sieht, die er nie vorher gesehen hat, zum Beispiel das Riesenrad oder die neue Tate-Gallery oder das wiedererrichtete Shakespeare Globe-Theatre. Er wird sich vielleicht auch fragen, wo Carnaby Street mit seinen Hippie-Geschäften hingekommen ist, aber im Großen und Ganzen wird er sich im London des Jahres 2007 ohne Schwierigkeiten zurechtfinden. Es herrscht immer noch Linksverkehr, das U-Bahn-Netz ist unverändert geblieben (abgesehen davon, dass es älter geworden ist), die Londoner glauben immer noch, dass der Kontinent von England abgeschnitten ist, wenn Nebel über dem Kanal liegt, es gibt das Pfund und die Queen, Cricket, und die Times, die BBC und die alten Aufnahmen der Beatles stehen nach wie vor hoch im Kurs.

Ganz anders ist die Situation für den Schläfer in Sofia oder in Bukarest. Er wacht tatsächlich in einer anderen Welt auf. Er wundert sich, dass es so etwas wie politische Parteien gibt, die nicht von der Staatspartei gnadenhalber zugelassen sind. Er erfährt über kurz oder lang, dass die Regierungen ständig gewechselt haben, dass das Sozialsystem umgebaut worden ist, dass es gelungen ist, in wenigen Jahren eine Marktwirtschaft einzuführen (war das nicht das böse rivalisierende Wirtschaftssystem, das von der Staatswirtschaft jahrzehntelang verteufelt worden ist?). Er erfährt, dass sein Land Mitglied der NATO ist und kürzlich der Europäischen Union beigetreten ist. Taumelnd nimmt er zur Kenntnis, dass man ohne allzu große Beschränkungen ins Ausland reisen kann, wo es eine Währung gibt, die „Euro“ heißt. In den Zeitungen und Fernsehkanälen, die sich vervielfacht haben, sieht er Werbung, die nicht einem politischen Plan folgt. Die Straßen sind vollgepropft mit fremdartigen Autos, Lokale gibt es sonder Zahl und Essen aus aller Herren Länder. Es gibt Supermarkets und Hypermarkets, in denen die Regale voll sind und deren breites und fremdartiges Angebot die Wahl oft schwer macht. Er sieht, dass sich die Unterschiede zwischen armer und reicher Bevölkerung ausgeweitet haben und registriert, dass das eigene Wohlergehen und Schicksal im zunehmenden Maße von eigenen persönlichen Anstrengungen abhängt und nicht vom Diktum einer anonymen Organisation, deren Funktionäre über Wohl und Wehe der Menschen bestimmen. Er oder sie – falls es eine Schläferin war – wird zweifellos außerordentlich verwirrt sein und in kürzester Zeit unter Stress stehen.

Ich muss Ihnen nicht sagen, dass die Zeiten nach 1989 für die Bevölkerung der sogenannten Reformländer äußerst hart gewesen sind, was im sogenannten Westen nicht immer registriert wurde. Vielfach haben die Länder erst in den letzten Jahren wieder jenes Wirtschaftsniveau, jene Wirtschaftsleistung erreicht, die sie am Beginn der 1990er-Jahre hatten – freilich mit einem völlig anderen Wirtschaftssystem und mit anderer Exportorientierung. Der politische, wirtschaftliche und soziale Umbau sowie die Vorbereitungen auf den Beitritt zur EU waren äußerst mühevoll und mit schweren Belastungen verbunden. Die ursprüngliche Skepsis, ob es gelingen könne, eine Zentralwirtschaft in ein marktwirtschaftliches System umzubauen (die Ungarn haben dies mit dem Versuch verglichen, aus einer Fischsuppe ein Aquarium bzw. aus einer Eierspeise Eier zu rekonstruieren), ist aber letztendlich überall geglückt, und heute weisen diese Länder hohe wirtschaftliche Wachstumsraten auf und zeigen eine ausgesprochen starke Dynamik, die auch der „EU-alt" einen gewissen Auftrieb gibt – vornehmlich jenen Ländern, die einen starken wirtschaftlichen Austausch angestrebt haben wie Österreich und Deutschland.

Wenn ich Sie jetzt auf eine kleine Reise mitnehme, tue ich das als ein Marktforscher, der immerhin 19 Jahre am Aufbau von Instituten in diesen Ländern gearbeitet hat. Mein Vorteil besteht darin, dass ich Vergleiche über die Region hinweg anstellen kann, eine gewisse Distanz habe und unter Umständen die raschen Veränderungen deutlicher registriere, als dies jemandem möglich ist, der kontinuierlich in einem Land lebt und die Übergänge als fließend empfindet. Die Sprünge sieht man üblicherweise nur, wenn man Veränderungen in der Zeit betrachtet. Ich habe vor kurzer Zeit einen zeitlich verschobenen Vergleich mit Österreich angestellt und war eigentlich recht erstaunt, als ich gesehen habe, dass im Jahre 1965 in Österreich nur 27% der Bevölkerung ein Sparkonto hatten, nur 19% ein Telefon und nur 30% ein Fernsehgerät.

Mitte der 1970er-Jahre hatten bereits 76% ein Sparbuch, 45% ein Telefon und 85% ein Fernsehgerät, übrigens 13% sogar ein Farbfernsehgerät. Wiederum zehn Jahre später war der Besitz von Gütern des gehobenen Bedarfs und von elektrischen Haushaltsgeräten schon eine Selbstverständlichkeit, und mit den 1990er-Jahren hielten dann die neuen Medien Computer, KaSaT-Anlagen und Internet Einzug in die österreichischen Haushalte.

Nur wenn man versucht, sich genau zu erinnern, wie man als 40-Jähriger, 20-Jähriger oder als Kind gelebt hat, wie die Eltern gelebt haben (von den Großeltern ganz zu schweigen), wird einem der dramatische Wandel bewusst. Und damit meine ich nicht nur den offensichtlichen Wandel in der Haushaltsausstattung, obwohl die Konsumwelt unser Leben natürlich sehr stark beeinflusst. Damit ist vor allem auch der gesellschaftliche Wandel gemeint, die zunehmende Spezialisierung, Arbeitsteilung und Mobilität, die neuen Notwendigkeiten der Ausbildung, der Weiterbildung, der Vorsorge, der Absicherung des Erreichten und die neuen Probleme, die durch den Überfluss entstehen. Nicht mehr die Versorgung ist das Problem, sondern vielfach die Entsorgung, die Bewältigung der mit dem Konsum einhergehenden Umweltprobleme, also die Nebenwirkungen des sogenannten Fortschritts.

Die Lebensstile haben sich definitiv stark verändert in den Ländern des neuen Europa. Jene Phänomene der gesellschaftlichen Differenzierung, die man früher nur im Westen deutlich wahrnehmen konnte, hielten auch in den Ländern Mittel- und Osteuropas Einzug. Phänomene der Individualisierung, der Differenzierung, der sogenannten horizontalen Verschiedenheit. Natürlich spielen Einkommen und Ausbildung, Alter und regionale Gegebenheiten nach wie vor eine bedeutende Rolle, aber die Lebensentwürfe werden im zunehmenden Maße „gewählt". Man ist nicht mehr auf ein bestimmtes Schicksal, auf eine bestimmte Karriere festgelegt, sondern hat auch mehr eigenen Einfluss darauf. Die daraus resultierende Dynamik ist unverkennbar und ganz Europa profitiert davon. Die EU-25 ist heute mit einem realen BIP von 11.173 Milliarden Euro der größte Wirtschaftsraum der Welt (USA 10.450 Milliarden Euro) und auch bei den Exporten liegt die EU an der ersten Stelle. Einzig das Wirtschaftswachstum hinkt seit Jahren hinterher und gerade diesbezüglich war die EU-Erweiterung, wie der frühere Erweiterungskommissar Verheugen einmal sagte, ein Segen. Das starke und schnelle Wachstum der Baltischen Länder, Rumäniens und Bulgariens usw. wird durch die inländische Nachfrage und ausländische Direktinvestitionen gespeist und verbessert die wirtschaftliche Situation in der Gesamt-EU. Verheugen hat jüngst gesagt, er habe nie verstanden, warum die Osterweiterung die EU schwächen sollte. Es ist wie bei einem Unternehmen, das integriert, was schnell wächst. Eine Win-Win-Situation. Ich möchte Ihnen anhand einiger Ergebnisse der GfK Gruppe zeigen, wie sich die Situation vergleichsweise darstellt. Dabei wird hoffentlich deutlich, wie rapide der Wandel ist, der sich in CEE-Europa beobachten lässt, und Sie können davon ausgehen, dass dieser rasche Wandel, dieses rasche Wachstum auch noch einige Jahre anhalten wird.

Die GfK Gruppe hat in fünf Ländern Westeuropas sowie in elf Ländern CEE's Lebensstiluntersuchungen durchgeführt. In diesen zeigt sich erwartungsgemäß, dass in den ost- und den südosteuropäischen Ländern Lebensstile, die auf Bewahrung materieller Werte und Sicherheit ausgerichtet sind, häufiger anzutreffen sind als in Frankreich, Spanien, Italien, Deutschland und Großbritannien. Aber auch in Mittel- und Osteuropa finden sich schon viele „Hedonisten", Innovatoren und an sogenannten bürgerlichen Werten ausgerichtete Personengruppen (wobei auch hier Unterschiede zwischen einzelnen Ländern recht augenfällig werden). Wie überhaupt davon auszugehen ist, dass es große Unterschiede zwischen einzelnen Ländern und Ländergruppen gibt. Deutlich sichtbar wird das zum Beispiel auch an der Zahl der Personen, die einen mehr oder weniger regelmäßigen Kontakt mit einem Geldinstitut haben. In Ländern wie Deutschland und Österreich gibt es nur wenige, die keine Bankverbindung haben. Das Gleiche gilt bereits für Slowenien, und auch in Kroatien, der Tschechischen Republik und der Slowakei haben bereits mehr als 80% eine permanente Verbindung zu einem Geldinstitut. In Bulgarien ist dieser Prozentsatz noch weit geringer, was mit den schlechten Erfahrungen wie den Bankenkrisen Bulgariens im Zuge des Transformationsprozesses zu tun hat.

Auch die Nutzung von e-Banking kann als kleiner Indikator für rapide Veränderungen gewertet werden. In Österreich und Belgien nutzen etwa 15% (2004) die Möglichkeiten von e-Banking. In Slowenien sind es bereits 7% in der Tschechischen Republik 5% und auch in Kroatien, Ungarn und in der Slowakei finden sich (etwa im Gegensatz zu Bulgarien, Rumänien oder der Ukraine) bereits Menschen, die diese Angebote für ihre Kontakte mit Geldinstituten nutzen.

Verschiedentlich konnten wir in unseren Studien zeigen, dass sich Innovationen in vielen CEE-Ländern mindestens mit der gleichen Geschwindigkeit ausbreiten wie im reichen Land Österreich. Besonders augenfällig wird das bei der Nutzung von Mobiltelefonen, die – aus unterschiedlichen Gründen wie zum Beispiel wegen der schlechten Qualität der Festnetze – den Markt rasch erobert haben.

Aktuelle Daten (2006/2007) zeigen, dass in der Tschechischen Republik knapp unter 90% der Bevölkerung ein Mobiltelefon besitzen, in der Slowakei sind es 86% und Estland liegt mit 80% nur mit einem Prozent hinter Österreich. In Litauen sind es 78%, in Ungarn 70%, in Polen 68%, in Russland 66% und auch in der Ukraine bereits 63%. Gleiches gilt für die Ausbreitung des Internets. In einzelnen Ländern Mittel- und Osteuropas gibt es bereits mehr Internet-User als in manchem „alten" EU-Land. Führend in der beruflichen/privaten Internetnutzung ist Slowenien mit 61%, die Tschechische Republik weist 46% aus, Kroatien 41%, die Slowakei 38%, Polen 37%, Ungarn 32% und Serbien 29%. Aber auch die Länder Serbien (29%), Bulgarien (28%) und Rumänien (26%) nähern sich bereits der 30%-Marke an.

Besonders auffällig ist der rapide Wandel, der sich in letzten 18 Jahren vollzogen hat, auch bei der Struktur des Lebensmittelhandels. Die regelmäßigen Erhebungen der GfK Gruppe mittels Haushaltspanel zeigen den steigenden Anteil der Hypermarkets und Supermarkets am wertmäßigen Einkaufsvolumen. Zu beobachten ist auch die zunehmende Bedeutung der Discounter und die dementsprechende Abnahme der Straßenmärkte und kleinen Geschäfte. Aber nicht nur der Marktanteil der Hypermarkets und Supermarkets ist für Beobachter aus dem Westen verblüffend. Beeindruckt sind sie sehr oft von der Modernität dieser Outlets, die westliche Standards vielfach übertreffen. Dies nicht zuletzt deshalb, weil sie aufgrund von Neuplanungen realisiert wurden, die im Mutterland der Konzerne nicht ohne Weiteres realisierbar gewesen sind. Die Zuwachsraten bei den Einzelhandelsumsätzen stiegen zwischen 2003 und 2007 nominal in Deutschland jährlich nur um ungefähr um 0,6%, in Österreich um 3%, in Russland hingegen um 16%, in Rumänien um 15%, in der Ukraine um fast 15%, in Bulgarien um 10%, in Ungarn um rund 9%, und auch in der Slowakei, Tschechien, Kroatien und Polen überschritt das Wachstum die 5-%-Grenze.

Einen der Megatrends stellt die rasch zunehmende Motorisierung dar. Nicht nur die Zahl der Pkws pro tausend Einwohner steigt, sondern auch vor allem deren Qualität. Die legendären Trabis der frühen 1990er-Jahre sind zusammen mit den einschlägigen Witzen (Frage: „Wie verdoppelt man den Wert eines Trabi?" Antwort: „Volltanken".) ausgestorben. In der Tschechischen Republik hat die Zahl der Pkws je tausend Einwohner von 1990 auf 2004 von 234 auf 373 zugenommen – in Estland hat sich die Zahl mehr als verdoppelt, in Lettland verdreifacht, in Polen mehr als verdoppelt, in Bulgarien mehr als verdoppelt und in Rumänien verdreifacht (wovon sich jeder Bukarest-Besucher – im Stau stehend – einen persönlichen Eindruck verschaffen kann).

Welche rasanten Entwicklungen und Sprünge in vielen Ländern CEE's stattgefunden haben, kann man am Beispiel der Werbung erkennen. Diese trat vor der Wende 1989 in den offiziellen Medien primär und fast ausschließlich als „Politwerbung" auf. Das Fehlen von Werbung schlug sich auch im Erscheinungsbild der Städte wieder. Ich kann mich gut erinnern, dass das Bukarest des Jahres 1991 nicht zuletzt infolge des völligen Fehlens von Plakaten, Geschäftsschildern und öffentlich sichtbaren Anzeigen einen grauen und deprimierenden Eindruck machte (was natürlich auch auf die mangelnde Beleuchtung zurückzuführen war). Die Werbung für Güter des täglichen Bedarfs, Haushaltsgeräte und Dienstleistungen hielt allerdings rasch Einzug in CEE. Anfangs reichte oft nur ein geringer Werbedruck – das heißt die Schaltung einiger weniger TV-Spots – aus, um für eine Marke einen bleibenden Eindruck zu hinterlassen. Diese für Werbetreibende günstige Situation änderte sich allerdings rasch. Werbegestaltung und Werbestreuung wurden sehr schnell auf eine professionelle Basis gestellt, wobei die Kreativität der lokalen Agenturen den internationalen Agenturen einen harten und oft sehr erfolgreichen Kampf lieferte. Allerdings herrschen auch heute noch zwischen den Ländern große Unterschiede, was die Werbeausgaben pro Kopf betrifft. In Österreich lagen sie im Jahr 2006 bei 272 Euro, in Slowenien bei 174 Euro, in Kroatien bei 115 Euro, in Polen bei 99 Euro, in Tschechien und Ungarn aber bei etwa 67 Euro und in Bulgarien und Rumänien bei 30 Euro. Mit starken Zunahmen ist aber zu rechnen.

Markant sind übrigens auch die unterschiedlichen Verteilungen der Werbeausgaben auf die einzelnen Werbeträger. Während beispielsweise in Bosnien oder Bulgarien, aber auch in Serbien und Kroatien, ein Großteil des Werbebudgets auf die Fernsehstationen entfällt, nehmen die Printmedien in Tschechien, in Litauen, in der Slowakei und in Ungarn einen bedeutend stärkeren Platz ein und schneiden sich vom Werbekuchen oft mehr als ein Drittel ab.

Eindrucksvoll ist auch die starke Penetration mit Kabel- und Satellitenfernsehen. In Rumänien haben etwa 80% diese Empfangsmöglichkeit, in Ungarn etwa drei Viertel, in Bulgarien und Slowenien rund zwei Drittel, und nur in Serbien, Kroatien, Bosnien und Litauen liegen die Reichweiten von Kabel- und Satellit (zusammen genommen) unter 50%. In der Ukraine, in der Tschechischen Republik rangieren sie um die 30%, in Russland noch unter 20%.

Befürworter und Gegner der Globalisierung nehmen an, dass sie ähnliche Bedingungen schafft, wo immer sie hinkommt. Und beide glauben auch, dass die globalen Marktkräfte die Gesellschaften auf den gleichen Entwicklungspfad zwingen. Ich bin zu einem abschließenden Urteil nicht fähig, bin aber skeptisch, was die vorausgesagte Vereinheitlichung betrifft. Weder waren die Länder, die einmal dem Comecon angehörten, ein einheitlicher Block – trotz des einheitlichen Wirtschaftssystems, das mindestens 40 Jahre geherrscht hatte, entwickelten sich auch dort die Dinge oft höchst unterschiedlich. Noch waren die westlichen Gesellschaften, die sich zu einem marktwirtschaftlichen System bekannten, in ihrer Ausformung einheitlich. In vielen Ländern gab es zumindest in Schlüsselindustrien starken staatlichen Einfluss, die sozialen Systeme waren recht unterschiedlich ausgeformt und auch in den sogenannten alten EU-Ländern herrschte trotz einheitlicher EU-Gesetzgebung eine sehr differenzierte politische Kultur, die durch Geschichte, gesellschaftliche Strukturen und Mentalitäten geprägt ist.

Lassen sie mich als Unterstützung für meine skeptische These bezüglich des Einheitspfades der Entwicklung einen französischen Ökonomen anführen, Daniel Cohen, der ein höchst lesenswertes Buch über „Globalisation and it's enemies“ geschrieben hat (Cohen, 2006). Er beginnt mit der scheinbar paradoxen Behauptung, dass für die meisten Menschen in der Welt die Globalisierung keine Realität, sondern nur ein Bild sei. Die Welle der jetzigen Globalisierung, die dritte in einer Serie, die im 16. Jahrhundert mit den Conquistadores begonnen habe und im 19. Jahrhundert mit dem britischen Freihandel fortgesetzt worden sei, geschehe größtenteils im Bereich der virtuellen Realität und lasse viele Bereiche des Alltagslebens unberührt. Die Globalisierung des 19. Jahrhunderts bestünde unter anderem in großen Verschiebungen von Populationen in neue Länder, während die gegenwärtige Phase hauptsächlich Waren und Bilder verschiebe. Die heutige Globalisierung – so schreibt er – ist immobil. Güter werden auf einer globalen Ebene produziert und vermarktet, aber jene Menschen, die in reichen Ländern leben, begegnen anderen Gesellschaften entweder nur über die Medien oder durch exotische Urlaube. Zwar gebe es auch Migrationen armer Menschen vom Nahen Osten und Afrika nach Europa und von Mexiko in die Vereinigten Staaten, aber die Emigranten machen etwa 3% der Weltbevölkerung aus, während es am Beginn des 20. Jahrhunderts ungefähr 10% gewesen seien. Es ist richtig, der

Handel hat sich stark entwickelt, aber er passiert hauptsächlich innerhalb der reichen Länder. Die 15 alten EU-Staaten machten ungefähr 40% der globalen Wirtschaft aus, aber zwei Drittel der Importe und Exporte finden innerhalb Europas statt. Zumindest in den reichen Ländern sei die Globalisierung größtenteils „vorgestellt“. Die Armen dieser Welt seien nicht so sehr ausgebeutet als vielmehr vergessen und vernachlässigt. Gleichzeitig versorge sie die Medienwelt mit Bildern der reichen Länder. Für die Armen ist die Globalisierung nicht ein Faktum, sondern ein Zustand, der längst nicht erreicht sei. Die Ironie der gegenwärtigen Phase der Globalisierung bestehe darin, dass sie den Wunsch nach einem besseren Leben weithin ausstreue, ohne die notwendigen Mittel bereit zu stellen, den Traum zu realisieren.

In jenem Teil der Welt, den ich behandle, CEE, machte man hingegen in den letzten Jahren große Fortschritte. Die Beitritte zu Europäischen Union haben energische Vorbereitungen gefordert. Selbst wenn die Europäische Union Hilfsmittel nicht mehr in gleichem Maße zur Verfügung stellen kann, wie das etwa bei Irland, Portugal oder Griechenland der Fall war, werden Infrastruktur, Investitionen und regionale Hilfen zumindest Voraussetzungen für schnellere Entwicklungen schaffen. Die Frage, wann man den Lebensstandard der westlichen Länder erreichen wird, wird heute nicht mehr so oft gestellt, wie noch vor 15 Jahren. Vielleicht, und hoffentlich deshalb, weil man spürt, dass hier eine Entwicklung in Bewegung geraten ist und zumindest die Richtung stimmt.

Tatsächlich scheinen viele Phänomene in der Welt fast überall, d. h. global, aufzutreten, wenn auch in unterschiedlicher Heftigkeit: Die Klimaphänomene, sprich die Klimaprobleme, sind global – mit höchst unterschiedlichen lokalen Wetterphänomenen. Die Finanzmärkte sind global geworden und beeinflussen einander in Datenübertragungsschnelle. Die Energiemärkte (vor allem Öl und Gas) reagieren kontinentübergreifend: Die Nachfrage in China beeinflusst die Preise praktisch weltweit, russische Lieferspiele und iranische Drohungen führen nicht nur zu Kursanstiegen oder -stürzen, sondern lösen auch internationale politische Strategieänderungen aus. Global ist auch der Vormarsch der elektronischen Revolution mit all den neuen Medien und ihrer Vernetzung, dessen Konsequenzen schon spürbar, dessen gesellschaftliche Folgen aber noch nicht abschätzbar sind, da die dadurch ausgelösten Prozesse noch lange weitergehen werden. Weite Teile der Welt sind durch Beschleunigungsphänomene gekennzeichnet (Rosa, 2005). Alles fließt – immer rascher. Soziodemographische Veränderungen beunruhigen die reichen, aber auch so manche der aufstrebenden Gesellschaften. Die Furcht vor einer Explosion der Weltbevölkerung wurde von der Sorge über alternde bzw. schrumpfende Gesellschaften abgelöst. Geht alles in die gleiche Richtung? Vorsicht vor übereilten Schlüssen ist angebracht. Der Gedanke, alle Entwicklung laufe auf ein eindeutiges, einheitliches Ergebnis zu, ist nicht neu und wurde von großen Geistern während der letzten zweihundert Jahre wiederholt geäußert. Allerdings waren die „Endbilder“ recht verschieden. Im 19. Jahrhundert haben Karl

Marx, Herbert Spencer oder Auguste Comte behauptet, der Fortschritt würde zu einem einzigen Typus sozialer Organisation führen. Für Comte war es eine Art Technokratie, für Marx der egalitäre Kommunismus, für Spencer ein universeller Laisser-faire-Kapitalismus. Im 20. Jahrhundert hat Friedrich Hayek – in einer Art Weiterführung des Spencerschen Konzepts – den freien Markt als Endpunkt der sozialen Evolution gesehen, während andere an eine Art Sowjet-System glaubten. Aber nichts entwickelte sich in Reinkultur. China gab die zentrale Planung zugunsten einer Art von Staatskapitalismus auf, Russland stellt eine moderne Version des traditionellen Autoritarismus mit marktwirtschaftlichen Zügen dar. Europa – in sich verschieden – repräsentiert eine Kombination aus sozialdemokratischem Neoliberalismus. Und die „Borderless World" des Kenichi Ohmae, in der nur die großen Konzerne bestimmen und die Macht der Bürokratie und Politiker „schlucken" – also eine Art „business-utopian model of globalisation" –, ist ebenso fern von der Realisierung wie die Entstehung einer Weltgesellschaft mit mächtigen neuen supranationalen Institutionen.

Seien wir also hoffnungsfroh und skeptisch. Auch CEE wird bunt bleiben.

Literatur

Cohen, Daniel: Globalisation and It's Enemies. Cambridge, 2006.

Ohmae, Kenichi: Borderless World: Power and Strategy in the Interlinked Economy. New York, 1990.

Rosa, Hartmut: Beschleunigung. Die Veränderung der Zeitstrukturen in der Moderne. Frankfurt a.M., 2005.

Die Medienlandschaft in CEE und die Osteuropaexpansion der PanMedia Group

Elisabeth Ochsner, Tamás Bognár

Aufbruchstimmung nach dem Fall des Eisernen Vorhangs

Mitte der 1990er-Jahre herrschten bei den Markenartikelunternehmen und in der Werbebranche angesichts des enormen Marktpotentials in Mittel- und Osteuropa eine wahre Aufbruchstimmung und hohe Erwartungen hinsichtlich der Wachstumsmöglichkeiten in der Region. Die damaligen Eigentümer der PanMedia hatten schon mit der Creativagentur GGK Standbeine im Osten geschaffen und zwar in Budapest, Prag und Warschau. Nun hielt man auch die Medienlandschaft für entwickelt genug, um ein Mediaagentur-Netz aufzubauen. Die Idee war eine ganz einfache: österreichische Kunden auf ihrer Ostexpansion zu begleiten. So weit, so gut. Aber so einfach war das nicht.

Im Westen waren inzwischen Mediaplanungsstandards die Norm, die auf einer Vielzahl von Daten, Forschungsprogrammen und Planungsverfahren basierten. Im Osten gab es zu dieser Zeit gar nichts. Aber hier wurden wir das erste Mal überrascht: Es dauerte nicht lange, bis auch in CEE Medianutzungsdaten zur Verfügung standen und die dazugehörigen Planungsprogramme entwickelt wurden. Und das zweite Mal wurden wir überrascht, als man im Zuge der Nutzungsdatenerhebung gleich zusätzliche wichtige und relevante Zielgruppendaten in die Forschung mit einbezog, die es in dieser Form in Österreich noch gar nicht gab, aber die in allen CEE Ländern bereits verfügbar waren.

Zum Beispiel TGI Hungary (Target Group Index), der nicht nur Konsumgewohnheiten, Einstellungen und Lifestyle-Daten lieferte, sondern diese auch mit den Mediadaten aus Radio und Print (gemessen durch GfK/Szonda-Ipsos) kombinierte.

Die Voraussetzungen waren also geschaffen. Nur die österreichischen Kunden waren damals noch nicht bereit, ihre Expansionspolitik im Osten voranzutreiben. Alle internationalen Markenartikler waren schon aktiv, nur die österreichischen Unternehmen – speziell jene aus dem Handel – waren damals mit ihren Investitionen in CEE noch zurückhaltend.

Daher war es für unsere Agenturen in den einzelnen Ländern wichtig, lokale Kunden zu gewinnen. Wir konnten ihnen dazu unser Wissen und unsere Erfahrung zur Verfügung stellen, ihnen erklären, wie das Geschäft läuft, aber um die Kundenakquisition mussten sie sich selbst kümmern. Unsere Schwestergesellschaft in Ungarn, die PanMedia Ungarn, konnte damals lokale Kunden wie MOL, Postabank, Matáv und viele andere gewinnen. Internationale Media-Netzwerk-Agenturen traten rasch in die Märkte ein, um ihre internationalen Netzwerkkunden zu betreuen.

Was tun in dieser Situation? Wir waren zuversichtlich, dass unsere Erwartungen sich erfüllen würden – mit zeitlicher Verzögerung eben. Und so nutzten wir die Zeit, um gegenseitig Erfahrungen und Kompetenzen auszutauschen und uns innerhalb der Gruppe weiterzuentwickeln. Und wie erwartet haben nun parallel zu unserer Aufbauarbeit in CEE die ersten österreichischen Kunden mit der Expansion begonnen. Dazu zählten unter anderem Kotanyi, Humanic, die Österreich Werbung und Kelly's.

Mediennutzung in CEE

Basis für jede Kommunikationsplanung und ihre Umsetzung in die entsprechenden und relevanten Kanäle ist eine „funktionierende" Medienlandschaft. Die Medienlandschaften waren Ende der 1990er-Jahre zum einen sehr unterschiedlich, zum anderen in vielen Bereichen sehr ähnlich. So war das Fernsehen in Ungarn am Anfang auf wenige Kanäle beschränkt, doch mit der Liberalisierung entwickelte sich in kurzer Zeit rapide eine größere Vielfalt als in Österreich und heute gibt es 60 TV-Sender, die in ungarischer Sprache senden.

Abb. 1: Übersicht über TV Sender in ungarischer Sprache (Stand 1.8.2007)

Die Medien- und Werbemärkte in CEE und SEE (South Eastern Europe) sind rasch und dynamisch gewachsen, vor allem angetrieben von privaten Mediengruppen, die heute auch die Medienmärkte dominieren. Der Werbemarkt ist „lauter" als in Österreich und weist einen intensiveren Wettbewerb auf. Das Fernsehen ist das dominierende Medium, in allen Ländern der Region ist eine höhere TV-Nutzung zu verzeichnen als in Österreich. Besonders Serbien, Kroatien und Ungarn stechen mit einer durchschnittlichen TV-Sehdauer, die mehr als 50% über dem österreichischen Wert liegt, hervor (Abbildung 2). Auch im internationalen Vergleich sind mehr als 280 Sehminuten pro Tag ein Spitzenwert (Abbildung 3). Unterschiede sind auch in der relativen Bedeutung einzelner Mediengattungen erkennbar (Abbildung 4): Während der ungarische Medienmarkt im Vergleich zu Österreich und Großbritannien bei der Zahl der TV-Spots führt, sind Inserate in Printmedien und Werbespots im Kino in Großbritannien äußerst beliebt, während Österreich – im Vergleich zu anderen Märkten – das Land der Plakat- und Radiowerbung ist.

Die Außenwerbung hat sich gut etabliert, hat aber im Vergleich zu Österreich eine geringere Plakatdichte. Auffallend ist die rasche Entwicklung des Internets, wenngleich noch auf niedrigem Niveau.

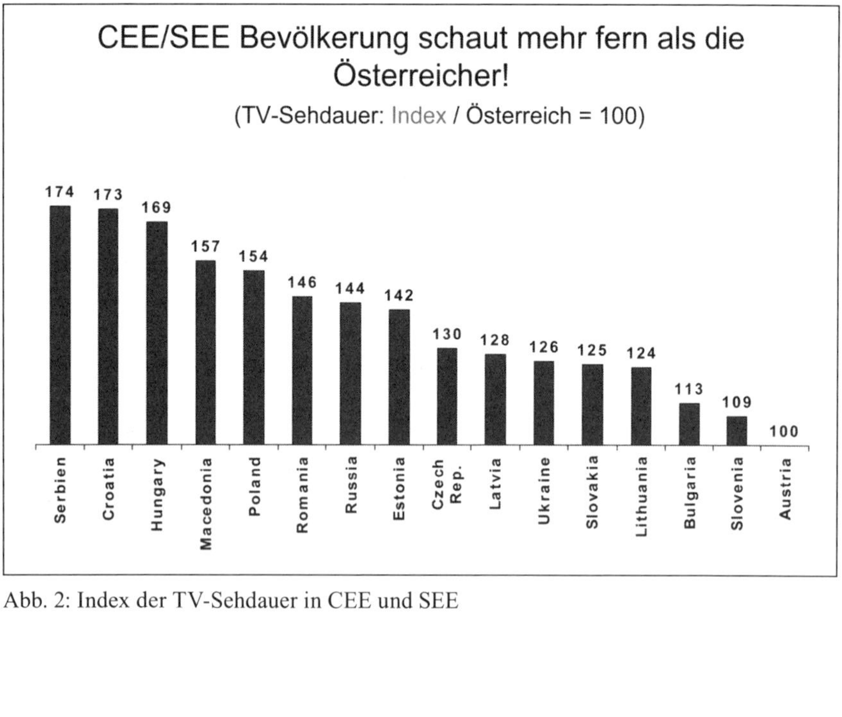

Abb. 2: Index der TV-Sehdauer in CEE und SEE

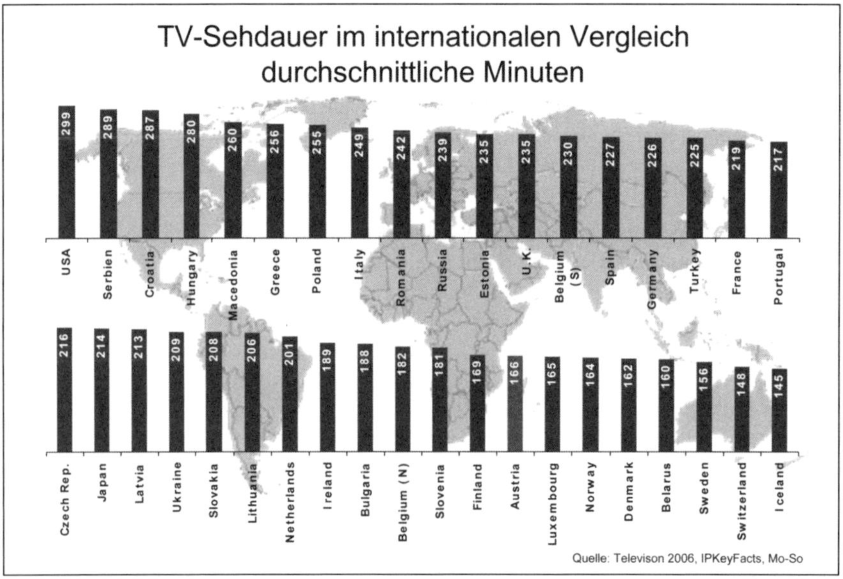

Abb. 3: TV-Sehdauer im internationalen Vergleich (in Minuten)

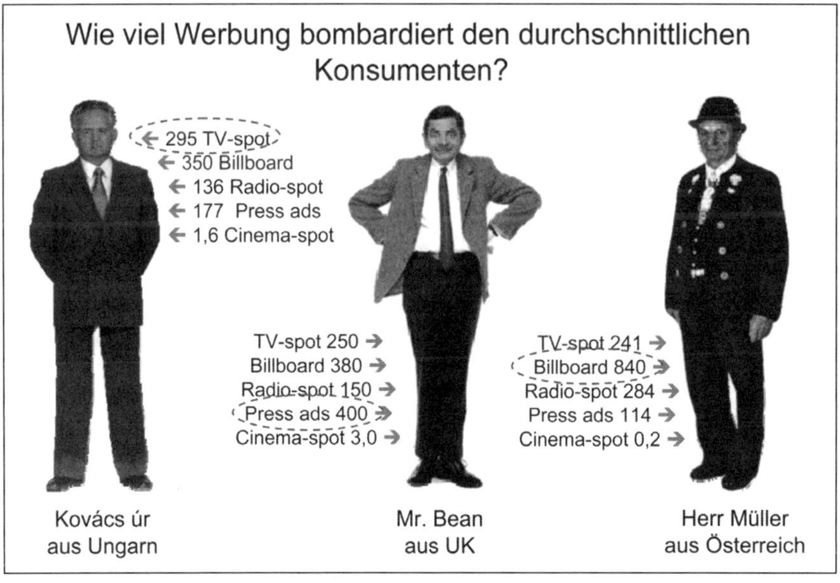

Abb. 4: Vergleich der relativen Bedeutung von Mediengattungen in Ungarn, Großbritannien und Österreich

Beim Vergleich der Medienlandschaften von Österreich und Ungarn anhand der Werbeausgaben werden die nationalen Unterschiede erkennbar (Abbildungen 5 und 6). Der österreichische Gesamtwerbemarkt ist trotz der geringeren Einwohnerzahl mehr als zweimal so groß wie der ungarische Markt. Hervorstechend ist der hohe Anteil der TV-Werbeausgaben in Ungarn (40,5% im Vergleich zu 24,2% in Österreich) und der höhere Ausgabenanteil beim neuen Medium der Online-Werbung (2,6% versus 1,6%) – und dies trotz einer geringeren Internetpenetration in Ungarn. Wie der Überblick über die Internetpenetration in Europa zeigt, ist hier zwischen den Ländern der Region noch eine große Bandbreite im Nutzungsverhalten anzutreffen (Abbildung 7).

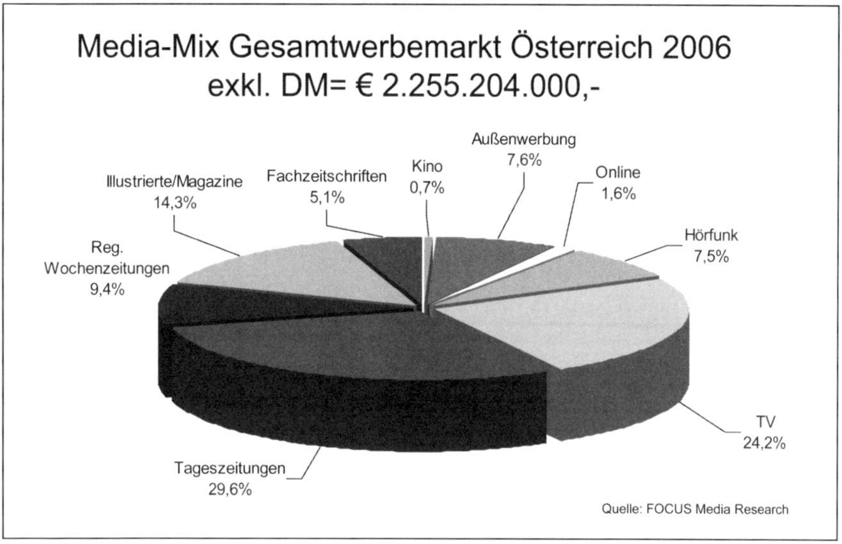

Abb. 5: Media-Mix nach Werbeausgaben in Österreich (2006)

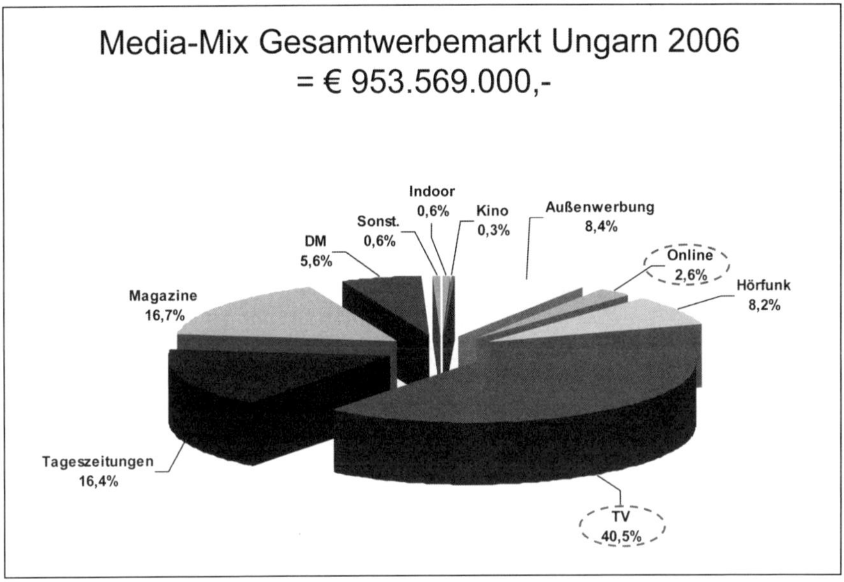

Abb. 6: Media-Mix nach Werbeausgaben in Ungarn (2006)

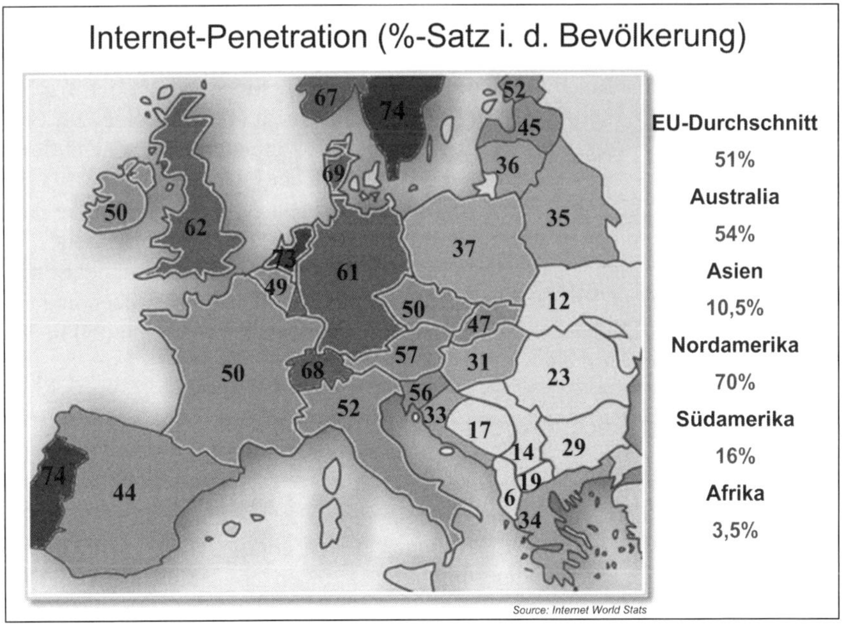

Abb. 7: Internetpenetration in Europa

Mediastrategien in CEE

Zwei wesentliche Aspekte sind es, die die Entwicklung der Mediastrategien von PanMedia in CEE prägen. Zum einen die Anforderungen der Kunden, zum anderen die Ausgestaltung der jeweiligen Medienlandschaften in den einzelnen Ländern der Region. Bei den Kundenanforderungen lassen sich zwei Gruppen unterscheiden: die internationalen Markenartikelunternehmen, insbesondere jene aus dem „Fast Moving Consumer Goods"-Bereich, und die österreichischen Markenartikler und Handelsunternehmen. Während die erste Gruppe stark in nationalen und sogar regionalen Dimensionen denkt und bei der Medienschaltung die Abdeckung des gesamten Ländermarktes oder sogar mehrerer Ländermärkte der Region anstrebt, gehen unsere österreichischen Klienten bevorzugt stufenweise vor. Wir sprechen hier nicht mehr von Kampagnen zur Bewerbung national oder gar CEE-weit vertriebener Produkte, sondern von Kampagnen, die entweder spezielle Formen der Distribution (entweder regional begrenzt oder national gestreut über eine bestimmte Handelskette) oder im Fall von Handelsunternehmen einzelne Standorte (im Einzugsgebiet der eröffneten Geschäfte) unterstützen müssen.

Was die Medienlandschaft betrifft, waren die Kampagnen der multinationalen Auftraggeber in CEE und SEE meist auf Frequenz optimiert und typischerweise Mono-Kampagnen, sprich auf den primären Einsatz eines Mediums, nämlich TV, ausgelegt. In der Zeit der Markteinführungen erreichten die Budgets der internationalen Kunden westliche Standards und als Ergebnis dieser Medienstrategie enorm hohe Reichweiten und Kontakthäufigkeiten. Dieser hohe Werbedruck wandte sich dann oft ins Gegenteil und führte zu Overspending, zur Störung der Rezeption aufgrund eines Übermaßes an Werbeeindrücken („Clutter") und auch Reaktanz gegenüber Werbung von Seiten der Konsumenten.

Im Zuge der Angleichung der CEE Medienmärkte an westliche Vorbilder fand auch ein Transfer von Werbemitteln aus Österreich, speziell in der Handelsbranche, statt: Der Klassiker der österreichischen Handelskommunikation, der Prospekt, fand Einzug in CEE. Den hatte es bis dahin in CEE nicht gegeben und sogar internationale Handelsketten wie z.B. Tesco haben dieses Werbemittel in den CEE Märkten übernommen.

Der Wandel der Herausforderungen in der Medienplanung in CEE

Mitte der 1990er-Jahre erfolgten die Mediaplanungsaktivitäten im freien Flug ohne Netz. Es galt vor allem, Erfahrungen in den neuen Märkten Mittel- und Osteuropas zu sammeln. Bei den internationalen Konzernen führte der Mangel an Mediadaten und Transparenz zu Overspending, während die österreichischen Unternehmen mit großer Zurückhaltung auf diese Situation reagierten. Zur Jahrtausendwende war dann eine Infrastruktur und Datenbasis geschaffen, die endlich ein fundiertes Arbeiten ermöglichte. Media- und Nutzungsdaten waren zum Großteil verfügbar und der mehrjährige Know-how- und Kompetenztransfer hatten Methodeneinsatz und Analyseformen auf westliches Niveau gebracht. Die internationalen Konzerne passten nun ihre Mediaaufwendungen den Marktpotenzialen an und die österreichischen Kunden begannen ernsthaft an ihrer Expansion zu arbeiten.

Heute finden sich im Mediaplanungsgeschäft in CEE Partnerschaften auf allen Ebenen (Medien – Agenturen – Forschungsinstitute, national und international). Das notwendige Know-how ist vorhanden und Mediaforschung findet auf hohem Niveau statt (natürlich noch mit West-Ost-Gefälle). Bei den Kampagnenplanungen werden die gleichen Kriterien wie in Westeuropa eingesetzt, die Erwartungshaltung der Kunden erlaubt heute zumindest in den mitteleuropäischen Märkten keine Qualitätsunterschiede mehr.

Aber was sind die zukünftigen Herausforderungen in der Medienlandschaft in CEE? Die technologischen Entwicklungen wie die fortschreitende Digitalisierung durch elektronische Medien zwingen uns verstärkt länderübergreifend zu denken und zu handeln. Die Globalität der Medienwelt im elektronischen Bereich wird dramatisch zunehmen. Dazu wird als Gegenbewegung die Regionalität nationaler Medien an Bedeutung gewinnen. Die Harmonisierung der Maßnahmen unter der Prämisse maximaler Effektivität und Effizienz wird die große Herausforderung für Medien, Kunden und Agenturen sein. Konkret sind folgende Entwicklungen bei der zukünftigen Mediaplanung zu beachten:

- zunehmende Bedeutung internationaler elektronischer Medien durch fortschreitende Digitalisierung der Medienlandschaft;
- die hohe Kabelpenetration in CEE und SEE schafft eine neue Plattform für „Content-on-Demand"-Dienstleistungen anstatt der heutigen linearen, durch die Fernsehanstalt vorgegebene Sendungsgestaltung;
- durch den späteren Markteintritt ist der Anteil von Broadband-Internet-Access in dieser Region höher als im EU-Durchschnitt;
- die bekannte Kreativität der Osteuropäer zeigt sich in der Vielfältigkeit der Web2.0-Aktivitäten, welche auch neue Geschäftsmöglichkeiten in der ganzen Region entstehen lassen.

Grow East als Wachstumschance

Mit der Expansion in die CEE- und SEE-Länder erwarten Kunden und die sie begleitenden Diensteanbieter überdurchschnittliches Wachstum für ihre Unternehmen. Viele Märkte sind im westlichen Europa weitgehend saturiert, echtes Wachstum findet nicht mehr statt. Wachstum in stagnierenden Märkten bedeutet, den Mitbewerbern Marktanteile abzuringen.

Gesundes Wachstum und damit die Hoffung und Erwartung für eine positive Unternehmensentwicklung kommt aus den Ländern Ost- und Südosteuropas. Es gibt viel zu tun und die Konkurrenz schläft nicht, aber wir sehen für einige Zeit noch einer rosigen Zukunft in den Mediamärkten dieser Region entgegen.

One brand fits all?

Die Mehrmarkenstrategie der mobilkom austria group

Marie-Hélène Magenschab

Osteuropa beginnt in Wien Schwechat

Im 19. und 20. Jahrhundert galt in Österreich der Spruch des Staatskanzlers Metternich, dass der Balkan am Rennweg in Wien-Landstraße beginnt. Heute darf man sagen, der Osten Europas beginnt am Flughafen Wien Schwechat, der zur Drehscheibe der gesamten Region avancierte.

Seit ich in Kroatien tätig bin, also seit dem Jahr 1999, werde ich immer wieder zu sogenannten Südosteuropa-Paneldiskussionen oder Ostexpansions-Seminaren eingeladen. Ich habe mich also durch meine mehrjährige Kroatienerfahrung als „Balkanexpertin" qualifiziert. Doch was ist denn nun der Balkan und wo beginnt der glorreiche Osten? Wie definieren wir heute Begriffe wie Mittel-, Zentral-, Ost- und Südosteuropa?

Einmal abgesehen davon, dass Prag und Zagreb westlich von Wien liegen oder Istrien so weit westlich liegt wie das Salzkammergut, denkt eine Mehrheit der österreichischen Bevölkerung beim Begriff „Osten" gerne: Das ist dort, wo einmal die Kommunisten herrschten, wo am Eisernen Vorhang scharf geschossen wurde und wo es irgendwie „balkanisch" zugeht.

So sehr sich jene Länder voneinander unterscheiden, so haben sie doch einiges an Gemeinsamkeit. Sie sind von ihrem eigenen Anspruch her multikulturell – wir begegnen in diesem Raum drei verschiedenen Schrifttypen, fünf verschiedenen Religionen und gut und gerne 20 Sprachen und Dialekten, die nicht einmal den gleichen Sprachstamm haben.

Allen gemeinsam ist jedoch heute wieder ein gemeinsames Wertesystem, ein stark ausgeprägtes europäisches Bewusstsein und das Bekenntnis zur freien Marktwirtschaft. Oder wie es Erhard Busek, der Sonderkoordinator des Stabilitätspaktes für Südosteuropa, einmal formuliert hat: Mitteleuropa ist eine Lebensperspektive.

Ich selbst begreife mich ein wenig als Botschafter im eigenen Land, um Vorurteile und auch weitverbreiteten Irrglauben aufzuklären. Wir sind keineswegs die Superstars! Und in der hierzulande herrschenden Osteuropa-Euphorie will ich die Leute in Österreich wachrütteln, indem ich ihnen vor Augen führe, wie schnell „Osteuropa" aufholt und dass kein Grund für Überheblichkeit angebracht ist.

Kulturelle Unterschiede – Chance oder Barriere?

Fakt ist, wir leben in einer globalisierten Welt. Groß aufgestellte globale Brands wie Coca-Cola oder McDonald's gehören zum kulturellen Basisverständnis. Auch in der Telekommunikations-Branche verfolgen viele große Unternehmen eine One-Brand-Strategy, etwa Orange oder T-Mobile. One-Brand-Strategy heißt, dass alle Leistungsangebote unter einer Marke, meistens dem Unternehmensnamen, angeboten werden. In der mobilkom austria group dagegen, die in der Region vor allem in Südosteuropa aktiv ist, haben wir uns die Frage gestellt, ob das die einzig richtige Strategie ist. Denn überall im Leben, so auch im Wirtschaftsleben, gibt es Zyklen, lösen Phasen der Zentralisierung solche der Dezentralisierung ab. One-Brand-Strategien werden meist gewählt, um die Synergieeffekte zu maximieren, wobei die lokalen Organisationen zu reinen Vertriebs- und Serviceorganisationen mutieren. Dies geht so lange gut, bis kleine lokale Gegenspieler auftreten, die den zentral gesteuerten Gebilden das Leben schwer machen und dort zu einem Umdenken führen, nämlich zur Forderung, wieder dezentraler, soll heißen lokaler zu werden.

Die größten Barrieren für das erfolgreiche Führen einer globalen Marke liegen in den kulturellen Differenzen. Das haben wir in Südosteuropa sehr schnell entdeckt, und wir sind davon überzeugt, dass wir mit unserem Weg einer multikulturellen Marken-Landschaft richtig liegen.

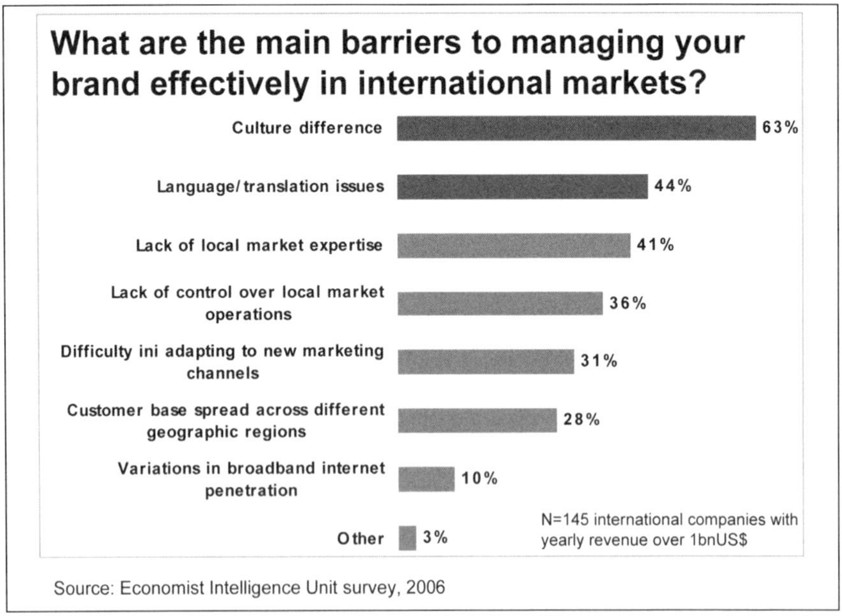

Abb. 1: Barrieren im globalen Markenmanagement

Natürlich haben wir unsere Strategie nicht ohne eine tiefergehende Analyse gewählt; wir ließen durch detaillierte Consulting-Studien die Für und Wider der unterschiedlichen Brand-Strategien erheben und sahen uns die Kosteneinsparungen bei einer One-Brand-Strategie genau an. Doch dazu später mehr.

Uns war sehr bald klar, dass es gerade im südosteuropäischen Raum erhebliche kulturelle Differenzen gibt, die einem Ein-Marken-Ansatz entgegenstehen.

Was prägt nun die Kultur und verursacht die großen Unterschiede zwischen den Ländern der Region? Die politische Situation und die Rechtssicherheit in einem Land haben einen großen Einfluss auf die Gestaltung der Geschäftsbeziehungen. Wo man sich nicht auf einen klar geregelten Vertrags-/Konsumentenschutz verlassen kann und lange Gerichtsprozesse mit höchst ungewissem Ausgang führen muss, sollten Unternehmer eine andere Vorsicht walten lassen.

Ein weiterer wichtiger Aspekt ist die Wirtschaftsentwicklung. Bei unseren Anfängen mit Vipnet, dem ersten privaten Mobilfunkanbieter in Kroatien, im Jahr 1999 besaß nur ein geringer Anteil der Bevölkerung ein Girokonto. Ihr Gehalt bezogen die Leute überwiegend in Cash auf die Hand. Die meisten Rechnungen, die wir verschickten, wurden einfach nicht bezahlt. Das hatte wesentlichen Einfluss auf unsere Geschäftsmodelle und bewirkte den Siegeszug von Prepaid-Angeboten: In Kroatien verfügen daher 80% über ein Wertkarten-Handy; nur 20% haben einen fixen Vertrag abgeschlossen.

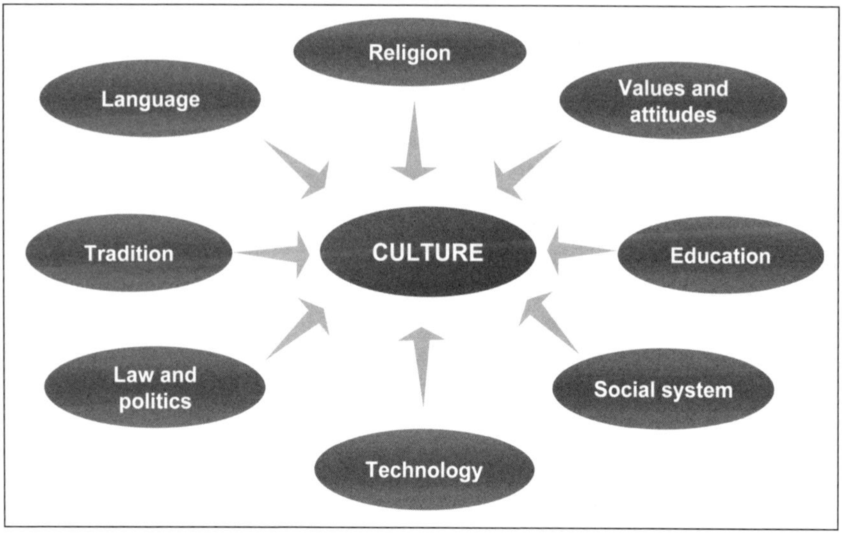

Abb. 2: Einflussfaktoren auf die Kultur

Der Balkan-Krieg führte zu einer starken Geldentwertung und zu erheblichen Verlusten von Ersparnissen. Diese wurden dadurch hervorgerufen, dass Konten nach Kriegsende plötzlich in einem anderen Land waren, was ein großes Misstrauen gegenüber dem Bankenwesen zur Folge hatte. Deswegen war das transparente Prepaid-System in Kroatien so erfolgreich. Das Motto „pay as you talk" war in dieser Situation einfach überzeugender.

Nur wer das kulturelle Wertesystem eines Marktes kennt, kann eine Marke richtig positionieren. Denn eine Marke steht für Werte und Einstellungen, und eine Kaufentscheidung wird aufgrund unterschiedlichster Antriebe getroffen.

Die Kultur ist der Filter, durch den Produkte wahrgenommen werden. Ist ein Plakat nun sexy oder prüde? Das hängt vom Wertesystem einer Kultur ab. In vielen Ländern Südosteuropas leben die Menschen oft bis sie heiraten zu Hause. Viel wichtiger als eine Wohnung ist ihnen ein Auto. Und – erfreulich für uns – besitzt auch das Handy in Südosteuropa einen sehr hohen Stellenwert als Kommunikationsmittel, aber auch als Statussymbol. Daraus wird deutlich, dass die Art, wie man als Unternehmen kommuniziert, über Erfolg oder Misserfolg eines Produktes entscheidet.

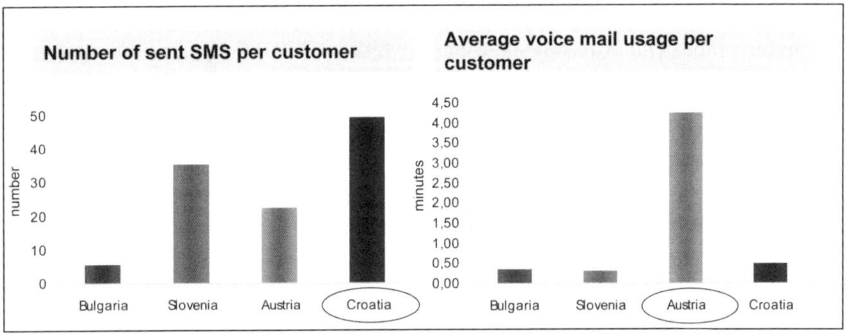

Abb. 3: Unterschiede im Mobilfunkverhalten aufgrund kultureller Unterschiede

Wie Abbildung 3 gut illustriert, wird es in Kroatien als extrem unhöflich angesehen, auf die Sprachbox zu sprechen, da werden lieber SMS verschickt. Ein diesbezüglicher Versuch von mir, meine Mitarbeiter in Kroatien dazu zu bringen, auf die Sprachbox zu sprechen, scheiterte aus diesem kulturellen Kontext heraus. Die Kroaten schicken durchschnittlich 52 SMS im Monat, die Bulgaren nur vier. In Bulgarien, Slowenien und Kroatien liegt die durchschnittliche Abfragezeit der Sprachbox unter einer halben Minute, in Österreich beträgt sie 4,5 Minuten. Und das hat nichts mit dem Preis zu tun, denn in all diesen Ländern erfolgt die Abfrage gratis. Das Phänomen ist ein rein kulturell geprägtes.

Die mobilkom austria group ist mittlerweile in acht Ländern vertreten und bedient 15 Millionen Kunden, die acht verschiedene Sprachen sprechen und zum Teil unterschiedliche Schriften und Zeichen verwenden. Die einen schreiben kyrillisch, die anderen lateinisch, und jedes Land hat seine eigenen Hatscheks, was die einheitliche Nutzung einer standardisierten Software für alle Märkte fast unmöglich macht. Weiters gibt es fünf Religionen, was ebenso wie die Betonung der nationalen Identitäten in der Region für Spannungen sorgt.

Im schmerzhaften Balkankrieg in der ersten Hälfte der 1990er-Jahre kämpften Slowenen, Bosnier und Kroaten für ihr Land und eine eigene Identität, und viele mussten im Kampf dafür ihr Leben lassen. In dieser Situation als Unternehmen mit dem Ansatz „Ihr seid alle gleich“ zu kommen wäre sehr ungeschickt gewesen.

Die Mehrmarkenstrategie der mobilkom austria group

Unsere Philosophie bei allen Expansionsschritten war und ist noch immer geprägt von dem Grundsatz „Think global, act local!“. Absolut lokal ist unser Ansatz als Service-Unternehmen sowie in den Bereichen Marketing und Vertrieb, global agieren wir in den Bereichen Technik, Infrastruktur, Finanzen, Accounting und Reporting, hier sind sämtliche Prozesse standardisiert.

Ein wichtiger Punkt, um unsere Multi-Brand-Strategie zu verstehen, ist auch die unterschiedliche Ausgangslage beim Markteintritt von mobilkom austria in den jeweiligen Ländern.

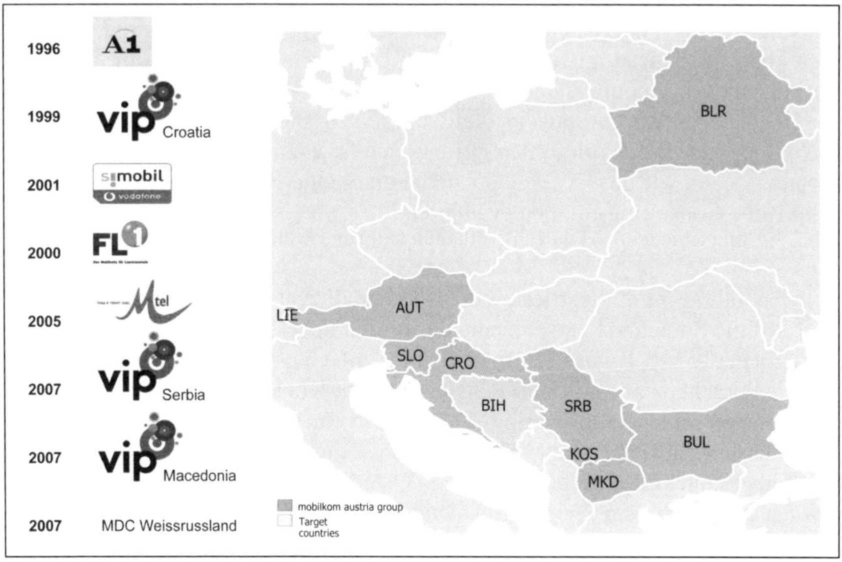

Abb. 4: Niederlassungen der mobilkom austria group

Mit dem Markteintritt in Kroatien im Jahr 1998 und dem Launch der Marke Vip im Jahr darauf waren wir der erste private Anbieter und damit Angreifer, der einem eingesessenen staatlichen Monopolisten gegenüberstand. In Slowenien 2001 (Si.mobil) ging es darum, eine bestehende Marke gegenüber dem etablierten Anbieter neu zu positionieren, hier gab es also keine Greenfield Operation. 2005 kauften wir in Bulgarien den sehr bekannten und führenden Anbieter Mobiltel, der nur einen Mitbewerber hatte. 2007 starteten wir in Serbien wiederum als dritter Marktteilnehmer mit einer Greenfield Operation und mussten erst den Markt erobern.

Warum führten wir nicht überall gleichlautend die Marke A1 ein? In Bulgarien zum Beispiel stand die Marke Mobiltel für sehr viel, die Wertvernichtung wäre hier viel größer als der Synergiegewinn gewesen. Natürlich gibt es bei der Vielzahl an Logos und Marken auch Verbesserungspotenzial und Synergien, die wir nutzen können, indem wir harmonisieren und zusammenlegen. Das tun wir auch, denn in so einem Prozess sind diverse Ungereimtheiten nicht zu vermeiden.

Es gibt auch immer wieder Überraschungen: In Serbien hatten wir bereits eine neue coole Marke designt, mussten aber – nach der Evaluierung von Marktforschungsergebnissen – bald feststellen, dass die „kroatische" Marke Vip bei den potentiellen Kunden viel besser ankam. Schließlich wurde diese für Serbien adaptiert – als Low Cost Brand im Gegensatz zu der Premium Brand in Kroatien, aber bei ähnlichen Brand Values, also ähnlichen Markeneigenschaften und gleicher Customer Centricity, nämlich konsequenter Ausrichtung an der Zielgruppe. Wichtig war auch darzustellen, dass die Marke nicht aus Kroatien und von Kroaten kommt, sondern im Hintergrund ein österreichischer Eigentümer steht. In Serbien und Mazedonien taten sich also ungeahnte Synergiepotenziale auf.

Die gleichen Werbe-Spots in allen Märkten zu spielen, das funktioniert sicher nicht, hier stehen die kulturellen Differenzen in jedem Fall im Wege. In diesem Kontext ließen wir das Synergiepotenzial einer One-Brand-Strategie durch umfangreiche Consulting-Studien evaluieren.

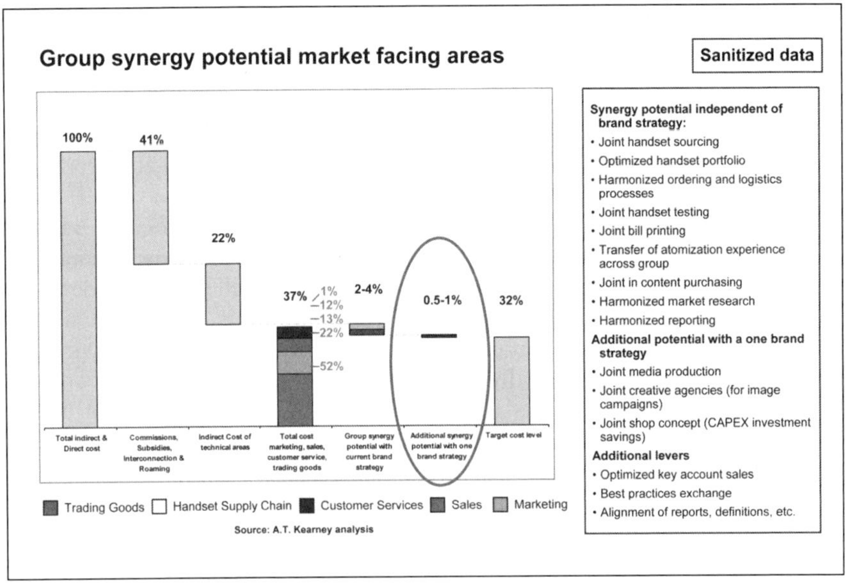

Abb. 5: Einsparungspotential durch eine globale Markenstrategie

Die technischen Synergien innerhalb der Unternehmensgruppe stehen außer Streit und werden auch genutzt. Das hohe Synergiepotenzial bei Trading Goods (zugekaufter Handelsware wie Mobilelefone) schöpfen wir ohnehin durch unseren zentralen Einkauf bei Vodafone aus. Das doch überraschende Ergebnis der Studie: Das zusätzliche Synergiepotenzial einer Einmarkenstrategie liegt bei 0,5 bis 1% der Gesamtkosten. Und das, denken wir, ist vernachlässigbar bei den Vorzügen, die unsere Strategie bringt.

Die Etablierung einer Marke am Beispiel Vip in Kroatien

Mit Vipnet in Kroatien waren wir der erfolgreichste Start-Up in Europa. Wir launchten den Betrieb 1999 und erreichten in nur sechs Monaten die Marktführerschaft. Zum Eintrittszeitpunkt gab es nur den staatlichen Mobilfunkanbieter Cronet und die Marktpenetration lag bei 3,5%. Cronet wurde später von der Deutschen Telekom (T-Mobile) übernommen, zuerst als HTmobile geführt und schließlich erfolgreich in T-Mobile umbenannt. Heute herrscht in Kroatien eine Handydichte von 117,4%.

Von 2002 bis 2005 wiegte sich Vipnet in der trügerischen Sicherheit, der Beste zu sein, und verlor aus Selbstgefälligkeit die Marktführerschaft an T-Mobile, das seine Servicequalität und seine Dienste deutlich verbesserte. Von 2004 an folgten in Kroatien zahlreiche Rebranding-Schritte und 2005 trat ein dritter Mitbewerber, die schwedische Tele2, in den Markt ein. Die folgenden Abbildungen 6.1 bis 6.4 illustrieren die Markenpositionierungen der Wettbewerber.

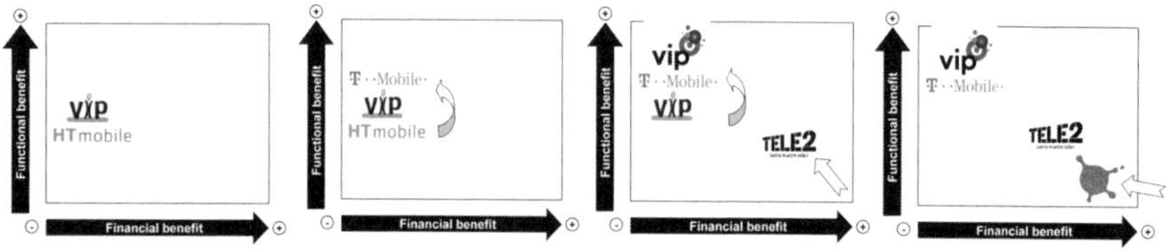

Abb. 6.1: Ausgangssituation vor 2004
Abb. 6.2: Rebranding HTmobile in T-Mobile im Jahr 2004
Abb. 6.3: November 2005: Markteintritt Tele2; Jänner 2006: Repositionierung Vip
Abb. 6.4: Juni 2006: Markteintritt Tomato – die Diskontmarke von Vipnet

Mit der Markeneinführung von Tele2 ging ein Ruck durch Vip und ein Rebranding-Prozess wurde unter meiner Führung eingeleitet. Bei drei Mitbewerbern verliert der, der weder der günstigste noch der beste ist. Denn für die Kunden gibt es in der Regel nur zwei Alternativen: entweder billig oder gut.

Mit der Schaffung der attraktiven Premiummarke Vip und mit dem Launch der Low-Cost-Marke tomato, die nur Voice und SMS anbietet und konsequent die Preisführerschaft verfolgt, konnten die Mitbewerber erfolgreich in die Zange genommen werden. Die Strategie ging voll auf. Der Markteintritt von Tele2, die bis heute 10% Marktanteil erreichten, ging überwiegend auf Kosten von T-Mobile, die Verluste beim Marktanteil von 55 auf 47% hinnehmen mussten. Vip blieb mit 43% im Vergleich zu 45% nahezu stabil.

Südosteuropa-Expansion – wie man sicher nicht erfolgreich ist

Ich habe den Eindruck, gerade bei österreichischen Unternehmen gibt es zahlreiche verzerrte Wahrnehmungen, was ihre Rolle auf den Märkten Zentral- und Osteuropas betrifft. Eine gewisse Überheblichkeit ist oft nicht zu übersehen. Altlagerbestände oder ungeliebte Mitarbeiter erfolgreich doch noch im Osten „anzubringen" funktioniert einfach nicht.

Die meisten Mitbewerber sind sowieso internationale Unternehmen. Mit unserer Marke Vip kämpfen wir gegen die Deutsche Telekom und die schwedische Tele2. In vielen anderen Branchen, wie im Handel oder Finanzsektor, sind zahlreiche internationale Manager in Führungspositionen anzutreffen.

Das Führen einer mittelmäßigen Marke wird in Südosteuropa ganz sicher bestraft. Die Menschen sind viel mode- und markenorientierter als wir in Österreich. Die westliche Herkunft ist schon seit geraumer Zeit kein Persilschein mehr für Vorsprung im lokalen Markt.

In Ost- und Südosteuropa sind zudem exzellente Techniker und generell viele Talente anzutreffen. Daher müssen wir uns in Acht nehmen, dass wir nicht selbst überholt werden.

Heute ist es eine Tatsache: Wer in Zentral-, Ost- und Südosteuropa bestehen und langfristig Erfolg haben will, der muss wie überall dreierlei bieten: die besten Leute, die beste Ware und die besten Services.

Lokal adaptiert versus lokal kreierte Kommunikationssysteme

Manfred F. Berger

Hintergrund

In den 1990er-Jahren hatten einige Top-Manager, die von Wien aus den sogenannten Osten betreuten, eine brillante Idee: Um den Politikern und den Medien den zukünftigen Stellenwert der Ostländer in einer neuen, dynamischen Form näherzubringen, erfanden sie den Begriff CE/SEE.

Dieser sogenannte Osteuropaclub, den es in dieser Form heute gar nicht mehr gibt, hat den Oststaaten einen Begriff verpasst, der nicht nur besser klingt – Zentral- & Südosteuropa kann man wirklich verkaufen –, sondern es wurde damit auch EINE Region geformt.

Heute, eineinhalb Jahrzehnte später, ist dieser Begriff ein weltweit angewandtes Kürzel und steht neben Indien und der Volksrepublik China für eine Region, die sich wirtschaftlich dynamisch entwickelt hat und weiter entwickeln wird.

Nachdem weiters nach den großen, internationalen Konzernen wie Beiersdorf, P&G, Henkel, Masterfood & Co immer mehr mittelständische Unternehmen diese Region für den Export ihrer Konzepte entdecken, stellt sich die Frage, ob es Sinn macht, weiterhin von EINER Region zu sprechen bzw. was die einzelnen Länder dieser Region eint und was sie trennt.

In Wahrheit – und das wird die Geschichte zeigen – handelt es sich beim Auftauchen des Kommunismus in diesen Ländern um ein relativ kurzes Phänomen in einer langen Geschichte dieser Länder. Was der Kommunismus in der Region verursacht hat, war eine Verschärfung des Konsumverzichts. Auch wenn der Verzicht seit Jahrhunderten eine gelebte Tradition war, die seitens des Klerus und der weltlichen Machthaber zur Kontrolle des Volkes eingesetzt wurde, hat der Kommunismus dieses Verhalten verstärkt, indem er zusätzlich das Kollektiv über das Individuum gestellt hat.

Diesen Aspekt muss man zentral in jeder Grundkonzeption berücksichtigen, denn mit der zunehmenden wirtschaftlichen Entwicklung, dem steigenden Wohlstand wird das Ich vor jedes Kollektiv gestellt.

Damit einher gehen Entwicklungen, die die deutlichen Unterschiede zwischen den einzelnen Ländern in CE/SEE immer besser hervortreten lassen.

Genau vor diesem Hintergrund muss aber jedes Kommunikationskonzept, jeder Markenaufbau in diesen Ländern gesehen werden. Und vor diesem Hintergrund beschäftigen wir uns auch laufend mit der Frage, welches Kommunikationssystem das empfehlenswertere ist: ein zentral kreiertes und lokal adaptiertes oder führt ein lokal kreiertes System, welches gewissen Grundparametern entspricht, eher zum Ziel?

Zwei internationale Marken als Beispiel

Um die Learnings bewusst breiter anzulegen, habe ich zwei sehr bekannte Marken ausgewählt: Nivea von Beiersdorf und die Retail-Marke Eurobilla von Billa. Warum gerade diese beiden Marken? Zum einen Nivea, weil diese Marke in der Region bereits seit über eineinhalb Jahrzehnten von Wien aus zentral geführt und betreut wird. Zum anderen Eurobilla, weil gerade der Lebensmitteleinzelhandel ein sehr lokales Geschäft ist. Es gibt bis heute in diesem Bereich keine bekannte, internationale Kommunikation.

Nivea – wie lösen wir für einen bekannten, internationalen Markenartikel die lokale Relevanz, ohne die strategische Grundpositionierung zu verlassen? Die Lösung haben wir in Form eines Creative Rumbles gefunden. Dabei wird vor jeder größeren Kampagne pro Land eine Kreativgruppe, in der Regel bestehend aus zwei Personen, an einen zentralen Ort eingeladen. Diese Teams erhalten vor Ort ein Briefing für die Erarbeitung eines Kommunikationskonzeptes. Anschließend haben sie fünf Tage Zeit, um Konzepte auszuarbeiten. In einer finalen Präsentationsrunde werden sämtliche Konzepte allen Teilnehmern präsentiert, wobei es durchaus üblich ist, die verantwortlichen Manager von Beiersdorf zu dieser Präsentation einzuladen. In diesem Meeting versucht man, sich demokratisch auf ein Konzept zu einigen, was in der Regel gelingt.

Das gewinnende Team hat in der Folge die Aufgabe, das Konzept im Detail auszuarbeiten und dieses wird dann in allen Zielländern mit minimalen Adaptionen eingesetzt. Bei dieser Vorgangsweise wird zu einem sehr strengen und stringenten Marketingkonzept bereits in der Konzeptphase die lokale und regionale Relevanz durch einen kreativen, spielerischen Wettkampf erzielt. An dessen Ende wird noch zusätzlich eine offene, demokratische Diskussion nach dem Prinzip des Best-of-Best geführt und danach entschieden.

Eurobilla – weit komplexer als bei einem klassischen Markenartikel gestaltet sich die Aufgabenstellung bei einem Retailer. Folgende Punkte mussten bei einem neuen, überregionalen Kommunikationskonzept berücksichtigt werden:

- Die verschiedenen Phasen der Marktentwicklung, das heißt die Entwicklung und Struktur der modernen Geschäftsformate (Hyper-, Supermarkets, Cash&Carry, Discounter) des Lebensmitteleinzelhandels in den einzelnen Ländern. Die Abbildung von GfK zeigt die unterschiedliche Bedeutung moderner Handelsformate, die von knapp über 10% in der Ukraine bis hin zu ungefähr 80% in der Tschechischen Republik reicht (siehe Abbildung 1).

- Die Marktstellung in den Ländermärkten: Die Marke Billa befindet sich in den einzelnen Ländern in extrem unterschiedlichen Marktpositionen: Das reicht von einer Marke, die neu eingeführt wird (Polen), bis hin zu einer Marke, die sich durch clevere Akquisitionen plötzlich in der Rolle des Marktführers (Tschechische Republik) findet.
- Unterschiedliche Verhaltensweisen der Kunden zum Grundthema Einkaufen im Lebensmitteleinzelhandel (Abbildungen 2a und 2b).
- Und die Kommunikationsinhalte müssen extrem ökonomisch in den einzelnen Ländern eingesetzt werden können.

– Marktanteile der Geschäftstypen am Grundumsatz in % (2005)

	Hypermärkte	Supermärkte	Discontmärkte	C&C-Märkte	Kleingeschäfte	Straßenverkauf	andere
Polen	18	17	15	2	38	2	9
Tschechien	31	16	22	2	21	0	7
Ungarn	24	14	17	3	31	4	7
Slowakei	19	26	11	3	34	1	7
Kroatien	2	39	6	9	40	0	3
Rumänien	3	16	1	7	56	5	12
Bulgarien	4	14	4	4	64	1	16
Ukraine	0	10	0	2	25	46	17

Quelle: GfK Ungarn, Food International 9/06 - Key Account Nr. 21/2006, ET 13.11.2006

DRAFTFCB + KOBZA

Abb. 1: Bedeutung moderner Handelsformate in CEE

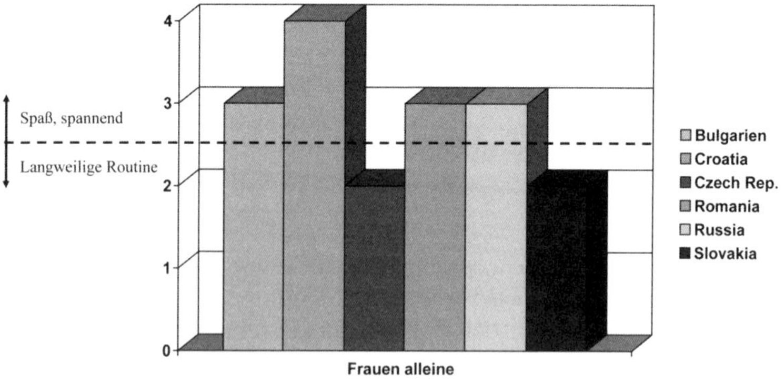

DRAFTFCB + KOBZA

Abb. 2a: Einkaufsverhalten in CEE

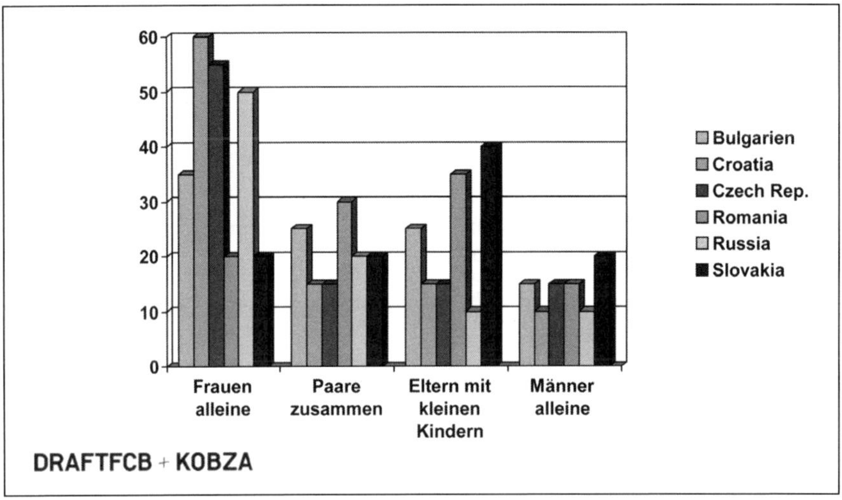

Abb. 2b: Wer übernimmt den Einkauf in CEE?

Wir haben in der Folge für Eurobilla drei Marktphasen definiert (siehe Abbildung 3), indem wir die Marktkonzentration des Lebensmitteleinzelhandels einerseits und die Marktposition von Billa in den einzelnen Ländern andererseits in diese Matrix gebracht haben.

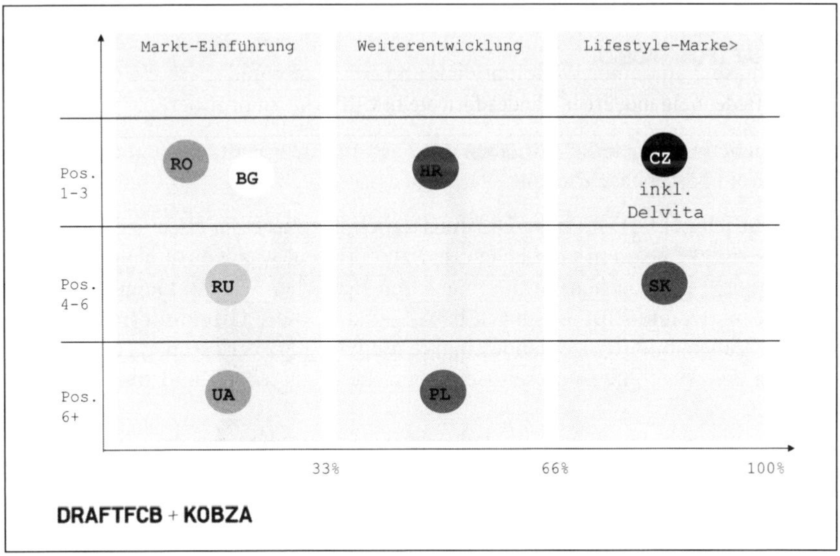

Abb. 3: Markenentwicklung bei Eurobilla

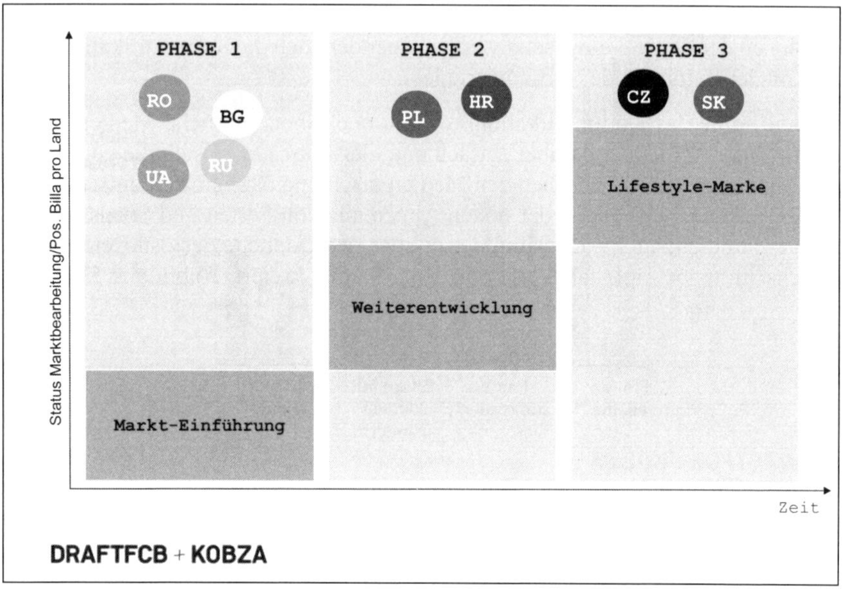

Abb. 4: Das Billa-3-Phasen-Konzept

Darauf aufbauend haben wir das Billa-3-Phasen-Konzept definiert und jeder Marktphase die Eurobilla-Länder zugeordnet (Abbildung 4), indem wir:

- in Phase 1 von einer Einführung der Marke Billa sprechen,
- in Phase 2 von einer Weiterentwicklung der Marke und
- in Phase 3 davon, Billa als eine Life-Style-Marke zu profilieren.

Anschließend wurden die Aufgaben der Kommunikation definiert und die Inhalte der drei Phasen beschrieben:

- Natürlich geht es in Phase 1 grundsätzlich darum, Billa als einen Qualitäts-Supermarkt bekannt zu machen und zu erklären, was Konsumenten bei Billa finden: die frischen Produkte aus den Bereichen Obst & Gemüse, Fleisch & Wurstwaren, Brot & Gebäck bzw. Feinkost; diese Grundinformation wird jede Lebensmitteleinzelhandelsmarke niemals ganz verlassen, da die Darstellung der Angebote in diesen Bereichen die Basis jeder Kundenbindung darstellt;
- während es in Phase 3 darum geht, den Genuss und das Erlebnis, welches mit den frischen, innovativen Produkten von Billa verbunden ist, zu betonen, und man sich daher deutlich von den Grundsortimenten wegbewegt und so eine Beziehung zur Outlet-Marke aufbaut, die über die Grundnutzen Frisch + Sortiment + Preis hinausgeht,

- ist die Phase 2 als eine Übergangsphase definiert, in der bereits Imagedimensionen der Phase 3 eingesetzt werden, aber dennoch die Kommunikation noch von der Betonung der Grundwerte lebt.

Weiters sollte das Kommunikationskonzept quer über sämtliche Medien eingesetzt werden können und dabei einfach und klar sein, sodass sich die gegenseitigen Stützungseffekte zwischen den Medien rasch und ökonomisch einstellen.

Die Lösung – im Sinne der hohen Akzeptanz von Serien und Soaps in allen Ländern und einem TV-Konsum, der in etwa das Doppelte des österreichischen Durchschnitts beträgt, haben wir eine Billa-Family kreiert (Abbildung 5).

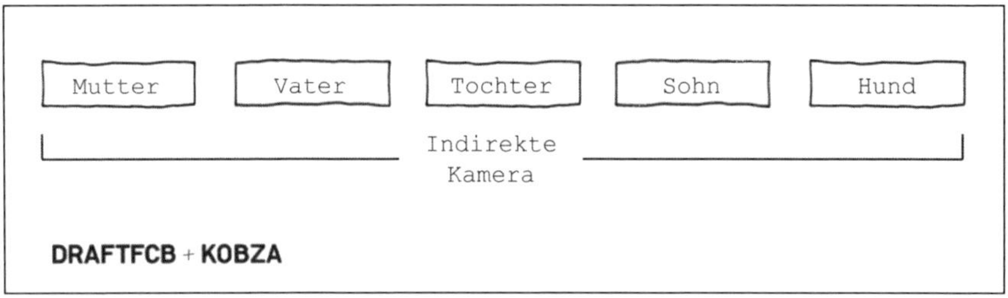

Abb. 5: Die emotionalen Elemente der Billa-Familie

- Jedem dieser Familienmitglieder wurden bestimmte Charaktereigenschaften zugeordnet, die sich auch auf der Ebene der individuellen Ernährung wieder finden: die Tochter als das biologische Gesundheitsgewissen der Familie, ein Vielfraß und laufender Snacker (Sohn) usw.
- Entscheidend ist aber das jüngste und nie direkt sichtbare Mitglied der Familie: der zwei- bis dreijährige Sohn ist die Kamera und er kommentiert im TV (aber auch im Rundfunk) das Geschehen in und um seine Familie aus seiner subjektiven Sicht. Damit ist ein System gegeben, welches extrem leicht in die einzelnen Landessprachen mutiert werden kann, da es keinerlei direkte Lippen-Synchronisation gibt.
- Zusätzlich tritt die Billa-Tragtasche als wiederkehrendes Element in allen Werbemitteln auf und
- der Jingle (gesungener Werbeslogan), in dem die Familie als Ganzes zu sehen ist, bestimmt den Beginn jedes Commercials.

An der Abbildung 6 kann man sehr schön das modulare Kampagnen-System erkennen: Es ist so gestaltet, dass bausteinartig jeder Themenblock für jedes Land einfach eingearbeitet werden kann.

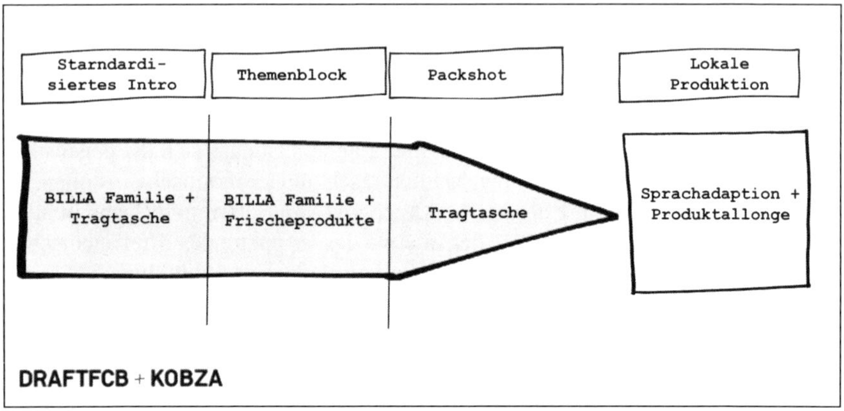

Abb. 6: Modulare Kampagnen-Bausteine

Die einzelnen Familienmitglieder sind auch die perfekten Testimonials für analoge Botschaften in Print, Flugblatt, Outdoor-Poster, POS, Internet usw. (siehe Abbildung 7).

Auch dafür wurden klare einfache Corporate Design Elemente entwickelt, die vor Ort nur sprachlich adaptiert werden müssen. Dabei werden die sogenannten Standard-Sortimente genauso berücksichtigt wie bestimmte Sonderthemen.

Abb. 7a: Billboard
Abb. 7b: Flugblatt
Abb. 7c: Oberkopfblende

Um zusätzlich allen Ländern immer den aktuellen Status zu bieten und komplizierte Rückfragen zu Copyrights bei Bildern, Musik usw. für die Länder als auch für die Zentrale dramatisch zu vereinfachen, wurde eine Intranet-Plattform eingerichtet (siehe Abbildung 8).

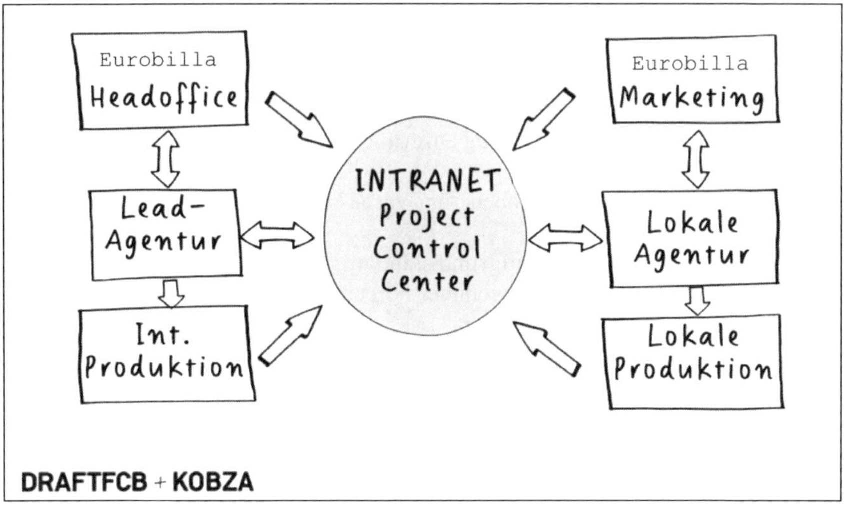

Abb. 8: Intranet-Plattform

Über den reinen Info-Bereich hinaus ist ein Ausbau der Intranet-Plattform wie folgt geplant:

Bereich 1 – Arbeitstool Marketing/Agentur:

- Info-Bereich Management – Übersicht & Download allgemein gültiger Unterlagen
- Kalender – mit allen relevanten Daten zur Planung der internationalen und nationalen Kommunikation
- Abstimmungs-Tool – Upload und Online-Freigabe diverser Werbemittel mit einer Reminder-Funktion per E-Mail
- Werbearchiv – Übersicht und Download aller Werbemittel, abrufbar nach Land und Zeitraum

Bereich 2 – Globale Bilddatenbank, die in drei Teile gegliedert ist:

- Allgemeines Imagebildarchiv
- Internationales Kampagnen-Element; dabei handelt es sich um einen Download-Bereich zur Adaption der aktuellen Kampagnen-Elemente
- Lokale Kampagnen-Elemente; zum Austausch/Abstimmung adaptierter Werbemittel mit lokaler Produktion

Bereich 3 – Media & Mafo

- Info-Bereich zur Optimierung der Ressourcen aufgrund länderübergreifend zugängiger Marktdaten, Mediaspendings etc.

- Zentrale Übersicht und Vergleichbarkeit lokaler Daten zur Planung strategischer Schritte

Bereich 4 – Controlling und Budgetübersicht

- Ermöglicht zentrales Controlling aufgrund monatlicher Reports durch das lokale Eurobilla-Marketing
- Online-Eingabe aller Ausgaben für Werbe- und Marketing-Aktivitäten pro Land
- Zentrale Vergleichbarkeit aufgrund standardisierter Eingabe
- Laufende Budgetkontrolle gegenüber Forecasts

Ein spannendes kreatives Beispiel ist die Lösung des Problems für die laufenden Eröffnungen von neuen Filialen. Nachdem diese unter einem enormen Zeitdruck stehen und quasi immer erst in letzter Minute fertiggestellt werden, konnte beispielsweise das Problem der lokalen Relevanz bei einer gleichzeitigen stringenten Markenpräsenz und einer ökonomischen Ausführung wie in Abbildung 9 dargestellt gelöst werden.

Abb. 9: Eröffnungsplakat Billa

Fazit

Welche Empfehlungen lassen sich daher für den kommunikativen Markenaufbau in CE/SEE aus den zitierten Beispielen ableiten? Versuchen Sie einmal, das kreative Potential der Länder möglichst früh in das Konzept einfließen zu lassen. Beziehen Sie die Entscheidungsträger in alle Grundphasen des Konzeptes mit ein. Für den Aufbau eines internationalen Markenartikels empfiehlt sich das System eines Creative Rumbles, indem man Kreative aus der Region zu einem Team formt und gemeinsam ein Konzept entwickeln lässt, welches anschließend in der gesamten Region eingesetzt wird. Für Strukturen bzw. Marken im Einzelhandel benötigen Sie ein Creative Puzzle, damit die Ökonomie in der Produktion ebenso wie die lokale Flexibilität und regionale Relevanz gewährleistet sind.

Effektives Branding in Mittel- und Südosteuropa

Georg Kresbach, Simone Petsche-Demmel, Alexander Schnider

Die Bedeutung der Marke für den USP aus rechtlicher Sicht

Aus ökonomischer Sicht ist das Branding für die Positionierung eines Unternehmens und den Vertrieb seiner Produkte von zentraler Bedeutung. Das Markenrecht kann das Branding eines Unternehmens rechtlich entsprechend absichern.

Nur eine registrierte Marke genießt besonderen rechtlichen Schutz: Eine Marke räumt ihrem Inhaber das Recht ein, andere von der Verwendung gleicher oder ähnlicher Zeichen für gleiche oder ähnliche Waren oder Dienstleistungen auszuschließen, dies jedenfalls soweit Verwechslungsgefahr besteht. Dieser Grundsatz des Schutzes der registrierten Marke bedeutet, dass ein Unternehmen, das über eine registrierte Marke verfügt, diese Marke zu seinem USP (Unique Selling Proposition) ausbauen kann. Umgekehrt erfordert dies aber auch, jedes Branding durch entsprechende Markenrechte abzusichern.

Den Mitbewerbern ist es untersagt, (verwechselbar) ähnliche Zeichen für (verwechselbar) ähnliche Waren oder Dienstleistungen zu verwenden. Er muss also Abstand zu der registrierten Marke halten, insofern als seine Marke, seine Produktaufmachung, ja sein gesamter Unternehmensauftritt sich deutlich – also in einer Verwechslungsgefahr ausschließenden Form – von registrierten Marken unterscheiden muss. Die Anforderungen an die notwendige Differenzierung hängen dabei von einer Vielzahl von Faktoren ab, insbesondere von der Originalität und Einzigartigkeit der registrierten Marke.

Was ist eine Marke?

Marken können alle Zeichen eines Unternehmens sein, die sich grafisch darstellen lassen, soweit sie geeignet sind, Waren oder Dienstleistungen eines Unternehmens von denjenigen anderer Unternehmen zu unterscheiden (§ 1 Österreichisches Markenschutzgesetz, MSchG).

Dazu zählen Wörter (z.B. Spar), Abbildungen (z.B. die Shell-Muschel), Buchstaben (z.B. BP), Zahlen (z.B. 4711), grundsätzlich auch die Form der Ware (z.B. eine besondere Flaschenform), die Aufmachung der Ware, Kombinationen aus Wort- und Bildbestandteilen (z.B. das VW-Logo), Farbmarken (z.B. die Farbe

Lila für Milka-Produkte), Positionsmarken, bei welchen insbesondere die Position eines Elements – und nicht unbedingt das Element selbst – auf der Ware geschützt ist (z.B. die Position der Adidas-Streifen auf den Ärmeln; die Adidas-Streifen sind aber auch durch selbständige Markenregistrierungen geschützt), Klangmarken (z.B. das McDonald's Jingle „I'm lovin' it") oder auch Geruchsmarken (z.B. der Duft frisch geschnittenen Grases für Tennisbälle) und sogar Werbeslogans (z.B. „Have a break – have a Kitcat").

Entscheidend für die Entstehung des markenrechtlichen Schutzes ist, dass der Schutz (erst) an die erfolgte Registrierung des Zeichens als Marke und damit an die Eintragung in das Markenregister anknüpft. Auch im Markenrecht gilt der Grundsatz: „Speed sells" – im Konfliktfall ist somit entscheidend, wer das ältere Recht (Priorität) an einer Marke erworben hat.

Die verschiedenen Markensysteme

Es gibt kein weltweit einheitliches Markenrecht. Neben den nationalen bestehen einige multinationale Markensysteme:

Nationale Marke

In der SEE/CEE-Region bestehen in allen Ländern eigene gesetzliche Vorschriften über nationale Markenrechte, die von Land zu Land variieren. Nationale Marken verschaffen Schutzrechte lediglich für das Territorium des Staates, in dem sie registriert wurden. Eine slowenische nationale Marke wirkt daher nur in Slowenien (nicht aber z.B. in Kroatien) für eine Schutzdauer von zehn Jahren ab Registrierung.

Innerhalb der Mitgliedstaaten der EU sind die Vorschriften jedoch eher homogen, da sie – soweit eine Umsetzung in das nationale Recht bereits erfolgt ist – auf EU-rechtlichen Vorgaben (insbesondere der sogenannten MarkenRL, der ersten Richtlinie des Rates vom 21.12.1988 zur Angleichung der Rechtsvorschriften der Mitgliedstaaten über die Marken – 89/1/EWG) beruhen.

Internationale Marke

Auf Basis multinationaler Übereinkommen (insbesondere des MMA, Madrider Abkommen über die internationale Registrierung von Marken) wurde die internationale Marke geschaffen. Ihr Vorteil liegt in der – im Vergleich zu mehreren nationalen Markenanmeldungen – vereinfachten Anmeldung, die zentral vom Internationalen Büro (WIPO) in Genf für das internationale Markenregister verwaltet wird.

Sie ist allerdings keine einheitliche, „echte" internationale Marke, sondern verschafft lediglich ein Bündel nationaler Markenrechte, deren Umfang und Inhalt sich wiederum nach den jeweiligen nationalen Rechtsordnungen bestimmt. Ihre Schutzdauer beträgt zumeist 20 Jahre ab Registrierung (dies ist aber jeweils von den beteiligten Ländern und den entsprechend anzuwendenden internationalen Vorschriften abhängig).

EU-Gemeinschaftsmarke

Die EU-Gemeinschaftsmarke auf Basis der Gemeinschaftsmarkenverordnung (Verordnung [EG] Nr. 40/94 des Rates vom 20.12.1993 über die Gemeinschaftsmarke) verschafft mit einer einzigen Anmeldung ein einheitliches Markenrecht in allen Mitgliedstaaten der EU. Dies ist leichter administrierbar und vor allem kostengünstiger als eine Anmeldung in allen EU-Mitgliedsstaaten.

Da es sich um ein „echtes" einheitliches Markenrecht handelt, kann die Marke allerdings bei Problemen in auch nur einem Mitgliedstaat (z.B. bei einem Konflikt mit einer prioritätsälteren nationalen rumänischen Marke) in vollem Umfang zu Fall kommen. Ihre Schutzdauer beträgt zehn Jahre ab Anmeldung.

Fazit

Jedes Markensystem bringt Vor- und Nachteile mit sich. Die Wahl der richtigen rechtlichen Markenstrategie ist somit Teil eines erfolgreichen Brandings.

Der Nutzen der Rechtsberatung in der SEE/CEE-Region

Der Weg in die SEE/CEE-Region muss nicht nur aus markentechnischer, sondern auch aus rechtlicher Sicht gut vorbereitet werden. Tatsächlich ist in der Region kein einheitlicher rechtlicher Standard vorhanden. In manchen Ländern sind die rechtlichen Rahmenbedingungen jenen Österreichs durchaus vergleichbar, in anderen Ländern sind Lücken in der (Wirtschafts-)Gesetzgebung und vor allem nach wie vor Schwächen des Markenregistrierungsverfahrens und der Rechtsdurchsetzung zu konstatieren, welche insbesondere auf dem Umstand fußen, dass die jeweilige lokale Entscheidungspraxis (noch) auf keinen etablierten nationalen „Entscheidungs-Fundus" zurückgreifen kann.

Eine effiziente Rechtsberatung unterstützt und begleitet jeden Schritt des Brandings – von der rechtlichen Machbarkeitsprüfung der ersten Konzepte über die Registrierung der Marke bis hin zur Verteidigung der gut eingeführten Brand – und sichert damit nachhaltig den Unternehmenserfolg.

Eine effiziente Rechtsberatung in der SEE/CEE-Region ist entscheidend durch den unmittelbaren Zugang zum jeweiligen nationalen (Marken-)Recht inklusive der einschlägigen jeweiligen nationalen Rechtsprechung gekennzeichnet und dass sie sich in ihrer Arbeitsweise und vor allem Reaktionszeit nicht bzw. nicht wesentlich von ihrem „westlichen Pendant" unterscheidet. Dafür ist es notwendig, über international ausgerichtete Partner vor Ort zu verfügen. Mit ihrer Hilfe erweisen sich die jeweiligen spezifischen nationalen Hürden als überwindbar, mag auch die Registrierung oder aktive Durchsetzung einer Marke gegen einen Markenpiraten nicht immer unbeschwerlich sein. Letztlich ist der markenrechtliche Weg nach SEE/CEE noch nicht in allen Facetten so geebnet, wie dies im Großteil der EU-Länder der Fall ist. Dennoch lohnt es sich nicht zuletzt aus den oben angeführten ökonomischen Gründen, den Weg zu beschreiten, da damit die markenrechtlichen Systeme in SEE/CEE geprägt werden können.

Um dies zu erleichtern, ist es wünschenswert, die lokale Rechtsprechung weiter zu entwickeln, was unter anderem durch einen Know-how-Transfer von bereits etablierter ausländischer Rechtsprechung erfolgen kann. Diese Möglichkeit soll anhand der nachstehenden Fallstudien erläutert werden.

Markenpiraterie in Kroatien

Sachverhalt

Ein bekanntes Unternehmen hat mehrere Bildmarken registrieren lassen, welche folgende Gestaltung aufweisen:

Die entsprechende Bildmarken-Familie ist insbesondere in Deutschland registriert. In Kroatien wurden weder diese Bildmarke noch eine ähnliche Marke registriert bzw. angemeldet.

Im Zuge einer routinemäßigen Markenrecherche kamen jüngere nationale kroatische Bildmarken zum Vorschein, deren Gestaltung sich von dem oben abgebildeten Markenlogo nur unwesentlich unterschieden hat. Überdies waren die kroatischen Marken für ähnliche Waren und Dienstleistungen registriert. Diese kroatischen Marken bestanden jeweils aus dem folgenden Logo:

Aufgrund der Ähnlichkeit der Logos sowie der durch sie abgedeckten Waren bzw. Dienstleistungen bestand eine rechtlich relevante „Verwechslungsgefahr", das heißt also die Gefahr, dass das angesprochene kroatische Publikum die beiden Zeichen – und damit die jeweiligen Unternehmen der Markeninhaber – nicht unterscheiden kann und die beiden Logos ein und demselben Unternehmen zuordnet.

Da die deutschen Marken als bekannt einzustufen waren, lag die Vermutung nahe, dass ein kroatisches Unternehmen das charakteristische deutsche Logo „gestohlen" und selbst als Marke registriert hatte.

Lokale Besonderheiten des kroatischen Markenrechts

Obwohl Kroatien noch nicht zur EU gehört, ist das kroatische Markenrecht der EU-MarkenRL sehr ähnlich. Der kroatische Gesetzgeber hat jedoch keine Bestimmung erlassen, welche eine sogenannte „Bad Faith Registration" (= „Markenklau") für unzulässig erachten würde.

Problemlösung

Im Rahmen eines Löschungsverfahrens vor dem kroatischen Patentamt konnten die kroatischen Marken innerhalb eines Jahres erfolgreich gelöscht werden, indem auf internationale Rechtsnormen, wie etwa jene des Pariser Verbandsübereinkommens, die österreichische Rechtsprechung zur „Bad Faith Registration" sowie auf allgemeine kroatische Rechtsgrundsätze (wie etwa auf den verpönten Rechtsmissbrauch) verwiesen wurde.

Fazit

Das kroatische Markenrechtssystem ist für internationale Einflüsse offen. Die Verfahrensdauer unterscheidet sich nur unwesentlich vom EU-Standard. Insgesamt betrachtet erweist sich das kroatische Markenrecht über weite Strecken als EU-kompatibel.

Gefälschte Supermarktfiliale im Kosovo

Sachverhalt

Im Zuge eines Besuches der Stadt Balince wurde ein Lebensmittelgeschäft entdeckt, das sich des gleichen bekannten Logos bediente, wie eine bekannte ausländische Supermarktkette. Das Logo dieser Supermarktkette ist auch im Kosovo für den Handel mit Lebensmitteln markenrechtlich geschützt. Da die Logos identisch sind und die gleiche Dienstleistung betreffen, liegt eine rechtlich relevante Verwechslungsgefahr vor.

Lokale Besonderheiten im Kosovo sowie des kosovarischen Markenrechts

Die bemerkenswerteste lokale Besonderheit ist, dass sich Städtenamen oftmals ändern. Dabei kommt es auch vor, dass eine Stadt kurzerhand denselben Namen annimmt wie eine andere, die sich ihrerseits umbenennt. Damit kann es ohne genaue Beschreibung der geographischen Lage einer Stadt (z.B. an der Autobahn X, bei Kilometer Y) mitunter schwierig werden, den Markenverletzer aufzuspüren.

In rechtlicher Hinsicht ist das kosovarische Markenrecht, das 2006 im Rahmen der UNMIK-Resolution Nr. 2006/38 verlautbart wurde, stark von der EU-MarkenRL geprägt. Aufgrund des geringen Alters des kosovarischen Markengesetzes konnte sich jedoch naturgemäß noch keine gesicherte Rechtsprechung etablieren. In Anbetracht der erfahrungsgemäß langen Verfahrensdauer schrecken auch noch viele Unternehmen davor zurück, Markenverletzungsverfahren anzustrengen. Konsequenterweise haben sich bis dato viele Unternehmen dazu entschlossen, allfällige Markenverletzungen im Kosovo vorerst zu dulden.

Problemlösung

Die ausländische Supermarktkette hatte sich insbesondere wegen der zu erwartenden langen Verfahrensdauer ebenfalls dazu entschlossen, vorerst von einem Gerichtsverfahren abzusehen.

Fazit

Der markenrechtliche Weg in den Kosovo kann aufgrund faktischer Unwegsamkeiten noch schwierig sein, obwohl das legistische Schutzniveau durchaus als hoch bezeichnet werden kann.

Gefälschte Flaschen in Bosnien-Herzegowina

Sachverhalt

Ein überaus bekanntes Getränkeunternehmen aus Deutschland musste feststellen, das ein lokaler Konkurrent dazu übergegangen war, Getränke in Flaschen zu vermarkten, die seinen dreidimensionalen Flaschenmarken stark ähnelten.

Die dreidimensionalen Flaschenmarken haben folgendes Aussehen:

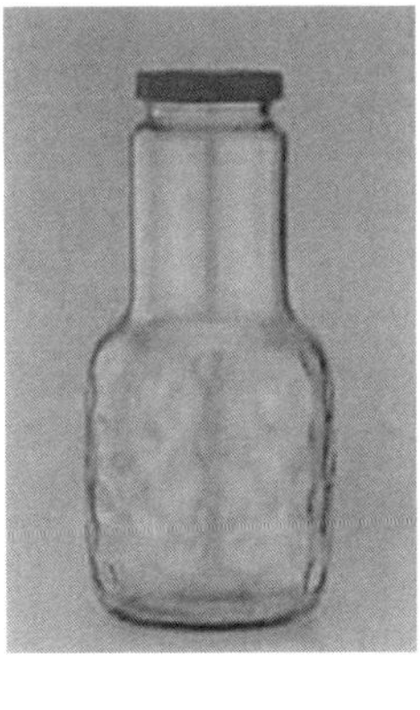

Die Getränke des lokalen Anbieters wurden in die nachstehenden Flaschen abgefüllt:

Nach gemeinschaftsrechtlichem Maßstab ist eine Verwechslungsgefahr nicht zuletzt aufgrund der Bekanntheit der Original-Flaschen sowie dem Umstand zu bejahen, dass die dreidimensionalen Marken die Original-Flaschen ohne Etikett schützen. Ein allfälliges – auf solchen oder ähnlichen Flaschen angebrachtes – Etikett ist daher für den Markenstreit grundsätzlich ohne Bedeutung.

Lokale Besonderheiten des bosnischen Markenrechts

Grundsätzlich befindet sich das bosnische Markenrecht auf einem Niveau, das mit demjenigen der EU durchaus vergleichbar ist. Dazu zählt insbesondere die Möglichkeit, eine Markenverletzung per einstweilige Verfügung möglichst rasch abzustellen, mag auch die entsprechende Verfahrensdauer länger als z.B. in Österreich oder sogar Deutschland sein. Die spärlichen lokalen Gerichtsentscheidungen sind von Leitlinien getragen, wie sie auch vom Europäischen Gerichtshof vertreten werden.

Problemlösung

Die Verwendung des Plagiats wird gerichtlich beanstandet. Vor dem Hintergrund der – wenn auch spärlichen – Rechtsprechung spricht vieles dafür, dass die bosnischen Gerichte die nachgeahmten Flaschen beanstanden.

Fazit

Das bosnische Markenrecht entspricht im Wesentlichen dem EU-Standard, wobei allerdings eine längere Verfahrensdauer in Betracht gezogen werden muss.

Verpackungsnachahmungen in Kroatien

Sachverhalt

Am kroatischen Markt wurden folgende zwei Verpackungen verwendet, wobei keine markenrechtlich geschützt war (links befindet sich die Nachahmung, rechts das Original):

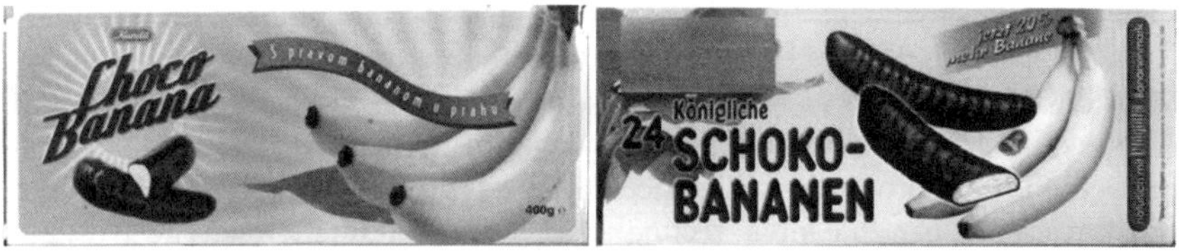

Die Verpackungen ähneln sich, sodass eine Verwechslungsgefahr zu befürchten ist.

Lokale Besonderheiten des kroatischen Rechts in diesem Fall

Da keine der Verpackungen markenrechtlich geschützt war, richtet sich eine allfällige Rechtsverletzung nach dem kroatischen Handelsgesetzbuch (HGB), das unter anderem auch „Irreführende Geschäftspraktiken" verbietet. Der entsprechende Abschnitt des kroatischen HGB lässt sich am ehesten mit dem österreichischen Gesetz gegen den unlauteren Wettbewerb (UWG) vergleichen.

Problemlösung

Vor dem Hintergrund des kroatischen HGB konnte die österreichische Rechtsprechung zu den §§ 2 und 9 UWG fruchtbar gemacht und die nachgeahmte Verpackung in erster Instanz erfolgreich beanstandet werden. Das erkennende Gericht ließ sich dabei von ähnlichen Erwägungen leiten wie der österreichische Oberste Gerichtshof.

Fazit

Auch wenn kein markenrechtlicher Schutz besteht, können Nachahmungen in Kroatien erfolgreich beanstandet werden. Die Anführung österreichischer Rechtsprechung zum UWG kann bei der Argumentation einer Verletzungshandlung hilfreich sein.

What the West can learn from the East

Arnold Schuh and Piotr Ploszajski

Dominance of the Western perspective

Since the political and economic opening of CEE in 1989 we have witnessed a rush of foreign firms into the reforming countries of the region. Lured primarily by the huge market potential but also by resource-related motives such as low labor costs and wealth of raw materials, in particular, firms from Western Europe and the USA entered the markets, set up operation and started to build the markets for their products and services. In the 1990s the situation was characterized by a huge gap in capital, technology and know-how between the West and the East. While the policy makers worked on a macro-environmental level on the creation of the institutional framework necessary for a functioning market-economy, the Western firms led the transition process – together with local entrepreneurs and entrepreneurial-minded managers in state-owned companies – on the micro-level of the economy. The foreign trade and direct investment statistics reflect only partly the huge inflows of immaterial and material resources into to the reforming countries of the region. This process can be best described as a huge unidirectional transfer of products, services, capital, people, technology, organizational systems and managerial know-how from the West to the East to reduce the gap. The expansion strategies of large Western multinational companies to CEE clearly show their intentions, namely to develop the local business and to achieve the same levels of market share and brand awareness as in the Western markets.

Given their long exposure to the market-based economy and their accumulated experiences, Western firms had an advantage because they knew what matters in a free-market system (Fahy et al., 2000). As the existing business and organizational models rooted in the command economy were not sustainable under the new conditions, the Western firms imposed their models of how to run a business profitably and market-oriented and how to manage an operation efficiently. They established subsidiaries that were organizational replica of their Western sister companies or contributed state-of-the-art managerial know-how to joint ventures with local partners. Due to the shortage of qualified local managers, Western firms had to transfer managers to CEE helping local organizational units setting up business there. Masses of expatriates were assigned to local operations to take care of the transfer and implantation of business processes, corporate culture, and management style.

These efforts were not always successful and often it took longer to accomplish the goals as originally expected. A major reason for these failures and misperceptions was the comprehensive nature of the transition process that has affected all levels of society. Foreign companies often failed because they were not used to build the business and the infrastructure of their business at the same time. In addition to the establishment of their business in a foreign country, they had to educate business partners, distributors, retailers, users, and buyers of their products and finally to convince them that they are the right partner for them. Many product-categories and retail formats did not exist at all or only in a basic form in the markets (e.g., modern banking services, life insurance, facial care products, discounter, home improvement stores). The Western concept of "value" and "value added", for instance created by branding, is still a mystery to the majority of consumers in CEE. Western firms have been acting as major change agents and have been contributing considerably to the transition from a centrally planned economy to a market-based economy on the market and business level (Schuh, 2007). As a result of this collective effort we can see the emergence of market, organizational and management structures in CEE that are very similar to those in the Western home markets.

While this massive transfer of resources from the West to the East was necessary to fill in the gaps in technology, capital, and managerial know-how and had helped to modernize the economies of the reforming countries, today – nearly 20 years after the fall of the Iron Curtain – the situation is different. In particular, the Central European countries have nearly completed the transition process on the institutional and macro-economic level and also the economies in South-Eastern Europe and Eastern Europe have made good progress in the last years. Many markets are booming and the entrepreneurial spirit is pervasive. A new generation of young people had been entering the labor market that went already through a school and university system that had opened up to Western standards. Strongly rising sales and profits of the local subsidiaries have been fostering the self-confidence of local managers and with the growing size of their businesses they attract more attention and have become valuable managerial assets within the multinational corporations.

Thus, it is time to think about what the West can learn from the East. We would like to argue that there are two types of learning: intellectual benefits and business-related benefits.

Intellectual benefits

Intellectual benefits refer to learning about the own system. By being personally exposed to an economy in transition, individuals from the West may begin to understand their own economic and societal system better. One can only get to know the system when it is in the state of imbalance or, better yet, in the state of formation. The 5th-6th generation of people living in the market economy and democracy treat their mechanisms as "natural" and granted. Studying and operating in emerging economies and democracies is like coming to a big live-size class on fundamentals of economics, sociology, politics and management. Witnessing the privatization of a once centrally planned national economy or the emergence of new entrepreneurs by massively turning peasants and workers into middle class in a single generation may be both a fascinating and enlightening process.

Another type of intellectual benefit is learning the survival skills, the ones that the Western societies might have lost to a large extent. Westerners, on the average, had long ago lost the ability to survive under severe circumstances, for instance, being without electricity, water, Internet, 300 kinds of cheese and a handy man to do everything for them. The Easterners have been faced with shortages regularly and trained for several generations to stay on, despite the circumstances.

More importantly, at a more general level, the people in CEE have been excelling in the art of outsmarting the enemy, whoever or whatever it was. They have always been oppressed by some foreign power: a king during the partitions, the Nazis, the Soviet Union or the Communist Party. That has created a peculiar kind of patriotism and a resulting skill: fighting and/or outsmarting the enemy. Beating the system had become a matter of pride and survival. Years of shortages and rationing (fuel, vodka, sugar, chocolate, cheese, tobacco, even shoes) have taught the Easterners a good lesson of how to get things done on their own, despite the circumstances. It has become an instinct and will not fade away with the introduction of market and democracy. It is a precious skill and the Western employers should not try to suppress or kill it or get mad at their employees when they are trying to outsmart the system they designed with much pride. After all, they have learned the skills of escaping from a labyrinth through generations. There is no doubt that these skills of beating the system can be used for the benefit of today's companies as their vital competitive advantage.

Business benefits

In contrast to the more abstract and personal "intellectual benefits", our category "business benefits" encompasses ideas and solutions that can be implemented in an organization in a pragmatic way. They represent a form of organizational learning in a multinational company as they force management at headquarters to question existing management approaches and business routines.

We see three areas where Western firms can benefit from CEE:

- Benefit from human resources
- Benefit from smart customers
- Benefit from general market experiences

Benefit from human resources in CEE

Human resources are a huge asset of the reforming countries in CEE. Especially, the young and highly qualified labor force offers great potential for any Western company at low cost – as long as they have not left their country for the United Kingdom or Ireland yet. For instance, Poland produces 460,000 new university graduates every year (Ewing & Edmondson, 2005). Education was a priority both to families and the state under socialism. Although budget cuts during the early phase of the transformation have hurt the whole education sector, the belief that a good schooling is a prerequisite to personal success and competitiveness of the national economy has remained unaffected. This attitude is also reflected in the emphasis on foreign language training. Under the socialist regime the command of foreign languages formed a bond to the free West, today it is the entry ticket to higher paid jobs in international firms.

Furthermore, the huge number of technical college and university graduates forms a fertile base for the establishment of high-technology businesses. Bulgaria hosts a lot of U.S. software companies, and Romania has become a new engineering and R&D hub for auto makers and other industries. According to IBM, Hungary, Poland and the Czech Republic ranked among the top 10 global destinations for research and development in the first half of 2005 (Ewing & Emondson, 2005). What comes on top of the excellent education is the attitude: the youthful labor force is hungry for success and willing to work hard to rise socially. They are strongly self-motivated, show a "can-do" attitude and are very entrepreneurial.

Benefit from smart customers in CEE

After decades of "shortage economy" the CEE consumers have turned into compulsive spenders. Strongly rising disposable incomes have improved the financial situation of households in the region. In addition, consumers learn to live on borrowed money. Many of the Central European countries have recently experienced a dramatic expansion of consumer credit products in retail financial services (AT Kearney, 2006).

It is worth pointing out that this constitutes a radical if not close to revolutionary change in life styles and economic values of the current generations. It is only in the last 10 years or so that „living on credit" is no longer a sign of treating life too lightly and irresponsibly as it was in the past. The typical former dominant conviction shared by both young and older people was that of the "necessity for saving for the rainy day" and spending only as much as one could actually afford. Consequently, virtually all purchases, including houses, building lots and cars, were paid for in cash. In Poland, the consumer credits in 2007 are 40% up compared to the same quarter in 2006. The number of credit cards issued is up 42% in the Czech Republic (Gardner, 2007).

These developments mirror a dramatic rise in disposable household incomes and a change in consumption culture. Under communist ideology Western consumerism was condemned as sinful while puritanism and self-control were proclaimed as the right values (Marinov et al., 2001). Now they work hard to catch-up to Western living standards. Only 7% of Poles declares that they save money regularly. In the 3rd quarter of 2007, the total value of consumer debt in this country amounted to 21% of GNP. Considering the fact that it has accumulated in no more than roughly 10-12 years it is certainly quite high. Compared to the developed EU countries, however, where it reaches 45 – 115%, it is still moderate and demonstrates the tremendous opportunities these markets create for business, in particular for banking and retailing.

Although values such as the readiness to work hard for a better future and to sacrifice short-term gains still meet higher approval than in Western Europe, we can also see a strong trend towards materialism (GfK, 2005). The massive influx of Western-style car showrooms, shopping malls and modern retail formats such as hypermarkets and supermarkets creates a lot of spending opportunities for the growing middle class.

A very promising market segment in the East undergoing the above mentioned deep value change is the „new customer majority“: older people between 44 and 65 years of age. The sociologists call them "bloomers", the social group that is just starting to realize how much money it has for spending before they become disabled and pass away. Quite shocking results of research conducted on that group in Poland confirmed the new attitude: over 50% of respondents over 50 years of age declares that they have no intention for saving money. Rather, they want to spend it on things and activities that they had no money and time for when they were younger.

Although CEE consumers act euphorically, they are smart shoppers. Thus, CEE shoppers hold very high expectations of what they desire from expensive Western brands in a retail store (White and Absher, 2007). A brand strategy based on charging high prices for poor quality will fail. Forced to find the best value with a limited household budget, CEE consumers look for the inherent quality of products, define the minimum quality they strive for, and then assess the "value-for-money" of the different alternatives. That explains among other things why brand-loyalty is low in CEE compared to Western Europe. CEE consumers are ready to switch brands when better offers (with a higher perceived value) are available. The strong rise of private labels in the consumer goods sector is a good indicator of this development. International retailers (e.g., Tesco, Carrefour) are highly successful with their store brands which address the "value-for-money" segment (Schuh & Schediwy, 2006). The new Eastern smart shoppers may be more difficult to deal with but in a "prosumption era" they are much better clients in a long term perspective if companies manage to win their loyalty, trust and active involvement in the designing and distribution process.

In addition, CEE consumers show an unusually high willingness to adopt new products and technologies. In fact, they are high-tech maniacs. Polish Internauts are the second in the world among Skype users. The mobile banking was introduced in CEE earlier than in Western Europe. CEE consumers apparently have less reservation to use new technology.

Benefit from CEE market experiences

The market conditions in the high growth markets in CEE challenge existing management routines and mindsets. Growth markets demand entrepreneurial spirit to succeed which is in strong contrast to a philosophy of "market & product administration" that can be increasingly found in the stagnating markets in Western Europe. These typical Western market constellations lead to internal company policies and management orientations which favor cost cutting, efficiency, and a general defensive attitude vis-à-vis innovative and new approaches to build a business. When transferred from the West to the emerging markets of CEE this mindset often constrains the Western firm to tap the full potential of this market. For instance, the "dogma of head count" hinders Western firms to hire more sales people, just to fulfill corporate guidelines which were developed in a saturated market context and whose validity was not tested so far in an emerging market environment. However, in growth markets to have more sales people on the street means higher sales and often, it is the only way to reach potential customers as no typical trade channel exists. In banking, Western bankers have to get used to the idea that it can be lucrative to open new branch offices instead of closing them. You will also find new distribution channels such as mobile sales forces and franchise systems in retail banking in CEE, something you forget to think of in your Western home market.

The polarization of markets in CEE, that describes the divide into a small upper market segment, a slightly larger mid-market segment and a large low-end mass market, so that the market structure has the form of a pyramid, forces Western firms to develop products and services for the "bottom end of the pyramid". Just to bet your strategy on the transfer of your international brands to CEE is in many product markets not sufficient anymore if you strive toward a leading market position. Consumer good companies such as Henkel, Procter & Gamble, Unilever, Heineken or Danone have to offer "value-for-money" products that are affordable, include the latest technology and are appealing to consumers at the same time. In most cases this is not accomplished by just "down-grading" the leading brands but requires a comprehensive redesign of the product. In the car industry, the low price car "Logan" produced by Renault-Dacia in Romania and sold for 6,000 € is a good example of this new business model increasingly used in emerging markets.

How to make best use of CEE business experiences

How can this process of learning from the East be started or accelerated? Here are a few recommendations for the management practice:

- First of all, send your Western managers for a stint to CEE. This way they can experience first-hand the euphoric mood and the entrepreneurial spirit in these markets. The stay in a high growth market in CEE should be regarded as a "refreshment course" in entrepreneurial management.
- Let your staff in the Western subsidiaries know about success stories in CEE. Create systems and frameworks (e.g., electronic data bases with business cases, presentations by local managers at headquarters) that help to diffuse these best practices and encourage the testing and adoption of them.
- Move activities within your corporate group to a CEE subsidiary when you see a comparative advantage. Competitiveness of multinational companies are increasingly determined by the savvy integration of activities and knowledge transfer between the internationally dispersed units.
- Assign management mandates to subsidiaries in CEE. It is likely that Polish managers have a better understanding of the Ukrainian market than Austrians or Germans and that you find the necessary competencies and attitudes (i.e. language, sensitivity for cultural characteristics, willingness to stay there for a longer time period) to be effective in these business environment. Furthermore, you can utilize local resources on a project basis or by moving value added activities to the region (e.g., tapping the pool of software specialists in Romania, Bulgaria or Hungary).
- "Import" successful CEE managers to (regional) headquarters in Western Europe, be it in central functions and services or as members of the executive board. By doing this you demonstrate to your employees in CEE that no "glass ceiling" for an advancement within the company exists and at the same time you foster a group identity.

Conclusion: the difficult art of learning and forgetting

This paper is all about learning as being the major process that determines the success of the new economic integration between the old 'Western' and the new 'post-socialist' Europe. As important as the learning phase is in any systemic transformation we should be aware that it just as much requires the forgetting, on both sides. The Easterners have to forget the concept of the state's central responsibility for individuals' life, the over-dimensioned social welfare state, and the idea that state distribution can replace the market.

There is plenty to forget on the part of the Westerners as well, though. They have to forget the East as (formerly) inferior, poor, hopeless, iron-locked territory with nothing but warm vodka, fat kielbasa and grotesque politicians that nobody needs to worry about except, maybe, the NATO. They have to both learn it and forget it up to a point when, eventually, some day, there will be no more Western and Eastern Europe in a highly loaded sense we attach to it today. They will only denote geographical directions.

References

AT Kearney (2006): Consumer Finance in Central & Eastern Europe, Institute of International Finance: Annual Meeting of Central European Bank Chief Executives – Discussion Document, Krakow, 30 June 2006.

Ewing, J. and Edmondson, G. (2005): Rise of a powerhouse, Business Week, December 12, 2005, S. 42-58.

Fahy, J., Hooley, G., Cox T., Beracs, J., Fonfara, K. and Snoj, B. (2000): The development and impact of marketing capabilities in Central Europe, Journal of International Business Studies, Vol. 31, Nr. 1, S. 63-81.

Gardner, B. (2007): Consumer credit boom on the horizon, www.cbw.cz/phprs/rservice, June 18, 2007.

GfK (2005): Euro-Socio-Styles: Consumers in Europe. Studie der GfK AG Lebensstilforschung, Nürnberg.

Marinov, M., Marinov, S., Manrai, L. and Manrai, A. (2001): Marketing implications of communist ideological legacy in culture in the context of Central and Eastern Europe: A comparison of Bulgaria, Romania, and Ukraine, Journal of Euromarketing, Vol. 11, Nr.1, S. 7-35.

Schuh, A. (2007): Brand Strategies of Western MNCs as Drivers of Globalization in Central and Eastern Europe. European Journal of Marketing, Vol. 41, Nr. 3/4, S. 274-291.

Schuh, A. and Schediwy, T. (2006): Ländervergleich zur Verbreitung der Handelsmarken in Mittel- und Osteuropa. In: Innovationen in Marketing und Handel, Eds.: Schnedlitz, P., Buber, R., Reutterer, T., Schuh, A., Teller, C., Linde, Vienna, S. 459-474.

White, D. and Absher, K. (2007): Positioning of retail stores in Central and Eastern Europe accession states, European Journal of Marketing, Vol. 41, Nr. 3/4, S. 292-306.

Growing East: Geht die Erfolgsstory der österreichischen Wirtschaft weiter?

Arnold Schuh

Österreichische Unternehmen waren und sind noch immer Pioniere in der Erschließung der Ländermärkte in Mittel- und Osteuropa (CEE). Früh erkannten sie die sich bietenden enormen Absatzchancen nach der politischen und wirtschaftlichen Öffnung dieser Region und handelten schnell. Waren in den frühen 1990er-Jahren noch die Länder Mittel(ost)europas die wichtigsten Zielmärkte, so rückten ab 1997 Polen und Russland sowie Südosteuropa stärker in den Mittelpunkt des Interesses (Dell'mour 2002; Altzinger 2006). Dieser Internationalisierungsschub spiegelt sich in den Statistiken zur österreichischen Außenwirtschaft wider. Machten die Exporte nach CEE im Jahr 1989 9% von den Gesamtexporten aus, so stieg dieser Anteil bis 2007 auf 18,5% (Statistik Austria, 2008). Parallel dazu erhöhten sich auch die Direktinvestitionen. Betrug der Bestand der österreichischen Direktinvestitionen in CEE im Jahr 1990 bescheidene 405 Millionen Euro, so erreichte er im Jahr 2005 24.203 Millionen Euro (OeNB, 2008). Während die Tschechische Republik, Ungarn, Polen und die Slowakische Republik mit einem Bestand an Direktinvestitionen von fast 14 Milliarden Euro im Jahr 2005 die bedeutendsten Auslandsmärkte sind, zeigte sich im selben Jahr der stärkste Zuwachs an Direktinvestitionen in Südosteuropa, nämlich in der Ukraine, Bulgarien, Rumänien und Kroatien (OeNB 2008).

Erfreulich ist nicht nur der kontinuierliche Ausbau der Präsenz österreichischer Unternehmen in der Region, sondern auch die Tatsache, dass diese Investitionen ertragreich sind. Mit einer Eigenkapitalrentabilität von 8% im Jahr 2003 für die Investitionen in Mitteleuropa (CEE-5) und mit 9,6% für jene in Ost- und Südosteuropa (CEE-14) lagen die Werte über dem Durchschnitt aller Direktinvestitionen österreichischer Unternehmen im Ausland (Dell'mour 2002; Altzinger 2006). Wie die vorläufigen Außenhandelsdaten für das Jahr 2007 zeigen, hält das überdurchschnittliche Exportwachstum in der Region mit +17,9% gegenüber +10,1% für alle österreichischen Exporte weiterhin an (Statistik Austria, 2008).

Es ist sehr wahrscheinlich, dass diese Erfolgsstory der österreichischen Wirtschaft in CEE mittelfristig weitergeht. Darauf weisen die Ergebnisse einer Studie der Wirtschaftsuniversität Wien zu Trends in der Marktbearbeitung österreichischer Unternehmen in CEE für den Zeitraum 2006-2009 hin (Schuh, 2006). Im Mittelpunkt der Befragung standen die Beurteilung der Marktattraktivität von Ländern bzw. Ländergruppen der Region, Schwerpunkte und Zielsetzungen in der Marktbearbeitung sowie Fragen zur regionalen Integration und Führung des CEE-Geschäfts.

Generell wird der Wirtschaftsraum CEE als sehr attraktiver Markt angesehen. Während Mitteleuropa 2006 bei den befragten für CEE verantwortlichen Managern noch als attraktivste Subregion galt, werden 2009 Südosteuropa und Russland die Spitzenpositionen einnehmen. Die stärksten Verbesserungen in der Attraktivitätsbewertung zeigen die Ukraine und der Westbalkan, wobei Letzterer aufgrund der Kosovo-Krise heute – Anfang 2008 – sicherlich differenzierter gesehen wird. Klar ersichtlich ist die Verschiebung des Fokus auf weiter im Osten und Südosten liegende Länder. Auffallend ist das starke Interesse an den großen Märkten der CEE-Region, nämlich an Russland, Polen und Rumänien. Die an Österreich grenzenden CEE-Ländermärkte werden bereits vielfach als Teil eines „erweiterten Heimmarktes“ betrachtet, wo die gleichen Marketingstrategien wie in Österreich eingesetzt werden.

Nahezu alle befragten Unternehmen zeichnet eine prononcierte Wachstumsorientierung entlang aller Planungsdimensionen aus, sie beabsichtigen in neue Ländermärkte einzutreten, das Leistungsangebot auszuweiten und neue Zielgruppen anzusprechen. Die Vorstellung, dass die Zeit des Investierens vorüber ist und nun die Zeit des Erntens kommt, wird klar zurückgewiesen. Dem Ausbau des bestehenden Geschäfts wird generell mehr Bedeutung als dem Eintritt in neue Ländermärkte geschenkt. Der Trend zur direkten Präsenz in den CEE-Märkten spiegelt sich in der Absicht, verstärkt 100% Tochtergesellschaften und Vertriebstöchter zu errichten und lokale Mitbewerber zu übernehmen, wider. Kooperationen und Joint Ventures mit lokalen Partnern sind bei Dienstleistungsunternehmen sehr begehrt.

Nach diesem optimistischen Ausblick stellt sich die Frage, welche Risiken für die österreichischen Unternehmen in den nächsten zwei bis drei Jahren zu erwarten sind? Die aktuelle politische Krise im Kosovo hat sicherlich eine Abwertung der Marktattraktivität der involvierten Ländermärkte am Westbalkan zur Folge, was die (ausländischen) Unternehmen einmal abwarten und Investitionen aufschieben lässt. Generell ist aber in CEE erkennbar, dass politische Krisen im Zuge von Regierungsumbildungen, Parteienkonflikten oder in Vorbereitung auf den EU-Beitritt bisher geringe Auswirkungen auf die allgemeine wirtschaftliche Entwicklung hatten. Es herrscht der Eindruck unter lokalen und ausländischen Managern, dass die wirtschaftliche Entwicklung kaum von politischen Querelen berührt wird, das Wirtschaftssystem sich quasi vom politischen Prozess abgekoppelt hat.

Marktbezogene Risiken werden vor allem in der Erhöhung der Wettbewerbsintensität und im sich abschwächenden Wirtschaftswachstum geortet. Die Fortschritte in der Transformation von einer Zentralverwaltungswirtschaft zu einer Marktwirtschaft, der Beitritt von zehn CEE-Ländern in die Europäische Union bzw. die Aussicht auf eine zukünftige Mitgliedschaft sowie die allgemein zunehmende Integration in das globale Wirtschaftssystem durch die Aktivitäten multinationaler Unternehmen haben zu einer Annäherung an westliche Strukturen und Standards geführt. Der wirtschaftliche Aufschwung, zunehmende Rechtssicherheit und die „Verwestlichung" der Märkte begünstigen den Eintritt neuer Mitbewerber, denen bisher eine Geschäftstätigkeit in den Ländern der Region zu riskant, zu schwierig oder zu unbedeutend war. Dies betrifft zum einen mittelständische Unternehmen, denen die Rahmenbedingungen für eine Geschäftstätigkeit bisher zu unsicher waren. Die Erweiterung der EU um zehn CEE-Länder lässt nun vermehrt österreichische Klein- und Mittelbetriebe aus dem Tourismus und Gewerbebereich den Eintritt in die Ländermärkte der Region wagen. Zum anderen interessieren sich nun auch verstärkt große multinationale Unternehmen aus den USA, Großbritannien, Frankreich und Asien für die Region, nachdem die Marktvolumina in den letzten Jahren beachtlich gestiegen sind. Alle Unternehmen mit einer breiten Präsenz und starken Marktstellung in den Ländern der Region sind damit zum Zielobjekt für eine Übernahme geworden – zumindest, wenn es die Eigentümerstruktur erlaubt und die Mehrheit der Aktionäre verkaufswillig ist. So wurden die Bank Austria Creditanstalt, die Billa-Merkur-Einzelhandelsgruppe, die Brau-Union und der Zementhersteller Perlmoser von führenden europäischen oder globalen Konzernen gerade wegen ihrer starken Präsenz in CEE übernommen.

Die Unternehmensberatung Roland Berger erwartet ab 2010 einen Rückgang der überdurchschnittlichen Wachstumsraten in CEE (Roland Berger, 2006). Derzeit betragen die Wachstumsraten der Länder noch 6% und mehr. Wenngleich die Wachstumsraten dann noch immer über dem Durchschnitt der westeuropäischen Länder liegen werden, kann trotzdem von einer Intensivierung des Wettbewerbs und daraus resultierenden Konsolidierungsprozessen auf Branchenebene ausgegangen werden. Wie die Ergebnisse der Studie der Wirtschaftsuniversität Wien zeigen, sind sich die österreichischen Unternehmen dieser Entwicklung bewusst und reagieren pro-aktiv mit Maßnahmen zur Verbesserung ihrer Wettbewerbsfähigkeit auf diese Bedrohung (Schuh, 2006). Die Marketing- und Verkaufsbudgets werden erhöht, die direkte Präsenz am Markt verstärkt. In der Vergangenheit hat sich die Kombination von zentral entwickelten Produkt- und Marketingkonzepten mit lokaler Umsetzung als „Erfolgsrezept" erwiesen. Während das Stammhaus oder die Zentrale die Produkte, die Marken- und Vertriebsstrategie vorgab, wurden dem lokalen Management große Freiheiten bei der Strategieumsetzung eingeräumt. Dieses Organisationsmodell wird weiterhin eine wichtige Rolle spielen, bei den großen regional tätigen Unternehmensgruppen wird aber die bestmögliche Nutzung des gesamten Unternehmensnetzwerks den Wettbewerbsvorteil bestimmen (Schuh, 2007). Netzwerkvorteile resultieren aus dem Austausch von Ideen, Know-how und „Best Practices" innerhalb der Unternehmensgruppe, der Verlagerung von Wertaktivitäten zur dafür bestgeeigneten Länderorganisation und der Einrichtung von Kompetenzzentren, die spezifische Leistungen effizient für die ganze Gruppe erbringen. Gewinner werden jene Unternehmen sein, die die Vorteile dieses Organisationsmodells am besten zu nutzen wissen und die organisationskulturellen Bedingungen für seine Umsetzung und Steuerung schaffen.

Die in Österreich ansässigen regionalen Zentralen multinationaler Unternehmen, die von hier das Geschäft in CEE leiten, sind mit einer zusätzlichen Herausforderung konfrontiert. Sie haben gegenüber den Unternehmenszentralen ihren „Value-Added", also den Wertbeitrag einer zusätzlichen regionalen Managementebene, zu rechtfertigen. Am Anfang ihrer Tätigkeit sind sie mit der Planung des Eintritts in die einzelnen Ländermärkte, dem Aufbau einer lokalen Präsenz und Organisation, der Einführung von Betriebsstrukturen und -prozessen, dem Kulturtransfer und dem Coaching des lokalen Managements beschäftigt. Nach dem erfolgreichen Aufbau des lokalen Geschäfts in der Region ändert sich aber die Rolle dieser „Regional Headquarters". War es früher die aktive Mithilfe beim Aufbau einer lokalen Organisation und des Geschäfts, so wandelt sich nun die Aufgabe in Richtung Koordination und Steuerung der Aktivitäten in der Region. Auch die Bereitstellung von zentralen Dienstleistungen („Shared Services"), auf die alle Landesgesellschaften zugreifen können, wird zunehmend ein Thema. Gleichzeitig stellt sich die Frage, ob alle diese Leistungen zentral angeboten werden müssen oder ob nicht dezentrale Lösungen effizienter wären. Subregionale Clusters und virtuelle Führungsmodelle machen verstärkt dem „traditionellen Modell" Konkurrenz (Meth-Kohn, 2004; Schuh, 1999).

Zusammenfassend gesehen, sind die mittelfristigen Aussichten für die österreichischen Unternehmen im Wirtschaftsraum weiterhin gut. Die Pionierunternehmen halten starke Marktpositionen vor allem bei Finanzdienstleistungen, im Handel, im Immobilienbereich, bei Baustoffen und im Bauwesen, im Papier- und Nahrungsmittelbereich – alles Bereiche, wo der Aufholbedarf weiterhin ein überdurchschnittliches Wachstum erwarten lässt. Während die Pionierunternehmen weiter nach Ost- und Südosteuropa ziehen, treten nun verstärkt die Klein- und Mittelbetriebe in die Nachbarländer ein. Sie partizipieren als Zulieferer der bereits etablierten Unternehmen oder finden Marktchancen im Gewerbe- und Tourismusbereich. Ein Ende der Expansion nach Mittel- und Osteuropa ist nicht abzusehen, die Aussichten sind weiterhin gut, nun gilt es den Wettbewerbsvorsprung konsequent zu nutzen und die richtigen Antworten auf die veränderten Markt- und Wettbewerbssituationen zu finden.

Literatur

Altzinger, W. (2006): On the earnings of Austrian affiliates in the new EU member countries. http://www.wu-wien.ac.at/vwl/altz/, abgefragt am 22.8.2006.

Dell'mour, R. (2002): Österreichs Direktinvestitionen und die EU-Erweiterung. In: OeNB-Berichte und Studien: Schwerpunktthema Osterweiterung der EU:

Auswirkungen auf die EU-15 und insbesondere auf Österreich, Wien: OeNB, S. 209–226.

Meth-Cohn, D. (2004): The right fit – Corporate structures in the new Europe, Economist Corporate Network, March 2004, Vienna.

OeNB (2006): Außenwirtschaft – Direktinvestitionen, http://www.oenb.at/de/stat_melders/datenangebot/aussenwirtschaft/direktinvestitionen/direktinvestitionen.jsp#tcm:14-4968.

Roland Berger (2006): Mitteleuropa in 2016 – Szenarien, Trends und Perspektiven für Österreich, Präsentation Dezember 2006, http://www.rolandberger.at.

Schuh, A. (1999): Vertriebsgesellschaft oder „Strategisches Zentrum“? Zur Rolle österreichischer Tochtergesellschaften im globalen Unternehmen, in: M. Kutschker (Hrsg.): Management verteilter Kompetenzen in multinationalen Unternehmen, Wiesbaden: Gabler, S. 73–98.

Schuh, A. (2006): Aktuelle Trends in der Marktbearbeitung österreichischer Unternehmen in Mittel- und Osteuropa, Der Markt, 45. Jg., Nr. 179, S. 235–251.

Schuh, A. (2007): Regionalization in Central and Eastern Europe: Searching for Regiocentric Orientations in MNC Strategies. Journal of East-West Business, Jg. 13, Nr. 1 & 2, S. 143–166.

Statistik Austria (2008): Warenverkehrsbilanz und prozentuelle Anteile der Ländergruppen Jänner–Dezember 2007, Vorläufige Werte, http://www.statistik.at/web_de/statistiken/aussenhandel/hauptdaten/index.html.

Erfolgreiche Wachstums- und Marktbearbeitungsstrategien in CEE

Erste Group goes East

Helmut Hager

Seit zehn Jahren schreibt die Erste Group österreichische Wirtschaftsgeschichte: Als eine der ersten Banken des Landes leistet sie seit 1997 Pionierarbeit bei der kontinuierlichen Positionierung als Retail-Bank am zentral- und osteuropäischen Finanzmarkt. In der Zwischenzeit gehört die Banken-Gruppe in zahlreichen ehemaligen Ostblockstaaten ebenso wie in Ländern des ehemaligen Jugoslawiens zu den führenden Finanzdienstleistern am Privatkundensektor. Der gezielte Expansionskurs hat sie zu einer führenden und international anerkannten Bank in Zentraleuropa gemacht. Erfolgreiche Grundlage dieses strategischen Wachstumskurses ist eine stringente Umsetzung von drei Kernstrategien:

Der Fokus liegt klar im Retail Banking. Im Vordergrund steht das Privatkundengeschäft – ganz nach der Philosophie der Erste Group: In jeder Beziehung zählen die Menschen. Auch wenn vielfältige Aktivitäten außerhalb des Retail Banking betrieben werden, so ist es doch die – auch historisch gewachsene – Kernkompetenz der Banken-Gruppe. Die Zufriedenheit der Kunden der Erste Group ist die Grundlage für den geschäftlichen Erfolg. Der Kunde steht daher im Mittelpunkt aller Aktivitäten.

Zweitens liegt der Fokus auf Zentral- und Osteuropa: Ende der 1990er-Jahre hat die Erste Group erkannt, dass ihre langfristige Zukunft als unabhängige Bank sehr stark von der Erschließung neuer Märkte außerhalb Österreichs abhängig sein würde. Sie hat sich daher damals zu einem langfristigen Engagement bei unseren zentral- und osteuropäischen Nachbarländern vor allem in Tschechien, der Slowakei, Ungarn, Kroatien und Slowenien entschlossen. Erklärtes Ziel: Der Heimmarkt soll durch ausgewählte Akquisitionen auf 40 Millionen Menschen erweitert werden. Das angepeilte Ziel wurde weit übertroffen. Heute besteht der Heimmarkt dank einer ständigen strategischen Erweiterung in den letzten zehn Jahren aus einer zusammenhängenden Region mit fast 120 Millionen Einwohnern – ein immenser Retail-Markt, der in den nächsten Jahren noch kräftig ausgebaut werden soll. Auch die Expansion in weitere CEE-Länder wird fortgesetzt, sofern sich die passenden Gelegenheiten bieten.

Um in dieser Unternehmensgröße auch möglichst effizient arbeiten zu können, konzentriert sich die Erste Group drittens auf die gezielte Ausschöpfung der Potenziale, die sie durch die neue Bankengruppe gewonnen hat. Das Augenmerk liegt auf „New Group Architecture“: Auf einer konzernweit standardisierten Grundlage, die zentral von der Holding vorgegeben wird, werden die Aufgaben größtenteils dezentral in den einzelnen Ländern beziehungsweise auf die Bedürfnisse der Kunden abgestimmt durchgeführt. Oberstes Prinzip dabei soll sein:

Der Gruppengedanke und die Vernetzung zählen, um als gemeinsame Bankengruppe noch schlagkräftiger am zentral- und osteuropäischen Finanzmarkt agieren zu können.

Erste Group goes East – der Beginn einer Erfolgsgeschichte

Fast unbemerkt ist der Beitritt Rumäniens und Bulgariens zur Europäischen Union (EU) mit 1.1.2007 über die Bühne gegangen. Ganz im Gegensatz zur ersten Runde der EU-Osterweiterung, in der die politische und wirtschaftliche Aufbruchstimmung in Europa spürbar gewesen ist. Dabei gehören gerade diese beiden osteuropäischen Staaten zu jenen Ländern mit dem derzeit höchsten wirtschaftlichen Entwicklungspotenzial, von deren Wachstum nicht nur die gesamte CEE-Region, sondern vor allem auch Mitteleuropa – allen voran die EU – in den nächsten Jahren profitieren werden.

Die Erste Group hat die Potenziale dieser CEE-Länder schon früh erkannt und mit der Übernahme der Banca Comerciala Romana S.A. (BCR) im Dezember 2005 neue Maßstäbe in der Erschließung des osteuropäischen Finanzmarktes gesetzt: Die Eingliederung dieser größten rumänischen Bank mit einem Kundenanteil von 20% im Privatkundenbereich stellt die bisher größte Auslandsdirektinvestition in der österreichischen Wirtschaftsgeschichte dar. Die Banca Comerciala Romana ist die führende Finanzdienstleistungsgruppe in Rumänien und gilt sowohl bei Bankgeschäften als auch beim Leasing und in der Vermögensverwaltung als Nummer 1. Mit 13.500 Mitarbeitern in 566 Filialen betreut die BCR rund 3,5 Millionen Kunden. Spätestens mit dieser Akquisition hat sich die Erste Group in die erste Liga der europäischen Banken am CEE-Finanzmarkt gespielt und gehört nun zu den führenden Retail-Banken in Zentral- und Osteuropa.

Die Expansionsgeschichte der Erste Group beginnt aber bereits im Jahr 1997: Knapp zehn Jahre nach dem Fall der Berliner Mauer und der Öffnung des Eisernen Vorhangs fusioniert die Erste Bank nicht nur mit der Giro Kredit und geht an die Wiener Börse, sondern macht auch ihren ersten Schritt in Richtung Zentraleuropa. Sie erwirbt die ungarische Mezöbank und integriert sie in die Gruppe als Erste Bank Hungary. Sechs Jahre später wird auch noch mit der Postabank fusioniert. Damit etabliert sich die Erste Group in Ungarn als die Nummer 2 im Retail-Geschäft: Heute hat die Erste Bank Hungary rund 900.000 Kunden, die von 2.900 Mitarbeitern in 182 Filialen betreut werden.

Drei Jahre später investiert die Erste Group in zwei weitere Nachbarstaats-Banken und setzt einen weiteren großen Schritt in der Strategie, zur führenden Retail-Bank in Mitteleuropa zu werden: Am 3. Februar 2000 erwirbt sie die Aktienmehrheit an der Ceská sporitelna, der größten Privatkundenbank in Tschechien. Mit einem Kundenanteil von 45% hat sich die Erste Group in der tschechischen Republik als Nummer 1 im Retail-Geschäft etabliert. Heute betreuen rund 10.800 Mitarbeiter in 640 Filialen mehr als 5,3 Millionen Kunden. Ebenso federführend wird die Erste Group in der slowakischen Republik durch den Erwerb der Slovenská sporitelna: Mit einem Kundenanteil im Privatkundensektor von 43% hat sie sich auch bei unserem nordöstlichen Nachbarn als die „erste Bank am Platz“ etabliert. Seit 2005 ist das größte Bankeninstitut der Slowakischen Republik hundertprozentige Tochter der Erste Group. 4.800 Mitarbeiter kümmern sich nun in 270 Filialen um 2,5 Millionen Kunden.

Mit der Expansion nach Kroatien als einen der boomenden Märkte im ehemaligen Jugoslawien setzt die Erste Group den langfristig angesetzten, strategischen Investitionskurs fort: Nach der Fusion der kroatischen Tochterbanken zur „Erste & Steiermärkischen Bank“ im Jahr 2000 und ihrer Zusammenführung mit der 2002 mehrheitlich erworbenen Rijecka banka – eine der fünf größten Banken Kroatiens – ist die Erste Bank zur drittgrößten Bank Kroatiens aufgestiegen. Heute ist die Erste Bank Croatia eine der am schnellsten wachsenden Universalbanken. Eines der Erfolgsrezepte ist nicht zuletzt der kontinuierliche Aufbau eines sicheren Kundenstamms: Mit einem Marktanteil von rund 12% im Privatkundenbereich bedienen 1.799 Mitarbeiter rund 630.000 Kunden in einem landesweiten Netz aus über 110 Geschäftsstellen.

Im Jahr 2005 erweitert die Erste Group ihre Position im ehemaligen Jugoslawien: Durch den Erwerb der Novosadska banka tritt sie in den serbischen Markt ein, der über ein erhebliches Wachstumspotenzial verfügt. Derzeit ist der Marktanteil im Retail-Geschäft der Erste Bank Serbia mit 3% unter den Top 10 der serbischen Banken. 870 Mitarbeiter bedienen die Wünsche von rund 260.000 Kunden. Mittelfristig ist aber den Ausbau auf 100 Geschäftsstellen geplant.

Neben Rumänien zählt auch die Ukraine zu einem der chancenreichsten Wachstumsmärkte in Osteuropa. Mit 47 Millionen Einwohnern bietet dieses Land vor allem auf dem Retail-Sektor ein hohes Ausbaupotenzial. Grund genug für die Erste Group, sich in diesem Markt zu etablieren. Mit Jänner 2007 hat die Erste Group daher die Bank Prestige zu einer hundertprozentigen Tochter gemacht. Derzeit arbeiten 600 Mitarbeiter in 71 Filialen. Innerhalb der nächsten zwei Jahre ist aber die Ausweitung auf 200 Filialen geplant.

Zusammenfassend kann der Wachstumskurs der Erste Group als Erfolg verzeichnet werden: Mit dem Einstieg in den rumänischen und ukrainischen Finanzmarkt hat die Banken-Gruppe ihren Heimmarkt auf fast 120 Millionen Menschen ausgedehnt und die Kundenzahl auf über 16 Millionen ausgeweitet. Das Ziel – die Erreichung eines Marktanteils von 20% – steht nach wie vor klar im Fokus der Erste Group. Der neu geschaffene „Kontinent“ kann sich sicher und für die Zukunft gerüstet am globalen Finanzmarkt platzieren. Und eines lässt sich bereits jetzt mit Sicherheit sagen: Der Wert der Erste Group hat sich seit ihrem Börsengang im Jahr 1997 um eine Vielfaches gesteigert – eine Erfolgsbilanz, die auch im internationalen Feld große Beachtung findet.

In jeder Beziehung zählen die Menschen – das Geheimnis des Erfolgs

Das Geheimnis des Erfolges liegt in der Philosophie der Erste Group: In jeder Beziehung zählen die Menschen. Diese gilt für alle Geschäfte, Dienstleistungen und Transaktionen gleichermaßen. Das ist ganz wesentlich für die Imageprägung: Der Kunde und seine Bedürfnisse stehen im Zentrum aller Aktivitäten der Erste Group. Gleichzeitig spielen aber auch die Mitarbeiter eine wesentliche Rolle: Alle Entscheidungen werden stets unter Einbindung der Menschen in der Beratung und im Service getroffen. Schließlich sind sie der direkte Draht zum Kunden und wissen über dessen Wünsche und Anforderungen am besten Bescheid.

Auf Basis dessen werden herkömmliche Ansätze laufend in Frage gestellt beziehungsweise neue Lösungen zum Nutzen der Kunden entwickelt. Das Handeln der Erste Group wird von Leistung bestimmt: Jeder Mitarbeiter kann in einem leistungsfähigen Umfeld seine Fähigkeiten und sein Engagement für das gemeinsame Ziel optimal einbringen. Erfolgreich ist man letztlich nur als Team. So kann man ergebnisorientiert arbeiten. Durch eine ausgewogene Kosten-Nutzen-Relation erreicht die Erste Group die angepeilten Outputs und erfüllt die Erwartungen der Partner und Kunden. Das verlangt nach einer offenen Gesprächskultur, die in der Erste Group hochgehalten wird.

„New Group Architecture" in Konzernführung, Marketing und Werbung

Die Erste Group besteht nun mit der Ausdehnung auf den zentral- und osteuropäischen Markt in einer Konzern-Dimension, die nach besonderen Wegen der Unternehmensführung, des Marketings und der Werbung verlangen. Nachdem die Erste Group auch in ihrem neu geschaffenen Kontinent ihrer Philosophie treu bleiben will, gilt der strategische Ansatz der „New Group Architecture" (NGA): Es bildet das Herzstück des Bestrebens, auf allen Konzernebenen effizienter zu arbeiten. Letztlich ist es ein direktes Ergebnis dieser Expansion und der damit einhergehenden Erkenntnis, dass eine Vielzahl von Aufgaben auf einer konzernweit standardisierten Grundlage effizienter zu bewältigen sind. Im Gegensatz dazu lassen sich allerdings die Anstrengungen im Vertrieb und Marketing am besten auf lokaler Basis umsetzen. Denn die Holding kann die lokalen Bedürfnisse in den jeweiligen CEE-Ländern nur unzureichend wahrnehmen und zufriedenstellen. Die Umsetzung muss daher dezentral erfolgen. Mit Hilfe der „New Group Architecture" zielt die Erste Group darauf ab, aus einer schon jetzt sehr erfolgreichen Gruppe von Banken eine noch schlagkräftigere Bankengruppe zu schaffen.

Corporate Branding – der „Kontinent Erste Group" entsteht

Aufgabe des Branding: Der Kunde soll seine Bank überall und jederzeit wiedererkennen können. Diesem wesentlichen Faktor der Kundenbindung hat die Erste Group in den letzten Jahren verstärkt Rechnung getragen. Seit einigen Jahren konzentriert sie sich darauf, einen gemeinsamen Auftritt der verschiedenen Banken in den unterschiedlichen Ländern zu etablieren. Dieser reicht vom einheitlichen Logo über ein abgestimmtes Marketing und lokal spezifischen und dennoch akkordierten Sponsoringprojekten. Hier steckt die Erste Group noch mitten in einem Prozess – wie beispielsweise ein Blick auf die Filialen beweist: Die Angleichung der Geschäftslokale an ein einheitliches Bild ist noch bei weitem nicht abgeschlossen und gehört zu den wichtigen Maßnahmen der nächsten Zeit.

Während generelle Linien von der Holding vorgegeben werden, wird Marketing und Werbung vielfach dezentral – also direkt von den lokalen Banken – definiert und ausgeführt. Diese Entscheidungen werden allerdings nicht aus dem Bauch heraus getroffen. Ganz im Gegenteil hat die Erste Group in den letzten Jahren alle neu gewonnenen Märkte intensiv erforscht, um eine Basis für die länderspezifische, zielgruppenorientierte Marketing- und Werbearbeit zu schaffen.

In den im Jahr 2006 durchgeführten Brand-Analysen hat sich gezeigt, dass in allen CEE-Ländern Sicherheit und Vertrauenswürdigkeit zu den zentralen Qualitäten einer Bank gezählt werden. Gerade in den ehemaligen Ostblockländern war das Vertrauen in lokale Banken – sehr häufig staatliche Banken – sehr schlecht. Eine der wichtigsten Ziele der Erste Group ist daher, sich am Markt der Finanzdienstleister als sichere und vertrauenswürdige Bank zu positionieren; und dies ist auch gelungen.

Die Positionierung der Erste Group wird sehr einheitlich wahrgenommen: In allen Ländern wird die Banken-Gruppe in der bürgerlichen Mitte angesiedelt. Diese Position wird die Erste Group auch künftig ausfüllen. Hohes Entwicklungspotenzial – besonders auch in den CEE-Ländern – liegt im modernen liberalen Segment. Diesen Markt will die Erste Group künftig mehr bedienen und zielt daher in ihrer Entwicklungsstrategie zusätzlich auf die gehobene Mittelschicht der liberalen Intellektuellen ab.

Werbung – lokale Färbung als Schlüssel zum Kunden

Die Analyse-Ergebnissen zeigen: Generell ist das Image der Erste Group durchwegs einheitlich. Ausgehend von dem Grundpfeiler „Die Bank ist so gut, wie die Menschen, die sie machen" hat sich die Erste Group als erfahrener, sicherer, vertrauenswürdiger und professioneller Finanzdienstleister am Retail-Markt etabliert, der es durchaus versteht, Traditionelles mit Innovativem und Proaktivem sowie typisch Österreichisches mit Internationalem zu verbinden. Die Kunden wissen: Bei der Erste Group erhalten sie die beste persönliche Betreuung. Die

Banken-Gruppe gibt ihnen das besondere Gefühl, dass ihr Geldleben in besten Händen ist. Die Erste Group bietet ihren Kunden das gewisse persönliche Extra: Eine Bank mit menschlich-kompetenten Betreuern, die in jedem Kundenkontakt zuhören, verstehen und handeln können.

Dieses Image gilt es, in der gesamten Erste Group mittels stringenter Marketing- und Werbestrategien zu stärken: In Österreich hat man mit der Einführung von „Peter Presenter" als Personifizierung des „Erste Bank"-Images beziehungsweise des Mottos „In jeder Beziehung zählen die Menschen" einen großen Erfolg in der Retail-orientierten Werbung erzielt. Allerdings lässt sich diese Werbelinie nicht auf alle CEE-Länder ungefiltert übertragen. Es hat sich gezeigt, dass es oftmals wesentlich ist, die Werbekampagnen dem jeweiligen Lokalkolorit anzupassen. So ist beispielsweise das Presenter-Konzept am rumänischen Markt gescheitert. In einer Umfrage hat sich gezeigt, dass der Imageträger „Peter Presenter" als abgehoben (31%), unsympathisch (15%) und schlecht aussehend (15%) eingestuft wird. Ein weiterer, ganz entscheidender Faktor: Peter Presenter wird nicht als Rumäne wahrgenommen (23%). Die Identifikation mit diesem „persönlichen Berater" fällt also schwer. Dementsprechend musste hier die Werbelinie adaptiert werden. Mit dem neuen, auf den rumänischen Markt abgestimmten Konzept bestätigen nun die Analysen eine breite Akzeptanz.

Das Bestreben der Erste Group ist es aber auch trotzdem, Synergien zu nutzen und zu leben, wo dies möglich ist: Es ist nicht notwendig, für jedes Land eigene Werbekonzepte zu entwickeln. So hat sich in Ungarn die slowakische Werbelinie – „Familie Vesely" – sehr erfolgreich etablieren können.

New Challenges – die Zukunft des neuen Kontinent Erste Group

Was sind nun die Herausforderungen für die Zukunft? Die Nähe zum Kunden steht zweifelsohne auch künftig im Vordergrund der Bestrebungen der Erste Group. Es gilt die weitere Etablierung und Stärkung der wichtigsten Botschaft: „In jeder Beziehung zählen die Menschen". Die Begegnung in den Erste Banken soll zum persönlichen Markenerlebnis mit Mehrwert werden: Der Kunde findet sein persönliches Finanz- und Vorsorgekonzept. Die Erste Group steht auch künftig für die menschliche, kompetente Beratung, wo sich das Geldleben in besten Händen befindet.

Wo liegen die wesentlichen Berührungspunkte zwischen den Kunden und dem neuen Kontinent Erste Group? Hier zeichnen sich sechs strategisch wertvolle Schnittstellen ab:

1) Die **Werbung** ist der erste entscheidende Kontakt zwischen potenziellem Kunden und Erste Group. Er entscheidet über Interesse und Desinteresse, er schafft die Basis für die Auseinandersetzung mit Image, Werten und Kompetenzen. Dementsprechend wird auch künftig sehr viel Anstrengung in den

Aufbau einer stringenten Werbelinie gesetzt, die so ausgelegt sein sollte, dass sie mit lokalen Abstufungen in allen Standort-Ländern funktionieren kann.

2) Im **Direct-Marketing** wird der erste direkte Kontakt zwischen (potenziellem) Kunden und unserer Bankengruppe hergestellt. Entscheidend ist hier, einen aufschlussreichen Überblick über das breite Produkt-Portfolio beziehungsweise die individuell ausgearbeiteten Lebensphasenmodelle zu bieten. Der Kunde soll das Gefühl bekommen, dass die Erste Bank für jedes seiner Bedürfnisse beziehungsweise jede spezielle Lebenssituation die passende Lösung im Angebot hat. Der Kunde findet darin die Philosophie wieder: In jeder Beziehung zählen die Menschen. Egal, welche Finanz- und Lebenssituation ein potenzieller Kunde mitbringt, die Erste Bank hat für ihn die Ideallösung. Dies ist die Basis für den nächsten Schritt, den persönlichen Kontakt in der Filiale.
3) Der Schlüssel zur Kundenbindung ist der persönliche Kontakt zwischen Kunde und Erste-Bank-Mitarbeiter direkt in der **Filiale**. Hier begegnet der Kunde dem in der Werbung propagierten „Peter Presenter“ beziehungsweise der länderspezifisch abgestuften Identifikationsfigur. In dieser Phase ist es entscheidend, dass der Kunde nicht enttäuscht wird beziehungsweise das Werbebild sich auch in der Realität widerspiegelt. Die Mitarbeiter werden intensiv auf ein persönliches, kompetentes Auftreten geschult, um dem in der Werbung vermittelten Image gerecht zu werden. Außerdem gilt: In jeder Filiale findet der Kunde dieselbe kompetente Menschlichkeit vor. Um dieses vertraute Gefühl zu verstärken, wird das Ambiente in allen Filialen möglichst einheitlich gestaltet. Oberstes Gebot: Die Filialen sind von außen sofort erkennbar. Das Erste-Logo ist Pflicht. Die Räume haben Persönlichkeit, strahlen Familiarität aus und laden zum Verweilen ein. Um Platz für individuelle Gespräche zu geben, sind die Filialen mit abgetrennten Gesprächsbereichen ausgestattet.
4) In einer wissens- und informationsbasierten Gesellschaft gehört das Internet längst zum unersetzlichen Kontakt- und Informationsmedium. Immer öfter nimmt der Kunde einen Erstkontakt zum Unternehmen über die **Website** auf. Deshalb ist es entscheidend, dass auch der Internet-Auftritt nicht nur die Philosophie der Erste Group widerspiegelt, sondern auch die wichtigsten Werte vermittelt: Sicherheit, Vertrauenswürdigkeit, Kompetenz und persönliches Engagement. In einer guten Übersicht soll der Kunde einen Überblick über alle wesentlichen Daten und Fakten, das Produkt-Portfolio und die Standorte erhalten. Immer populärer wird das Netbanking: Der Kunde will einfach und problemlos von zu Hause aus seine Bankgeschäfte erledigen. Dafür bietet die Erste Group ein übersichtliches und absolut sicheres Portal. Ebenso wesentlich: Viele Kunden wollen sich zuerst zu Hause selbst ein Bild über Finanzierung, Vorsorge- oder Spar-Modelle machen. Der Vorsorge-Rechner der Erste Group bietet dafür z.B. ein attraktives, leicht zu bedienendes und aussage-

kräftiges Web-Modul, wo sich der Kunde schnell über sein persönliches Ideal-Modell informieren kann.
Einen besonderen Mehrwert im Kundenservice bietet das sogenannte E-Ticketing: Als spezielle Leistung ermöglicht die Erste Group die Buchung und den Kauf von Eintrittskarten für verschiedenste Veranstaltungen per Internet. Die Kunden werden mittels Webportal über alle angebotenen Events, Eintrittspreise sowie eventuelle Ermäßigungen informiert und können sich die Tickets sofort online sichern.

5) Im direkten Gespräch zwischen Kunde und Erste Bank-Berater entscheiden Kompetenz, Überzeugungskraft und persönliches Engagement über den Erfolg eines Geschäftsabschlusses. Um in diesem entscheidenden Moment Betreueraufgaben zu standardisieren, hat die Erste Group spezielle **Berater-Tools** entwickelt, die dem Berater ebenso wie dem Kunden als wertvolle Beratungs- und Entscheidungsgrundlage dienen. Im **Finanz-Check** analysieren die Mitarbeiter gemeinsam mit dem Kunden dessen persönliche finanzielle Situation, Wünsche und Ziele sowie die adäquate Zusammenstellung eines individuellen Portfolios.
6) Ein wichtiges Instrument langfristiger Kundenbindung stellen die **Sponsoringprojekte** und **Events** der Erste Group dar. Völlig unaufdringlich, aber durchaus effektiv werden die Kunden auf die Erste Group und ihre Philosophie aufmerksam gemacht. Umso entscheidender ist die Wahl der richtigen Projekte und Events. Im Vordergrund der Sponsoringaktivitäten stehen ebenfalls die Menschen – genauer gesagt: Athleten und ihre Leistung. Ein Pluspunkt im Sport- und Kultursponsoring: Sport und Kultur wirken völkerverbindend und stellen internationale Phänomene dar. Egal, ob Österreich, Tschechien oder Kroatien – Sport und Kultur gibt es überall und beides bewegt die Menschen. Auch die Gestaltung von und die Beteiligung an Events bietet eine gute Werbe-Plattform: Problemlos lässt sich auf diese Weise auf die Besonderheiten der Partnerländer eingehen. Dementsprechend beteiligt sich die Erste Group an lokalen Veranstaltungen in den unterschiedlichsten Bereichen, die das Image der Banken-Gruppe widerspiegeln.

Resümee: Die Zukunft liegt im Markenerlebnis

Oberstes Credo der Erste Group für alle Kundensegmente: Nicht nur die Produkte sind für eine langfristige Kundenbindung wesentlich, sondern vor allem das Markenerlebnis: „Jenes Unternehmen wird im Retail-Banking am erfolgreichsten sein, dem es am besten gelingt, die Kunden-Kontaktpunkte zum Markenerlebnis zu machen.“ Frei nach diesem Motto gilt für die Erste Group auch weiterhin: In jeder Beziehung zählen die Menschen.

Gemeinsame Wachstumsmöglichkeiten von Industrie und Handel in CEE

Ulrich Schmidt

Firmengeschichte und Erfahrungshintergrund

Die Firma Beiersdorf wurde im Jahre 1882 gegründet und konzentrierte sich im Lauf der letzten Jahrzehnte immer mehr auf die Kosmetik. Das Hauptgeschäft wird heute mit starken Marken wie Nivea, Eucerin, Labello oder 8x4 gemacht. Beiersdorf ist mit seinen Marken im Lebensmittelhandel, in Drogerien und Drogeriemärkten, Apotheken und mit exklusiven Marken wie la prairie in Parfümerien vertreten.

Aus den Anfängen eines Apothekengeschäftes heraus haben sich 125 Jahre Erfahrung mit Hautpflege entwickelt. Die starke Internationalisierung schon am Anfang des letzten Jahrhunderts hat zweimal durch Weltkriege einen Rückschlag erlitten und teilweise zu Neuanfängen geführt. So konnten beispielsweise die enteigneten Markenrechte an der Marke Nivea in einigen osteuropäischen Ländern erst sehr spät wieder zurückgekauft werden.

Die letzten Jahrzehnte hat der Beiersdorf Konzern genutzt, um die Geschäfte mit den Marken Nivea, Labello, 8x4, atrix, Labello, Hansaplast oder Eucerin wesentlich auszubauen. Diese Marken sind beispielsweise auch ein Beleg dafür, dass das Produktlebenszykluskonzept bei Marken nicht immer gilt: Die Marke Eucerin stammt aus dem Jahr 1900, die Marke Labello aus dem Jahr 1909, die Marke Nivea aus dem Jahr 1911. Am Beispiel der Marke Nivea stellt sich die Sortimentsausweitung wie folgt dar: Während die klassische Creme, die Körperpflege- und Sonnenschutzprodukte und die Seifen schon in der ersten Hälfte des letzten Jahrhunderts vermarktet wurden, kamen die Bade- und Duschprodukte erst in den 1960er-Jahren auf den Markt. In den 1970er- und 1980er-Jahren begann dann das Geschäft mit den Gesichtspflegeprodukten, der Herrenkosmetik und der Haarpflege. In den 1990er-Jahren wurde das Angebotsprogramm wesentlich erweitert, es kam eine Deodorant-Serie hinzu und es gab die ersten Produkte für reife Haut unter der Linie Nivea Vital. In den nächsten Jahren folgten weitere Erweiterungen in neue Segmente, zum Beispiel in die dekorative Kosmetik mit der Marke Nivea Beaute.

Die Internationalisierung des österreichischen Geschäftes begann im Jahre 1997 mit der Übernahme der regionalen Verantwortung für Südosteuropa. In den ersten Jahren wurde das Geschäft in Form eines Exportgeschäfts betrieben, wobei mit lokalen Händlern zusammengearbeitet wurde. Distributeure wurden

Land für Land hinsichtlich ihrer Eignung als Vertriebspartner überprüft oder neu ausgewählt und lediglich im Fall Sloweniens wurde bereits 1997 eine Tochtergesellschaft gegründet.

1999 wurde die Beiersdorf CEE Holding GmbH in Wien gegründet. Dies kann als Bekenntnis der Beiersdorf Gruppe zu einem regionalen Managementsystem und als Anerkennung der guten Arbeit, die von Wien aus im Aufbau des südosteuropäischen Geschäfts geleistet wurde, angesehen werden. Zu diesem Zeitpunkt hatte die Wiener Organisation also zwei bis drei Jahre Erfahrung mit dem Exportgeschäft nach Südosteuropa und gute Erfolge erzielt. Danach wurde im Schnitt jährlich eine neue Tochtergesellschaft gegründet, zunächst in Rumänien, Kroatien und Bulgarien, später dann auch in Serbien.

Im Jahr 2006 wurden die bereits existierenden Tochtergesellschaften der Hamburger Zentrale in Tschechien, der Slowakei und Ungarn in den Verantwortungsbereich der Wiener CEE Holding übertragen. Nun gab es eine durchgängige regionale Verantwortung von Tschechien im Norden bis nach Albanien, Mazedonien, Bulgarien, Rumänien und Moldawien im Südosten. Die großen Tochtergesellschaften nehmen dabei häufig die Steuerung der Marktbearbeitung in jenen Nachbarländern wahr, in denen noch klassische Distributeure tätig sind. Das ist etwa in Bosnien-Herzegowina, das von Kroatien aus betreut wird, in Mazedonien und Albanien (Mitbetreuung von Bulgarien aus) oder in Moldawien (Mitbetreuung von Rumänien aus) der Fall.

Die Beiersdorf CEE Holding ist heute organisatorisch und personell eng mit der österreichischen Tochtergesellschaft verknüpft (Abbildung 1). Überall dort, wo wir größenordnungsbedingt keine reinen internationalen CEE-Funktionen haben, sind die Manager der österreichischen Tochtergesellschaft in der Regel noch direkte funktionale Vorgesetzte für ihre Pendants in den Tochtergesellschaften.

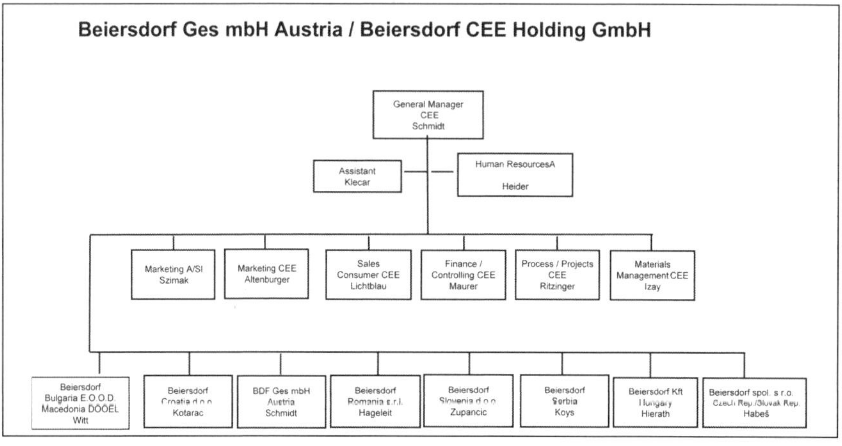

Abb. 1: Die Organisationsstruktur von Beiersdorf CEE

Geschäftlich konnte sich die Region von einer Umsatzhöhe von unter 100 Millionen Euro im Jahre 1999 auf über 300 Millionen Euro im Jahre 2007 entwickeln. Dabei hält Beiersdorf in den bearbeiteten Ländern der Region insgesamt eine marktführende Stellung in der Kosmetik über alle Vertriebskanäle hinweg. Hervorzuheben sind die deutlichen Führungspositionen bei der Marke Nivea im Bereich der allgemeinen Hautpflege, bei der Gesichtspflege, bei Deodorants und bei After Shave. Mit dieser jahrelangen Geschäftserfahrung und der breiten Präsenz in den Märkten Mittel- und Südosteuropas bietet sich Beiersdorf CEE als ein starker Partner für den Handel an.

Wandel in den Märkten der CEE

Die Perspektive eines Beitritts zur Europäischen Union hat den Westbalkan wirtschaftlich enorm stabilisiert. Länder, die noch nicht assoziiert sind, haben zumindest eine gute Chance, in absehbarer Zukunft der EU anzugehören. Das führt zu hohen ausländischen Direktinvestitionen und stellt eine extreme Ermutigung für viele internationale Firmen dar, das lokale Geschäft couragiert aufzubauen. Während sich die Wachstumsraten in den mittelosteuropäischen Ländern schon etwas reduziert haben, obwohl sie noch immer etwa doppelt so hoch wie in Westeuropa sind, steht uns für die Balkanländer auch in den nächsten Jahren starkes Wachstum bevor.

Das Wachstum findet nicht automatisch in jenen Segmenten und mit jenen Produkten statt, die in Westeuropa dominieren. In traditionellen Märkten dominiert zum Beispiel in der Körperpflege immer noch stark die Nutzung von Seifen und Deodorants, da es noch keine ausgeprägten Duschgewohnheiten gibt (Abbildung 2). Bei den Deodorants spielen Duftdeodorants eine große Rolle, da der Einsatz von Eau de Toilette und Parfums noch nicht sehr ausgeprägt ist. Andererseits spielen die Gesichtspflegeprodukte kaufkraftbedingt noch keine sehr bedeutende Rolle, häufig werden „All Purpose Cremes", also Allzweckcremen, auch für die Gesichtspflege benutzt.

Beispiel für Umsatzanteile verschiedener Produkte in den Ländern

	Bulgarien	Slowenien	Österreich
Seifen	6,5%	1,0%	0,8%
Deodorants	16,9%	6,7%	6,7%
Schampoos	11,1%	3,0%	3,8%
Gesichtspflege	11,0%	17,9%	19,3%
Andere	54,4%	71,4%	69,4%

Abb. 2: Beispiel für nationale Umsatzschwerpunkte nach Produkten

Die breite internationale Markterfahrung von Beiersdorf eröffnet gute Einblicke in die Entwicklung von Kosmetikkategorien. Die Entwicklung der Produktkategorien hat teilweise mit Kaufkraft zu tun, teilweise auch mit der Nachahmung westlicher Vorbilder in der Körperpflege. Darüber hinaus bewirken das angebotene Sortiment und die begleitende Markenkommunikation, dass Konsumenten auch innovative Produkte ausprobieren. Das führt dazu, dass sich die unterschiedlichen Verbrauchsstrukturen häufig mit steigender Kaufkraft in den CEE-Ländern zu verwischen beginnen.

Ebenfalls kaufkraftbedingt wandelte sich die Mediennutzung im Laufe der Jahre: Während in den weniger entwickelten Märkten das Fernsehen noch vorherrscht und Verbraucher bis zu sechs Stunden vor dem Fernseher verbringen, gewinnen nun in der Kosmetik zunehmend Magazine an Bedeutung. Vor einigen Jahren hatten die großen Magazine in fast allen Ländern lediglich Auflagen von 20–50.000 Heften. Diese wurden aber sehr intensiv weitergegeben, so dass die Leserschaft immer ein Vielfaches davon war. Diese Auflagen sind mittlerweile explodiert und ermöglichen insbesondere der Kosmetikindustrie eine starke werbliche Präsenz. Das ist nicht nur eine neue Chance, sondern bei den jährlich stark steigenden TV-Schaltpreisen auch eine wirtschaftlich vernünftige Alternative, die darüber hinaus bedeutend weniger Streuverluste hat.

Weiters zu beachten ist, dass Werbung in dieser Region noch sehr unterschiedlich wirkt. In vielen Ländern, in denen Werbung noch nicht so gelernt ist, werden Wirkversprechen häufig noch sehr ernst genommen und der Glaube an die Überlegenheit westlicher Produkte und Technologien ist sehr ausgeprägt. Das stellt ein großes Problem für nationale Kosmetikanbieter da, die aufgrund von Schwächen in der Neuproduktentwicklung und im werblichen Auftritt mit den internationalen Mitbewerbern nicht mithalten können. Häufig werden Claims internationaler Konkurrenten einfach nur übernommen, ohne dass die Produkte Entsprechendes leisten, was den Konsumenten natürlich nicht verborgen bleibt.

Die Entwicklung der Vertriebsstrukturen

Während in großen Teilen des Balkans weiterhin sehr traditionelle Handelsformen vom kleinen Gemischtwarenhandel bis hin zu Märkten unter freiem Himmel dominieren, haben sich französische, deutsche und englische Handelsketten gerade in den mittelosteuropäischen Ländern bereits stark etabliert. So variieren die Anteile des internationalen Handels am Gesamtumsatz laut GfK zwischen 8% in Serbien und 68% in Slowenien, Ungarn und Tschechien.

Hinsichtlich der Vertriebsstruktur in der Kosmetik hat sich in Osteuropa ein starker Wandel ergeben (Abbildung 3). Während erwartungsgemäß die offenen Märkte in den letzten zehn Jahren in ihrer Bedeutung mehr als halbiert wurden und auch die klassischen Kaufhäuser stark verloren haben, zählen Supermärkte und Hypermärkte zu den Gewinnern. Überraschenderweise war die erfolgreichste Vertriebsform in der Kosmetik der Direktverkauf (Avon, Oriflame), bei dem sich die Umsätze seit 1997 fast vervierfacht haben. Das ist ein Beleg für die unverändert stark steigende Nachfrage nach Kosmetik, die auch von modernen Handelsformen noch nicht befriedigt wird. Es zeigt sich insbesondere ein enormes Potenzial für Drogeriemärkte, wie wir sie aus Deutschland und Österreich kennen.

Distribution - retail value rsp - % breakdown

Eastern Europe Cosmetics and toiletries	1997	2000	2003	2006
Supermarkets/hypermarkets	8,1	14	17	19,6
Independent food stores	9,4	7	5,1	3,7
Pharmacies/drugstores	10,7	12,6	12,7	11,9
Department stores	27,7	20,5	15,2	13
Specialists	8,3	10,8	13,1	16,9
Direct sales	5,6	10,3	17,8	20,6
Outdoor markets	21,8	16,6	12,5	8

Copyright and Database Right Euromonitor International 2007

Abb. 3: Wandel der Marktanteile von Vertriebsformen am Kosmetik- und Toilettewarenumsatz in Osteuropa (Einzelhandelsverkaufspreis; 1997 bis 2006)

Das Ende der schnellen Gewinne für die internationalen Handelsketten

In den letzten zehn Jahren haben sich die Volkswirtschaften in der Region zunehmend stabilisiert. Damit verbunden war nicht nur ein enormer Anstieg der Lohn- und Gehaltsniveaus, sondern auch gleichzeitig, trotz höherer Inflation, eine Aufwertung der lokalen Währungen. Diese beiden Effekte haben Importgüter für die Konsumenten zunehmend erschwinglich gemacht und zu einem extremen Importboom westlicher Produkte geführt, von dem wir natürlich alle profitieren. Aktuell schlägt sich der Anstieg der Importe dramatisch in den Handelsbilanzen von vielen Ländern nieder – ganz extrem etwa in Rumänien und Bulgarien – und führte dazu, dass zum Beispiel im Juli 2007 mehrere Länder aus der Region die internationalen Risikostatistiken anführten.

Sowohl die Währungen als auch Grund und Boden sind zum Spielball internationalen Kapitals geworden. Mit den steigenden Finanzinvestitionen von Banken und Immobilienfirmen gibt es auch immer größer werdende volkswirtschaftliche Bedenken, dass es einen Crash wie in den USA geben könnte. Das Umfeld macht es internationalen Handelsketten, die erst jetzt in die Märkte einsteigen wollen, schwer, noch neue Geschäfte in den Ballungszentren aufzubauen, sie müssen immer stärker in Randregionen ausweichen. In einigen Balkanländern und auch in den ehemaligen sowjetischen Republiken kommen nun lokale Unternehmer als Konkurrenten für die internationalen Handelsketten auf, die ihre Beziehungen und ihr schnell wachsendes Vermögen nutzen, um von diesen offensichtlichen Trends zu profitieren.

Der Verdrängungswettbewerb im modernen Handel wird darüber hinaus in dem Moment größer, in dem starkes Wachstum ausbleibt und die regionale Expansion schwieriger wird. Die ruinösen Preiskämpfe in Tschechien und Ungarn haben bereits enorme Werte vernichtet und den Ausleseprozess auf Händlerseite extrem beschleunigt. So hat selbst die britische Handelsgruppe Tesco in ihrer internationalen Bilanz Verluste in Ungarn als einem von nur zwei Ländern weltweit konzedieren müssen. Der Verdrängungswettbewerb hat bei vielen Händlern zu der Erkenntnis geführt, entweder Nummer eins oder zwei am Markt werden zu müssen oder sich im Extremfall aus dem Land zurückzuziehen. Beispiele dafür sind Ahold, Carrefour oder Tesco, wobei es etwa bei den Letztgenannten zu kreativen Tauschgeschäften mit Hypermärkten gekommen ist: Carrefour hat in Tschechien Tesco-Märkte übernommen, um im Tausch dafür in der Slowakei die Carrefour-Märkte an Tesco abzugeben.

Auf der Kostenseite spielt schließlich noch eine große Rolle, dass die allgemeinen Lohn- und Gehaltssteigerungen den Handel natürlich auch selbst betreffen und ihn zwingen, die Handelsspannen zu erhöhen, um die Kostensteigerungen abzufangen. So sind beispielsweise in der Kosmetik die Handelsspannen im Balkan häufig nur halb so hoch wie etwa in Österreich.

Nun gibt es seit Jahren in Markenartikelkreisen die These, dass das überproportionale Wachstum der größten internationalen Händler ein Ende finden wird. Zumindest für unsere Firma kann ich das für Mittel- und Osteuropa bestätigen: Wir hatten in den letzten zwei bis drei Jahren ein überproportionales Wachstum regionaler Ketten oder neu eintretender internationaler Player. Im Fall der regionalen Ketten ist das Ausdruck ihrer nationalen Stärke und ihrer Fähigkeit, schnell zu lernen. Für die großen internationalen Handelsketten bedeutet dies, dass sie in den lokalen Märkten professioneller vorgehen und ihr internationales Know-how besser nutzen müssen.

Es ist natürlich fast überflüssig zu sagen, dass eine profitable Geschäftsgebarung in der Region primär dann gegeben ist, wenn man unter denjenigen war, die frühzeitig das Geschäft dort aufgebaut haben und heute im Markt bedeutende Positionen besitzen.

Die Käufersegmentierung in CEE

Für Hersteller von westlichen Konsumgütern ist festzuhalten, dass wir durchaus bekannte Verhaltensweisen von Konsumenten vorfinden. Das liegt unter anderem daran, dass mittlerweile je nach Land nicht nur zwischen 10 und 30% der

Bevölkerung das gleiche Nettoeinkommen haben wie die Konsumenten in Österreich, sondern auch ähnliche Verbrauchsgewohnheiten und Kaufgewohnheiten. Bei den oberen Einkommensschichten ist weiters zu beobachten, dass Preise eine geringere Rolle bei der Kaufentscheidung spielen, da westliche Produkte wegen der Qualität und des Image gekauft werden. Größere Bevölkerungsgruppen wollen sich wiederum mit dem Kauf von internationalen Kosmetikmarken gelegentlich einen „kleinen Luxus" leisten – das sind dann natürlich keine „Heavy User".

Unter Kaufkraftgesichtspunkten spielen die jungen Konsumenten eine große Rolle

	18–29 years Romania	18–29 years Austria
Low Income	35%	31%
Middle Income	21%	35%
High Income	31%	23%
No statement	13%	11%

Source: IMAS, 2005

Abb. 4: Nationale Einkommensverteilung nach Alter

Abbildung 4 zeigt exemplarisch, dass junge Konsumenten in den neuen CEE-Ländern auf ein vergleichsweise höheres Einkommen zurückgreifen können. Hintergrund ist natürlich, dass sich nach dem Zusammenbruch der kommunistischen Gesellschaftssysteme westliche Firmen auf die Einstellung junger und noch formbarer Talente konzentriert haben, die mittlerweile auch alle Hochschulen mit westlichen Standards besuchen. Insoweit unterscheiden sich selbst in Rumänien die Nettoeinkommen jüngerer Manager fast kaum noch von denen in Österreich.

Wir stellen mittlerweile fest, dass jüngere Menschen durchaus gute Kenntnisse kosmetischer Fragestellungen haben und man in den Statistiken, die die Nutzung der verschiedenen Körperpflegekategorien zeigen, ausgeprägte Verwendungen von Produkten solcher Kategorien findet, die für ältere Konsumenten eher Nischenprodukte darstellen. Während zum Beispiel auch in Österreich die Verbraucheranalyse zeigt, dass die Produktverwendung von Deodorants Jahr für Jahr stetig ansteigt, hier aber bereits einen hohen Verwenderanteil hat, ist der Anteil in den mittel- und osteuropäischen Ländern natürlich geringer, die jährliche Steigerung aber umso bemerkenswerter.

Die gemeinsamen Chancen von Industrie und Handel

Die gewaltigen Chancen auch des modernen Handels in der Kosmetik schon aufgrund der Größe der Direktvertriebsfirmen habe ich bereits erwähnt.

Die Vergangenheit zeigt, dass zum Beispiel die Verkaufsstellenexpansion der Drogerieketten in Österreich automatisch zum Wachstum der dort vertretenen Marken und Produkte geführt hat. Hier gilt der alte neoklassische Satz: „Das Angebot schafft sich die Nachfrage selbst". Natürlich führt das zu einem Verdrängungswettbewerb, in Westeuropa gegenüber Drogerien, Parfümerien und Apotheken, in Südosteuropa gegenüber dem traditionellen Handel, offenen Märkten und dem Direktverkauf. Letztlich ist es die große Chance, gemeinsam mit den modernen Handelsformaten daran zu arbeiten, insgesamt mehr als 70 bis 80% der gesamten Nachfrage abzudecken. In den westeuropäischen Ländern liegt dieser Anteil eher bei 40 bis 70% und wird wahrscheinlich zu Gunsten der beratungsintensiven Kanäle zurückgehen.

Natürlich sind große Anstrengungen im Marketing- und Vertriebsauftritt der Industrie notwendig, damit die Konsumenten zu höherwertigen Produkten greifen. Sowohl die Höhe dieser Investitionen als auch ihre Effizienz sind wesentliche Voraussetzungen eines erfolgreichen Geschäftes. Am folgenden Beispiel einer internationalen Werbekampagne kann man sehen, dass zunehmend europaweit standardisierte Kampagnen eingesetzt werden (Abbildung 5). Diese Werbekampagnen geben vielen lokalen Konsumenten mit westlicher Konsumorientierung und Mediennutzungsverhalten (z.B. Nutzung von Satellitenfernsehen) das Gefühl, Teil der gegenwärtigen westlichen Konsumgesellschaft zu sein und nicht als Kunden eines rückständigen Marktes angesehen zu werden.

Abb. 5: Beispiel für hohe Werbeinvestitionen und internationalen Auftritt der Industrie

Neben der dominanten Nutzung von TV spielt in vielen Ländern zunehmend auch die Außenwerbung eine große Rolle. Die Industrie trifft sowohl beim Fernsehen als auch bei Magazinen und der Außenwerbung auf internationale Medienhäuser als Anbieter. Auch Mediaagenturen, Kreativagenturen, Marktforscher und andere Marketingdienstleister haben internationale Netzwerke geschaffen, die viele Koordinationsaufgaben über Ländermärkte hinweg ermöglichen. Die Märkte wachsen also zusammen. Die Konsumgüterfirmen sind hier unter den Ersten gewesen, die international expandierten, und können nun entsprechende Erfahrungen in Kooperationen einbringen. In den verschiedenen Kooperationsprojekten zwischen Industrie und Handel werden die verschiedensten Problemfelder gemeinsam besprochen, um zu „Win-Win"-Lösungen zu kommen. Abbildung 6 zeigt ein Beispiel für eine sehr massive Investition in den Ladenbau und in die POS-Gestaltung, wie wir sie bei Beiersdorf CEE mehrfach getätigt haben. Natürlich sind derart gewaltige Markenauftritte nur in wenigen großflächigen Geschäftstypen sinnvoll umsetzbar (z.B. in Verbrauchermärkten), führen dort aber zu nachhaltigen Mehrverkäufen.

Abb. 6: Point-of-Sale Investments bei Nivea

Zu den Marketingdienstleistern, die die Internationalisierung begleiten, gehören beispielsweise die Marktforschungsunternehmen Nielsen und GfK. Ihre Marktstudien tragen dazu bei, den Markterfolg abzubilden. Ein klares Verständnis der

Wirkungen von getätigten Investitionen und Maßnahmen ist eine wesentliche Voraussetzung für die Entwicklung und Umsetzung erfolgreicher Strategien. Darüber hinaus haben sowohl Handel als auch Industrie viele interne Tools entwickelt, um Effizienz zu messen, das gilt z.B. für Promotions, aber auch für die richtige preisliche Positionierung.

In gemeinsamen Arbeitsgruppen der Verbandsgremien von Industrie und Handel wird an vielen weiteren EDV-technischen und logistischen Standards gearbeitet; denn erst wenn möglichst viele Marktteilnehmer die gleichen Standards benutzen, ist es möglich, Abwicklungen zu rationalisieren und zu automatisieren.

Während bisher die technischen und analytischen Elemente einer Zusammenarbeit im Mittelpunkt standen, dürfen die vorgelagerten strategischen Themenfelder, die auf der Ebene des Top-Managements zu entscheiden sind, nicht vergessen werden. Alle Firmen haben sich darüber klar zu werden, wie das Wettbewerbsumfeld aussieht, wie Länder in ihrer Marktattraktivität, aber auch hinsichtlich des Länderrisikos einzuschätzen sind und welche Investitionsschwerpunkte gesetzt werden sollen. Gerade in diesen so wichtigen Fragestellungen haben Industrie und Handel nicht gerade eine ausgeprägte Tradition der Zusammenarbeit, was umso bedauerlicher ist, als hier die wichtigsten Entscheidungen zu treffen sind.

Schlussfolgerungen

Es gibt technisch viele Möglichkeiten für „Win-Win"-Situationen. Die tägliche Erfahrung zeigt aber, dass es ein langer Weg ist, sie zu realisieren. Dafür gibt es viele einfache Gründe:

- Manager von Industrie und Handel lernen sich nicht wirklich kennen und treffen sich meist erst bei Konditionsverhandlungen.
- Ein Vertrauensvorschuss wäre aber nötig, weil der Missbrauch von Informationen „teuer" werden kann und ein Partner bei Projekten meist in Vorlage gehen muss.
- Die größeren Marktteilnehmer glauben, bei isoliertem Vorgehen Vorteile gegenüber ihren kleinen Konkurrenten zu haben.
- Der individuelle Zeithorizont ist zu kurz und daher werden schnelle Erfolge in Verteilungskämpfen gesucht.

Eine interessante Empfehlung kommt vom Beratungsunternehmen Cap Gemini (Cap Gemini, Global Commerce Initiative 2006). Die Berater legen der Industrie unter anderem nahe,

- neue Formen der Zusammenarbeit mit dem Handel zu entwickeln, die nachhaltige Änderungen in der Unternehmenskultur, in der gemeinsamen Geschäftsplanung und im Einsatz neuer Messgrößen und Anreizsysteme zur Folge haben;

- eine höhere Bereitschaft zum Datenaustausch aufzubringen, da die beste Art, die gestiegene Komplexität zu managen, eine höhere Transparenz ist.

Mein Beitrag soll zeigen, dass es viele Wachstumschancen in der Kosmetik in Mittel- und Osteuropa gibt – und dabei auch viele Möglichkeiten eines gemeinsamen Wachsens von Industrie und Handel. Die Herausforderungen sind für beide Parteien natürlich zahlreich.

Wir können es uns aber heute alle nicht mehr leisten, auf potentielle Synergien zu verzichten. Die Erfahrung aus der gewaltigen Umstrukturierung und Konsolidierung der Industrie- und Handelsunternehmen in Westeuropa zeigt bereits, dass Marktteilnehmer, die Chancen und Synergien nicht ausreichend nutzen, langfristig vom Markt verschwinden oder übernommen werden. Wer heute noch als relativ „groß“ angesehen wird, ist morgen bereits ein kleiner Player. Ein kooperatives Vorgehen von Industrie und Handel bringt beiden Seiten mehr als ein stures „Go-it-Alone“. Denn auch für Firmen gilt: Der Einzelkämpfer ist out.

Henkel CEE – Marketing for „Greater Europe“

Günter Thumser

Henkel in CEE: Management von Komplexität

Henkel Central Eastern Europe (Henkel CEE) blickt heute auf zwei erfolgreiche Jahrzehnte in Zentral- und Osteuropa zurück. Was exakt am 12.5.1987 mit der Gründung des ersten ungarischen Joint Ventures mit westlicher Beteiligungsmehrheit begann, präsentiert sich mittlerweile als Geschäftsregion mit 32 Ländermärkten. Fast 500 Millionen Konsumenten – von Tschechien und Polen im Westen bis hin zu Russland und Zentralasien-Kaukasus im Osten – werden von Henkel CEE bedient. Das Unternehmen beschäftigte per 31.12.2007 insgesamt rund 10.000 Mitarbeiter und verfügte über 32 Produktionsstätten. Der Umsatz belief sich im Jahr 2007 auf 2,214 Milliarden Euro.

32 Länder bedeuten eine enorme Komplexität, was das Geschäft betrifft. In Bezug auf die Handelsstruktur beispielsweise reicht die Bandbreite von Bazaren und Straßenmärkten bis hin zu topmodernen Hypermärkten westlichen Standards. Im Wasch- und Reinigungsmittelbereich wiederum gibt es gewaltige Unterschiede, was etwa die Geräteausstattung betrifft. Verwenden 90% der slowakischen Hausfrauen bereits eine automatische Waschmaschine, liegt dieser Prozentsatz in Rumänien bei rund einem Drittel, in der Ukraine bei nur 10%. Die Diversität in diesem Bereich lässt sich auch aus der Frequenz der Handwäschen ablesen. In den sogenannten „Core Countries“ der CEE-Region, den Kernmärkten von Henkel CEE wie Ungarn oder Tschechien, beläuft sich der Anteil der Handwäsche am gesamten Wäschewaschaufkommen auf im Schnitt 15%. Bei den „Emerging Countries“, also den aufstrebenden Märkten wie Russland, Rumänien oder Ukraine, klettert dieser Wert hingegen auf 40%. Das heißt, dass nur 60% der Wäsche mit der Waschmaschine gewaschen wird. Doch auch die Kaufkraft der Konsumenten präsentiert sich höchst unterschiedlich. Muss eine Person in Serbien 138 Minuten arbeiten, um sich im Geschäft eine Packung Persil leisten zu können, so reduziert sich dieser Aufwand in Kroatien auf 38 Minuten, in Tschechien auf 31 Minuten und in Slowenien auf 13 Minuten. Zum Vergleich: In Österreich liegt dieser Wert bei nur sechs Minuten (Abbildung 1).

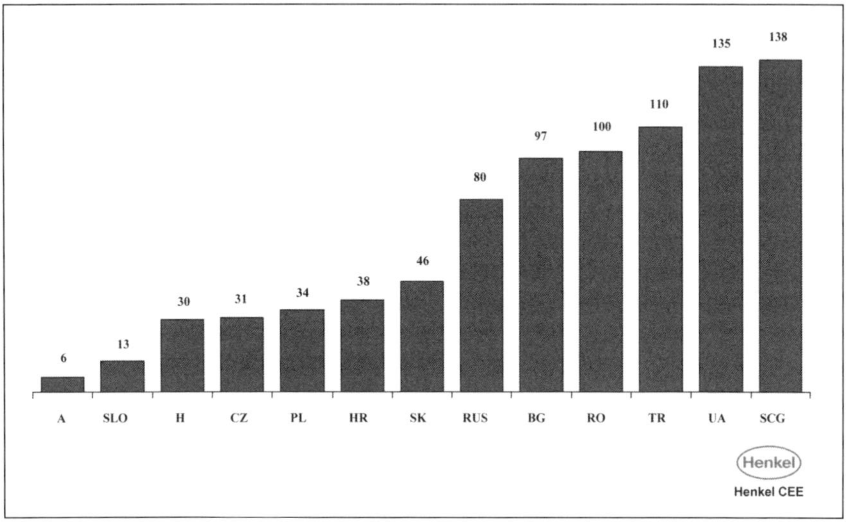

Abb. 1: Arbeitszeit, die für den Kauf einer 600-Gramm-Packung Persil aufgewendet werden muss (Angabe in Minuten)

Um auf diese Heterogenität der Märkte zu reagieren, hat sich Henkel CEE von Beginn an dem strategischen Ansatz „Close to the Market" verschrieben. Das bedeutet eine klare Fokussierung auf lokale Kompetenzen und Erfahrungen – was vor allem am Anfang durch Joint Ventures, mit denen in Folge auch die Übernahme nationaler Marken in Verbindung stand, gelang. Daraus wiederum sollten Synergien für die gesamte CEE-Region erzielt werden.

Das gelang:

- durch den Aufbau eines starken Markenportfolios für die Region, in dem zum Beispiel bei Wasch- und Reinigungsmittel der Anteil der internationalen Brands bei rund 60% liegt;
- durch Produktkonzepte, die exakt den Konsumgewohnheiten und -wünschen der Verbraucher in Osteuropa entsprachen. So sind CEE-Konsumenten – im Unterschied zu westeuropäischen – deutlich stärker am Grundnutzen eines Produktes orientiert. Die deskriptiv-narrative Komponente in der Kommunikation ist wichtig. Der rationale Erklärungsansatz hat inhaltlich nach wie vor mehr Gewicht gegenüber der emotionalen Ansprache;
- durch die Erarbeitung lokaler Markt-Insights. So gab es beispielsweise von Henkel CEE im Gesamtjahr 2006 im Wasch- und Reinigungsmittelbereich 59 TV-Spots und 260 Marktforschungsstudien in CEE. Das heißt, dass es jede Woche im Fernsehen „News" von Henkel gab und an jedem Arbeitstag des Jahres eine neue Marktforschungserkenntnis genutzt werden konnte;

- durch Standardisierung des Sortiments – so weit als möglich. Auf einer Packung Persil für CEE findet man die Gebrauchsanleitung auf dem Etikett in 17 Sprachen, in punkto Silan etwa wird in 15 Sprachen informiert;
- durch starke Vernetzung der Produktionen über Ländergrenzen hinweg. So liefert beispielsweise das ungarische Flüssigproduktewerk Körösladány seine Erzeugnisse in über 30 Länder, darunter im Übrigen auch in die USA und nach Japan.

Markterfolg durch Innovation

Persil vermochte durch ständige Produktverbesserungen seinen Marktanteil innerhalb einer Dekade von 4% (1996) auf fast 14% (2006) mehr als zu verdreifachen. Dem Startprojekt „Green Power" (1994) folgte „Color Power" (1996), dann die „Power Pearls" (2002), „Sensitive" (2005) und – nach dem AISE4-Relaunch in 2006 („Euro Compact" Pulver) – der Launch von Persil „Gold" in 2007, der die Marke einen weiteren Marktanteilssprung nach oben machen lassen wird.

Doch Henkel baut den Marktanteil seiner Produkte auf vorhandenen Märkten nicht nur aus, sondern „macht" auch Märkte. So führte das Unternehmen 1998 das erste Spezialwaschmittel (Dachmarken Perwoll bzw. Laska/Russland) in CEE ein – mit einem klaren Benefit („keeps ... like new") und mit nachhaltiger, kontinuierlicher Werbeunterstützung. Die Verkäufe haben sich seit dem Jahr 2000 verelffacht.

Eine ähnliche Entwicklung ist zudem für den Markt der Weichspüler zu konstatieren. In diesem Fall setzte Henkel für sein Silan/Vernel-Markenkonzept drei wichtige Konsumentenbedürfnisse in die Produktrealität um: eine deutlich verbesserte Qualität – so gelang es für Russland den ersten Weichspüler mit integriertem Frostschutz zu entwickeln –, eine breitere Duftauswahl sowie moderne Flaschen aus PET. Positive Konsequenz: Der Weichspüler-Umsatz von Henkel in CEE steigerte sich seit 1992 um das 27-fache.

Fallbeispiel WC-Hygiene: Unter der Marke Bref lancierte Henkel 1998 den ersten gelförmigen WC-Stein am Markt. Vier Jahre später folgte der erste Flüssigstein mit zwei Kammern (Hygiene kombiniert mit Duft). 2002 gelang es schließlich mittels des „Aromatherapy"-Konzeptes den Wellness-Aspekt in den Markt für WC-Hygiene zu transferieren. Und letztendlich gab es 2006 das nächste Upgrading der Marke: Bref WC Hygiene designed by Alessi, mit dem das Thema Design auch in diesem Markt Einzug hielt. Die Früchte, die ob dieses intensiven Innovationsbemühens geerntet werden können: Bref ist die absolute Nummer 1 bei WC-Hygiene in der gesamten CEE-Region.

Intensive regionale Kooperation über Ländergrenzen hinweg

Ein gutes Exempel für die intensive regionale Kooperation über Ländergrenzen hinweg ist ferner die Markengeschichte von Pur. Diese ursprünglich slowakische Marke für Handgeschirrspülmittel wurde ab 1992 in über einem Dutzend Länder implementiert. Dazu kommt, dass das Markenkonzept von Pur gemäß der Devise „Think global, act local" länderweise – in Marketing und Werbung – adaptiert wird. So vertreibt Henkel CEE neben Pur mit Mer (lokale serbische Marke), Pemolux (Russland) und Pril (zum Beispiel Türkei bzw. Premiumansatz für Russland) Handgeschirrspülmittel auch unter anderen Markennamen in einzelnen Ländern. Die Erfolgsfaktoren:

1) Der primäre Produktnutzen darf nie aus den Augen verloren werden.
2) Für den immer wieder neu zu definierenden Zusatznutzen empfiehlt es sich, jüngste Trends auch aus anderen Produktkategorien zu adoptieren.
3) Sofern aufgrund lokaler Marktverhältnisse notwendig, muss eine globale Strategie angepasst werden. Der Henkel-Umsatz mit Handgeschirrspülmittel hat sich seit dem Startschuss für das Business nach der Ostöffnung (1989) nahezu versechsfacht (Abbildung 2).

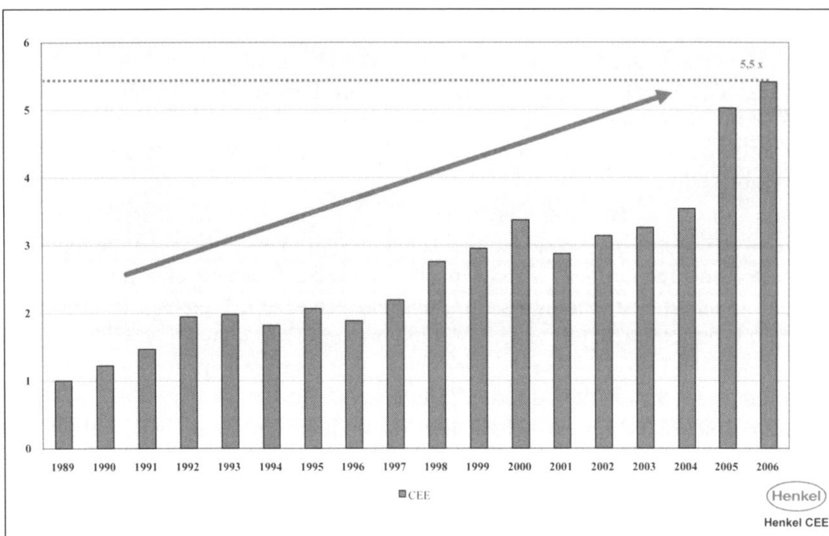

Abb. 2: Umsatz-Entwicklung von Handgeschirrspülmittel in CEE (incl. TR, RUS)

Dass der regionale CEE-Marketingansatz aber auch für Westmärkte Vorbildwirkung haben kann und vor allem dass dieser Know-how-Transfer keine Einbahnstraße von West nach Ost darstellt, beweist die Performance von „Palette". Diese 1968 in der damaligen Tschechoslowakei aus der Taufe gehobene Colorationsmarke aus dem Hause Schwarzkopf ist inzwischen nicht nur in CEE eine echte Marktgröße – als klare Nummer 1 am Markt. Der Roll-out (ab 2003) in Richtung Westen hat die Marke inzwischen unter anderem zur meistverkauften Coloration in Deutschland gemacht. 2007 wurde Palette im Übrigen in Australien, Norwegen, Finnland und Dänemark eingeführt.

Marketing for „Greater Europe"

Wenn man sich ein Marketing for „Greater Europe" auf seine Unternehmensfahnen heftet, gilt es folgende fünf Gebote oder Merkregeln zu beachten:

- Bewahren Sie die Balance – zwischen lokalen und regionalen/internationalen Markterfahrungen, zwischen lokalen Programmen und regionalen Strategien und der daraus resultierenden Konklusion.
- Seien Sie flexibel, auch wenn stets die bestmögliche internationale Standardisierung anzustreben ist.
- Arbeiten Sie an Ihrer Teamfähigkeit, feilen Sie am Aufbau eines Team-Spirits, denn nur bei entsprechender länder- und bereichsübergreifender Kooperation wird sich Erfolg nachhaltig einstellen.
- Bleiben Sie offen für neue Trends und Entwicklungen und lernen Sie, die sich daraus ergebenden Innovationsszenarien gewinnbringend zu nutzen. Fördern Sie ein über Produkt- und Ländergrenzen hinausgehendes unternehmerisches Denken innerhalb des Unternehmens, das als lernende Organisation zu verstehen ist.
- Und profitieren Sie nicht zuletzt vom kulturellen Erfahrungsaustausch innerhalb der Region, auch zwischen den Ländern untereinander („Commitment" zur Region).

Chiquita: Erfolgreicher Markenaufbau in Mittel- und Osteuropa

Mirka Škrabalová

Die folgenden Ausführungen beschreiben den Aufstieg von Chiquita zur führenden Bananen-Marke in Mittel- und Osteuropa nach dem Fall des Eisernen Vorhangs. Es werden die eingesetzten Marketingstrategien, deren Umsetzung in den Verkaufsstellen des Handels und in der Medienkommunikation sowie die damit erzielten Resultate vorgestellt. Der Beitrag dokumentiert, wie durch die professionelle Anwendung westlicher Techniken der Markenbildung Chiquita zur führenden Markenbanane im Osten Europas wurde.

Bananen als Symbol des Kapitalismus

Vor den 1990er-Jahren kontrollierte der Staat die Importe, die Distribution und auch die Preise von Bananen. Sie waren nur selten im Obstladen erhältlich (ungefähr ein- bis dreimal im Jahr) und deshalb galten sie allgemein als eine luxuriöse Frucht. Menschen konnten sich Bananen – falls diese überhaupt erhältlich waren – für einen fixen Preis kaufen, dann gab es jedoch ein Mengenlimit. Zum Preis von einem Kilogramm Bananen konnte man damals bis zu fünf Kilo Äpfel kaufen, so teuer war die Frucht.

Zu Weihnachten diente die Banane zuerst als Dekoration – exotisch schmückte sie den Weihnachtstisch. Später wurde sie dann konsumiert. Meistens aßen sie zuerst die Kinder und falls etwas übrig blieb, durften die Erwachsenen ran.

Gemäß der kommunistischen Propaganda war die Banane „so hohl wie der Kapitalismus: ansprechend von außen, aber wertlos von innen". Erstaunlich war, dass die Menschen sie wirklich als „lecker, aber hohl" wahrnahmen. In Wirklichkeit wussten sie über die Nährstoffe, Vitamine und Mineralien, die in einer Banane enthalten sind, nicht Bescheid. Eine Aufklärung über die Frucht war notwendig. Und genau dieses Ziel setzte sich Chiquita in den 1990er-Jahren und sah in der „Füllung des Hohlen" mit rationalen und emotionalen Inhalten eine Herausforderung für das Unternehmen.

Seit den 1990er-Jahren ist der Handel mit Bananen ganz in die Hände des privaten Sektors übergegangen. Die Banane hat den Geschmack „der verbotenen Frucht" verloren, ist über das ganze Jahr erhältlich und der Preis wird wöchentlich anhand der Saisonkurve ermittelt. Im Winter werden die Bananen zu einem höheren Preis verkauft, im Sommer, wo es viel mehr heimische Früchte und exotische Alternativen gibt, muss dieser gesenkt werden.

Der Pro-Kopf-Verbrauch (PPC = Per Capita Consumption) betrug während der Ära des „Eisernen Vorhangs" nicht einmal 4 kg, 1982 fiel er sogar auf 1,2 kg (Abbildung 1). In den 1990er-Jahren stieg der Bananenkonsum dramatisch und erreichte seinen Höhepunkt mit einem Pro-Kopf-Verbrauch von 15,6 kg im Jahr 1995. Damals galt Mittel- und Osteuropa als Dumping-Markt mit niedrigen Preisen. Später fiel der Verbrauch wieder und hat sich nach 2000, trotz der beträchtlichen Preiserhöhung nach dem EU-Beitritt, auf dem europäischen Durchschnitt von 10 kg stabilisiert.

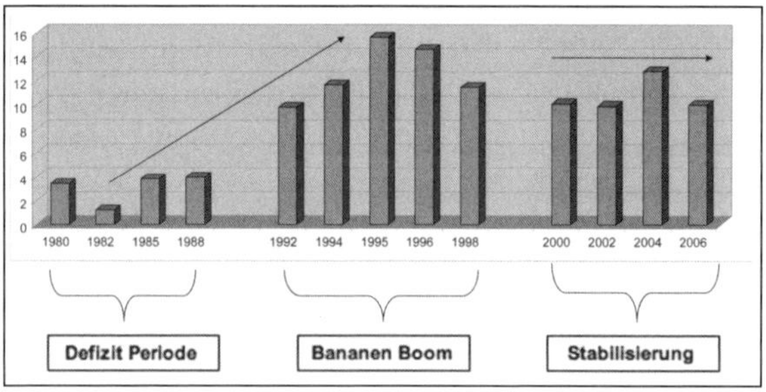

Abb. 1: Entwicklung des Pro-Kopf-Verbrauchs in Tschechien von 1980 bis heute

Die Banane ist zu einer populären Frucht geworden, die bekannt für ihren Geschmack, Nährwert und die enthaltenen Vitamine und Mineralien ist. Konsumiert wird sie von 97% der Bevölkerung, von 71% mindestens einmal pro Woche, meistens als eine kleine Jause (69% essen Bananen „als Snack"). Anders als in den kommunistischen Zeiten, sind Bananen jetzt für alle erhältlich und erschwinglich, gehören zu einem wesentlichen Bestandteil der alltäglichen gesunden Ernährung und wurden somit zu einer der größten „Errungenschaften des Kapitalismus".

Entwicklung von Chiquita in Mittel- und Osteuropa – vom Verbrauchsgut zur Premium-Marke

Seit 1991 ist Chiquita auch in Mittel- und Osteuropa vertreten. In Polen, Ungarn und der ehemaligen Tschechoslowakei sind Niederlassungen eröffnet worden, damit die Führungsposition bei Bananen Schritt für Schritt erreicht werden konnte. Mit der direkten Marktpräsenz wurde das Fundament für den Markenaufbau geschaffen.

Als Erstes musste eine stabile Lieferkette errichtet werden, nämlich die Entwicklung und Kultivierung des „grünen Geschäfts" mit zahlreichen ökonomisch schwachen lokalen Großhändlern. Dazu waren Investitionen in die Infrastruktur nötig, um das „gelbe Geschäft" aufzubauen (Reifung, Technologie, Logistik) und große Mengen an die schnell wachsenden Händler und Handelsketten in hervorragender Qualität liefern zu können.

Das nächste Ziel war, die Geschäftsbeziehungen mit diesen Händlern auszubauen und so klarer Kategorieführer zu werden. Chiquita investierte als einziges Obst-und-Gemüse-Unternehmen ins Marketing und fokussierte sich dabei zuerst auf „In-Store"-Kampagnen (Abbildung 2).

Abb. 2: Chiquita Island Display als Beispiel für Trade Marketing

Im Jahr 2004 entschloss sich Chiquita, vom taktischen Marketing stärker zur Markenbildung überzugehen. Das Ziel war es, Chiquita zu einer starken Premium-Marke im Handel zu machen und das so schnell wie möglich – nämlich in zwei Jahren. Der Fokus lag dabei auf Märkten mit hohem Wachstumspotential wie Polen und Tschechien. Bei der Umsetzung des „Strike Plan" griff Chiquita auf seine bewährte globale Strategie der Ausrichtung am Markenwert zurück und entschied sich, trotz des heftigen Konkurrenzkampfs mit anderen Marken, einen realen Premium-Preis anzusetzen.

Der tschechische „Strike Plan" beinhaltete die Füllung des „hohlen" Produkts mit dem Chiquita-Markenwert. Das Markenbewusstsein bei Obst sollte bei den Tschechen gesteigert werden und es sollte eine Markenpräferenz entstehen, die eine starke Bindung der Konsumenten an die Marke Chiquita zur Folge hatte.

Das Ziel der Marketingstrategie war es, „den tropischen Geist" als Zeichen der Lebensqualität in den Menschen zu wecken. „Wecke deinen tropischen Geist – Put a bite of Chiquita in your life" wurde zum Motto der Chiquita-Kampagne. Der tropische Geist stand für mehr Spaß, mehr Farben, mehr Optimismus und mehr Energie im Leben. Das alles sollten die Tschechen durch die Chiquita-Banane entdecken. Die Kern-Zielgruppe der Kampagne waren Frauen mit Kindern – Frauen als Käuferinnen, Kinder als Verbraucher.

Chiquita startete eine große Werbekampagne, die Massenmedien (TV, Outdoor, Public Relations, Web), taktisches Sponsoring und „In-Store"-Aktivitäten umfasste (Abbildungen 3 bis 8).

Abb. 3: Straßenbahnen als Werbeträger: „Wer Chiquita mag, hebt die Hand!"

Abb. 4: TV-Werbespot: „Ich esse keine Bananen. Ich esse Chiquita!"

Abb. 5: Sponsoring der tschechischen Meisterschaft in lateinamerikanischen Tänzen (mit Übertragung im Fernsehen)

Abb. 6: Beispiel für „In-Store"-Aktivität: Konsumenten-Gewinnspiel: „Gewinne einen Ausflug in die Tropen"

Für die Verkaufsstellen des Handels organisierte Chiquita ein Gewinnspiel, bei dem die Teilnehmer einen Ausflug in die Tropen gewinnen konnten (Abbildung 6). Unter dem Motto „tropischer Geist" fand auch ein Städtewettbewerb für die Öffentlichkeit statt. Zuerst prüften die Teilnehmer ihren „Stimmungs-Index" auf der Chiquita-Webseite, dann stimmten sie für die Stadt mit der „besten tropischen Stimmung", um einen neuen Chiquita-Spielplatz für ihre Stadtgemeinde und ein wasserresistentes Radio für sich selbst zu gewinnen.

Abb. 7: „In-Store" Markenaktivierung: „Miss Chiquita"

Um den „tropischen Geist" in Verkaufsstellen zu wecken, wurden „Miss Chiquita"-Hostessen eingesetzt, um den Konsumenten den Markengeschmack mittels Schokoladenfondues, Bananen-Shakes und Bananenbrot näher zu bringen (Abbildung 7).

Abb. 8: „In-Store“ Markenaktivierung: Premium-Packs & Foto-Gewinnspiel

Im Jahr 2005 startete Chiquita in Tschechien den Verkauf von „Inpacks“ – Premium-Bananen, abgewogen und verpackt mit einem Bananen-Zentimeter. Die Kinder konnten so „mit dem Chiquita Geschmack wachsen“ (Abbildung 8). Chiquita kooperierte hierbei mit Experten wie Diätologen und Kinderärzten, denn die Kampagne sollte nicht nur für die Banane werben, sondern auch für eine gesunde Ernährung.

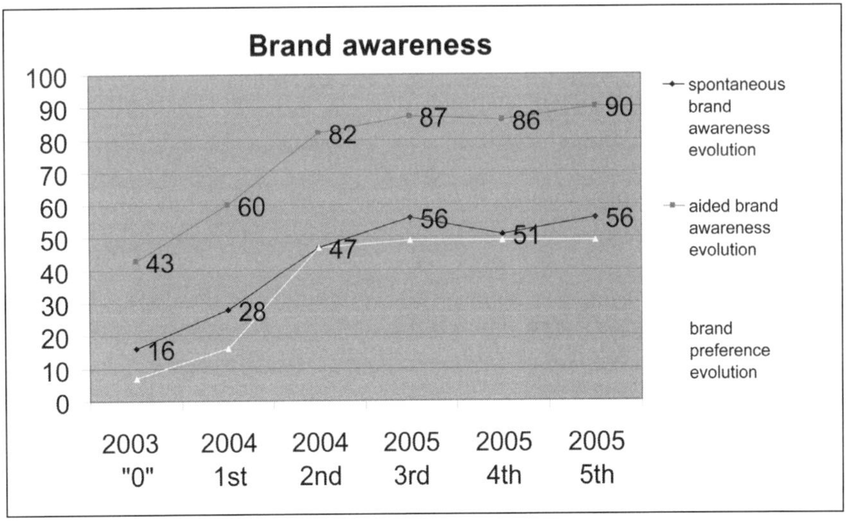

Abb. 9: Brand awareness – Entwicklung der Markenbekanntheit von Chiquita

Nach zwei Jahren mit fünf Wellen von Medienkampagnen hat sich die Markenwahrnehmung bei den Einwohnern verdoppelt, die spontane Wahrnehmung hat

sich sogar verdreifacht (von 16% auf 56%), während die Konkurrenzmarken spontan nur 1 bis 2% erreichen (Abbildung 9). Am meisten wird die Marke von jungen Menschen (70% Bekanntheitsgrad bei Leuten im Alter von 15 bis 34 Jahren) erkannt.
Die Markenidentität von Chiquita konnte sehr stark ausgebaut werden, dem Unternehmen ist es gelungen, die Konkurrenz durch Leistung und Individualität zu übertreffen:

- „Marke, der ich vertraue“ (Qualitätstandards, sehen frisch aus und schmecken auch so)
- „Marke, die verpflichtet“ (strahlend, unbeschwert und trendy)

Chiquita ist es sogar gelungen, die Bereitschaft zu schaffen, einen Aufpreis zu zahlen (bei 61% der Konsumenten).

Erfolgsfaktoren beim West-Ost-Transfer von Markenkonzepten

Das Markenkonzept von Chiquita konnte erfolgreich vom Westen auf den Osten übertragen werden, da folgende Bedingungen erfüllt wurden:

- Der Plan wurde Schritt für Schritt implementiert: Zuerst wurde die Kategorie der Markenbanane etabliert, dann wurde mit dem Konzept des Zusatznutzens begonnen.
- Die Marke konnte in Mittel- und Osteuropa schneller aufgebaut werden, weil ein aggressiver Marketingplan mit einer klaren Markenkommunikation und breitem Medieneinsatz, unter Beachtung lokaler Bedingungen, kontinuierlich und mit mittelfristiger Ausrichtung umgesetzt wurde.
- Fokus auf hohe Marketingeffizienz: im Vergleich zu anderen „Fast Moving Consumer Goods“ – mit einem relativ kleinen Budget wurde ein Maximum an Wirkung erzielt.

Hipp – der Aufbau des hochwertigen Babynahrungsgeschäfts in CEE

Franz Salm-Reifferscheidt

Einleitung

Die Erfolgsgeschichte von Hipp Babynahrung begann im Jahr 1899 in Deutschland als der Konditor Joseph Hipp aus geriebenem Zwieback, Milch und Wasser den ersten Babybrei anrührte. Sein Sohn Georg Hipp gründete 1932 im bayerischen Pfaffenhofen eine eigene Firma für die industrielle Herstellung des Babybreis. Im Jahr 1956 entstand in Grödig bei Salzburg der erste Hipp-Standort in Österreich. Der Erfolg des Kinderzwiebackmehls sprach sich herum und Joseph Hipp belieferte zu Beginn unseres Jahrhunderts bereits einige Konditorkollegen. So wurde die Konditorei ganz nebenbei zu einer kleinen Manufaktur für J. Hipp's Kinderzwiebackmehl, das schließlich jahrzehntelang in der bekannten gelb-schwarzen Packung verkauft wurde.

Einer seiner Söhne, Georg Hipp (1905 bis 1967), kümmerte sich ganz besonders um das Zwiebackmehl. Er verkaufte es als 16-jähriger in München von Tür zu Tür. Bald wurde der elterliche Betrieb zu klein, deshalb gliederte er diesen Bereich aus und gründete 1932 eine eigene Firma in Pfaffenhofen. Das Kinderzwiebackmehl wurde bis in die 1970er-Jahre hinein auf dem deutschen Markt angeboten.

Mitte des 20. Jahrhunderts entschloss sich Georg Hipp nach amerikanischem Vorbild zur Herstellung industriell gefertigter Beikost. 1957/58 kamen vier Artikel auf den Markt: zwei Gemüse- und zwei Menü-Sorten. Schon bald danach wurde von der Dose auf die viel praktischere und hygienischere Glasverpackung umgestellt. Die Palette der Hipp-Produkte wurde immer breiter, von Säften über Junior-Kost bis zu Fleischzubereitungen, von Kinder-Desserts über Kinder-Menüs bis zu Vollkorn-Früchte-Breien.

Zeitgleich mit der ersten industriellen Erzeugung von Babynahrung begann Georg Hipp 1956 mit dem Anbau von Obst und Gemüse auf naturbelassenen Böden und ohne Chemie. Überzeugt von der Idee des Schweizers Dr. Hans Müller, dem Begründer des organisch-biologischen Landbaus, war sein Ziel die Herstellung von gesunder und wohlschmeckender Babynahrung aus Bio-Erzeugung.

Der familieneigene Bauernhof, der Ehrensberger Hof bei Pfaffenhofen, wurde daraufhin auf Bio-Erzeugung umgestellt. Sohn Claus übernahm gemeinsam mit seinen beiden Brüdern Georg und Paulus 1967 die Unternehmensführung und baute den ökologischen Gedanken Schritt für Schritt aus.

Abb. 1: Claus Hipp

Als Pionier des biologischen Landbaus fuhr Claus Hipp selbst von Landwirt zu Landwirt und leistete mühevolle Überzeugungsarbeit. Nach und nach konnte er die Bauern für seine Idee gewinnen und ein Netz von Bio-Vertragslandwirten aufbauen.

Das Unternehmen steht auch heute noch zu 100% in Familienbesitz und steht mittlerweile seit über fünf Jahrzehnten für eine bewusste und sensible Auseinandersetzung mit den Themen Natur, Mensch und Wirtschaft.

Heute gehört Hipp zu den führenden Produzenten von Babynahrung in Europa. 1500 Mitarbeiter, davon 500 in Mittel- und Osteuropa, erwirtschaften einen Gesamtumsatz von rund 500 Millionen Euro. 2007 ist Hipp mit Produktionsstandorten in Deutschland, Schweiz, Österreich, Ungarn, Kroatien, Ukraine präsent, der Eintritt in Russland (Kaliningrad) befindet sich in der Umsetzungsphase.

Die wichtigsten Absatzmärkte liegen in Westeuropa (vor allem Deutschland, England) und zunehmend auch in Mittel- und Osteuropa (20%-Anteil am Gesamtumsatz).

Die Expansion von Hipp nach CEE

Vertriebs- und Produktionsstrukturen in CEE

Die Hipp GmbH und Co Export KG hat unter meiner Leitung im November 1989 den Aufbau dieser Ostmärkte mit einer Sekretärin als einziger Mitarbeiterin begonnen. Heute arbeiten in Gmunden 40 Mitarbeiter im Export und mit den genannten Produktionsbetrieben und Vertriebsfirmen sind es inzwischen über 600 Mitarbeiter, die im Jahr 2007 einen Umsatz von über 100 Millionen Euro generierten.

Nach dem Fall der Berliner Mauer, also im November 1989, ist Hipp sofort daran gegangen, erste Kontakte zu unseren östlichen Nachbarn zu knüpfen. Vorher gab es diese Kontakte nicht, weil es eine strikte Anweisung der Gesellschafter gab: „Mit Kommunisten machen wir keine Geschäfte".

Vorrangiges Ziel für die Expansion in die Reformländer war der Aufbau der Absatzmärkte in CEE, aber Überlegungen, auch die Produktion teilweise in diese Region zu verlagern, waren Anfang der 1990er-Jahre bereits ein Thema.

Zunächst wurden Verhandlungen mit Produktionsbetrieben in der Nähe von Budweis in Tschechien und mit verschiedenen Betrieben in Ungarn aufgenommen. In Tschechien mussten wir leider die Erfahrung machen, dass wir „über den Tisch gezogen" werden sollten: Der Kaufpreis für 90% Anteile (10% sollten für Mitarbeiter reserviert bleiben) war bereits fixiert, doch wollte der Wirtschaftsminister diesen Kaufpreis für 10% Anteile haben und 90% den Mitarbeitern überlassen. Die Verhandlungen mit Tschechien wurden damit abgebrochen und die Standortfrage konzentrierte sich auf Ungarn, einem Land mit großen Rohstoff-Ressourcen. Ungarn war als Zielmarkt auch deshalb interessant, weil es bereits eine kleine Bio-Organisation dort gab.

Für die Entscheidung, auf der grünen Wiese zu bauen, statt einen bestehenden Betrieb zu übernehmen, waren folgende drei Gründe maßgeblich:

- Die bestehenden landwirtschaftlichen Betriebe waren (wegen der Lieferungen nach Russland) alle überdimensioniert. Man wäre somit „Arbeitsplatz-Vernichter" gewesen. Beim Bau auf der grünen Wiese ist man „Arbeitsplatz-Schaffer".
- Die in den Büchern stehenden veralteten Maschinen wären eine große Belastung gewesen. Bei einem Neubau stellt man die Maschinen auf, die man auch tatsächlich haben will.
- Einer bestehenden Mannschaft das hohe Qualitätsdenken von Hipp beizubringen wäre schwierig gewesen. Bei einer neuen Mannschaft kann man das vom ersten Tag an machen.

Die Liegenschaft für diese Firma wurde 1991 gekauft und 1995 mit der Produktion begonnen. Vorausgegangen sind intensive Gespräche mit Landwirten und einer lokalen Bio-Organisation, um den für Hipp so wichtigen Bio-Anbau aufzubauen. Dieser ungarische Betrieb in Hanságliget im Westen von Ungarn produziert nach mehreren Ausbaustufen inzwischen ca. 80 Millionen Beikost-Gläschen pro Jahr und bezieht die landwirtschaftlichen Bio-Rohstoffe weitestgehend aus Ungarn (Abbildung 2).

Beschäftigt werden derzeit ca. 150 Mitarbeiter mit einem Vertriebsbüro in Budapest.

Abb. 2: Hanságliget – ungarischer Produktionsstandort

Gleichzeitig wurde Schritt für Schritt in allen CEE-Ländern vom Baltikum im Norden bis Albanien im Süden und von Tschechien im Westen bis Kasachstan im Osten eine Vertriebsstruktur aufgebaut. In den an die EU angrenzenden und mittlerweile zur EU gehörenden Nachbarländern wurden eigene Vertriebsfirmen gegründet, ebenso in Kroatien und in der Ukraine. In allen übrigen Ländern – insgesamt 34 – wird mit Vertriebspartnern gearbeitet. Die Standorte in den CEE-Ländern waren zunächst ausschließlich für den Aufbau der Märkte in dieser Region vorgesehen.

Neben Ungarn wurden weitere Produktionsbetriebe in CEE eröffnet (Abbildung 3). 1991 wurde außerdem ein kleiner Produktionsstandort in der Südukraine für die Herstellung von Baby-Tee und als lokale Bäckerei errichtet. Derzeit arbeiten dort 55 Mitarbeiter. 2001 wurde in Kroatien ein Produktionsbetrieb zur

Abb. 3: Hipp Produktionsstätten

Herstellung von Cerealien und Milchfertigbreien von einem pharmazeutischen Konzern übernommen. Hier wurde also erstmals nicht auf der grünen Wiese gebaut, was in diesem Fall kein Nachteil war, weil die Mitarbeiter dieses pharmazeutischen Unternehmens ein Qualitätsdenken hatten, das durchaus dem westlichen Standard gerecht wird.

Da der mit Abstand größte Markt in Russland und in den mit Russland durch eine Zollunion verbundenen Nachbarstaaten liegt, wurde 2005 die Entscheidung getroffen, in Kaliningrad – einer Exklave von Russland – einen neuen Produktionsbetrieb nach westlichen Standards zu errichten. Fertigstellung wird Spätherbst 2008 sein.

Die Märkte für hochwertige Babynahrung in CEE

Vor dem Eintritt von Hipp gab es zwar industriell hergestellte Babynahrung in CEE, aber in denkbar schlechter Qualität. Eine mit Hipp vergleichbare Babynahrung gab es nicht, aber Beikost war bekannt. Damit war bei den Käuferinnen der „Convenience"-Gedanke durchaus bekannt, Babynahrung nicht immer selbst herstellen zu müssen, sondern als Fertigprodukt einzukaufen. „Bio-Babynahrung" gab es jedoch nicht – da ist Hipp mehr als nur ein Pionier und Kategoriegestalter. Hipp wurde mit offenen Armen aufgenommen, weil die lokale Qualität – zumindest in früheren Jahren – äußerst mangelhaft war und die Käuferinnen den Einstieg von Qualitätsproduzenten regelrecht herbeisehnten. Unsere internen Analysen haben gezeigt, dass viele dieser lokalen Produkte nicht nur nicht westlichen Standards entsprochen haben, sondern teilweise nicht einmal den ernährungsphysiologischen Anforderungen an Babynahrung.

Die Positionierung von Hipp in den CEE-Märkten ist jenen in Westeuropa vergleichbar. Wir verwenden in CEE den gleichen Werbeauftritt wie im Westen, weil Herr Claus Hipp Wert darauf legt, dass nicht nur Hipp „draufsteht", sondern auch Hipp „drin ist". Preislich sind die Produkte im Premium-Segment positioniert. Gemessen an der Kaufkraft sind Hipp-Produkte damit leider relativ teuer, aber nicht nur die A-Schicht leistet sich Hipp-Produkte, sondern zunehmend auch Käuferinnen der B-Schicht, weil sie eben für ihre Babys und Kleinkinder nur das Beste haben wollen. Die Absatzkanäle sind vor allem Groß- und Drogeriemärkte. In manchen Ländern spielen auch noch die Apotheken (z.B. bei Milchprodukten) eine große Rolle.

Eine Möglichkeit, einen größeren aber preissensitiveren Markt anzusprechen, besteht im Kauf lokaler Marken. In Ungarn hat Hipp im Jahr 1999 von Heinz die lokale Marke „Kecskeméti" gekauft. Die Rezepturen wurden dann den ernährungsphysiologischen Anforderungen angepasst, sodass diese Marke – zwar nicht „bio", aber doch als hochwertig und streng kontrolliert positioniert – einen großen Erfolg hat. Mit dem Kauf der Firma Vivera in Kroatien wurde unter anderem die Säuglingsmilchmarke „Bebimil" erworben. Auch dieser Kauf hat uns die Option eröffnet, einen größeren Markt zu erreichen.

Conclusio

Bei allem wirtschaftlichen Erfolg soll nicht unerwähnt bleiben, dass auch der soziale Aspekt beim Aufbau dieser Märkte eine große Rolle gespielt hat und spielt. In allen Ländern werden ausschließlich lokale Arbeitskräfte beschäftigt und damit wird dokumentiert, dass man zuversichtlich ist, dass die hohen Erwartungen, die man in die lokale Mannschaft setzt, auch erfüllt werden. Das schafft bei den Mitarbeitern Vertrauen und Selbstbewusstsein und durch die Verdienstmöglichkeiten wird auch ein wesentlicher Beitrag zum steigenden Lebensstandard geleistet. Mit dem Aufbau eines hochwertigen Babynahrungsmarktes wird auch ein wichtiger gesellschaftlicher Beitrag geleistet, weil damit den Eltern ein Zugang zu qualitativ guter Babykost geschaffen wird. Durch den Wettbewerb werden auch die Mitbewerber gezwungen, ihre Qualität zu verbessern und generell wird zu einem höheren Qualitätsbewusstsein im Markt beigetragen.

DEVIN – eine bulgarische Erfolgsgeschichte

Christian Wimmer

Wasser ist eines der bemerkenswertesten Produkte der Natur: Es ist nicht nur einer der wertvollsten Rohstoffe der Erde, sondern auch essenziell für jeden Organismus auf diesem Planeten. Ausreichende Reserven an frischem, klarem und sauberem Wasser gehören in Zeiten von Rohstoffknappheit, Umweltverschmutzung und Klimawandel nicht umsonst zu einem der größten Schätze eines Landes. Der ohnehin hohe Wert von H_2O lässt sich aber noch steigern. Dies beweist die Erfolgsgeschichte von Devin: Das Mineralwasser aus den bulgarischen Rhodopen hat innerhalb von knapp zwei Jahren eine steile Karriere von der führenden Mineralwasser-Marke am bulgarischen Markt zum „Brand of the year 2007" mit einem reichen Produktspektrum – vom Mineralwasser über Softdrinks bis zu den Sport-Getränken – hingelegt. In nur wenigen Monaten wurde der Marktwert des bulgarischen Unternehmens Devin – rechtzeitig zum Börsegang Mitte 2007 – vervierfacht. Innerhalb kürzester Zeit hat Devin in Bulgarien seinen Marktanteil von 25 auf 30% erhöht. Tendenz steigend. Und das Potenzial ist enorm: Bei 60 Millionen verkauften Packungen ist die Marke Devin in Bulgarien weiter ausbaufähig. In der Distributionsstruktur in Bulgarien ist Devin längst die Nummer 1. Die wertvollen Strukturen werden optimal genutzt und propagiert: Seit Ende 2006 ist Devin für Bulgarien Generalimporteur von Red Bull und hält den exklusiven Vertrieb des Energy Drinks. Ein Erfolg auf der ganzen Linie: Für Red Bull hat sich Bulgarien damit im Jahr 2007 als der beste Wachstumsmarkt erwiesen.

Westliches Know-how für osteuropäisches Unternehmen

Die beispielhafte Erfolgsgeschichte der Firma Devin beginnt mit ihrer Übernahme durch Wing Equity, einer österreichischen Private Equity Gruppe, die sich mit Eigenkapital an wachstumsstarken Unternehmen mit hoher Innovationskraft beteiligt und ihnen Know-how sowie ein Netzwerk von Partnern zur Verfügung stellt. Das Unternehmen hat seinen Branchenschwerpunkt auf Fast Moving Consumer Goods (FMCG) gelegt und konzentriert sich mit seiner Beteiligungsstrategie auf Osteuropa: Der Konsumgüter-Markt in Ländern wie Bulgarien, Rumänien, Serbien etc. zeichnet sich nämlich durch ein enormes Wachstumspotenzial im Food- wie im Non-Food-Bereich aus, das Wing Equity optimal zu nutzen weiß. Im Jahr 2006 hat Wing Equity das bulgarische Unternehmen erworben und dieses mit einem umfangreichen Programm von Marketing- und Werbe-Maßnahmen zu einem der innovativsten und erfolgreichsten FMCG-Firmen Bulgariens gemacht. Nicht zuletzt die Neupositionierung der Marke Devin ebenso wie die Etablierung eines großen Produktspektrums haben die Entwicklung einer neuen Marketinglinie notwendig gemacht, die Wing Equity gemeinsam mit der FCB Retail konzipiert und umgesetzt hat. Der Erfolg von Devin wurde damit maßgeblich angekurbelt.

Denn Devin galt zwar bei der Übernahme durch Wing Equity als Nummer 1 unter den Mineralwasser-Anbietern in Bulgarien und als direkter Konkurrent der Coca-Cola-Company. Aber die Marke hatte weitaus breitere Marktchancen, als bislang genutzt wurden. Das Produktspektrum wurde daher auf die üblichen Getränke-Sparten erweitert: Neben dem Mineralwasser wurde mit dem „Spring Water" (Quellwasser) ein weiteres Wasser-Produkt etabliert, das demselben Ort – nämlichen den bulgarischen Rhodopen – entstammt. Ein zentraler Produktvorteil, denn in Bulgarien gehört es nach wie vor zur Tradition, Mineralwasser-Sorten in regelmäßigen Abständen zu wechseln, um nicht nur eine bestimmte Zusammensetzung an Mineralstoff- und Spurenelementen zu konsumieren. Mit der Etablierung von „Spring Water" bot Devin nun innerhalb des eigenen Hauses ein weiteres Wasser-Produkt an und betrieb damit ganz gezielte und erfolgreiche Kundenbindung. Ein wertvoller Schachzug am hart umkämpften Markt der Fast Moving Consumer Goods, der Devin unbestritten eine Marktführungsposition eingebracht und mittelfristig den Wert des Unternehmens immens gesteigert hatte. Erweitert wurde die Palette auch um kohlensäurehaltige Softdrinks, Ice Tea und isotonische Sportgetränke, die damit eine weite Bandbreite an Getränken für die Konsumenten aus demselben Unternehmen abdecken.

Devin – Wasser aus den Bergen der Rhodopen

Der Erfolg von Devin beruht nicht zuletzt auf der Basis eines qualitativ hochwertigen Produkts: Das Mineralwasser ebenso wie das jüngst lancierte „Spring Water" – Quellwasser – stammen aus den Bergen der Rhodopen: Das als eine der saubersten Regionen Europas bekannte Gebirge liefert einen erstklassigen Rohstoff für die Weiterverarbeitung. Die Rhodopen hat nicht nur die höchsten, sondern auch die meisten unberührten Bergketten in Südosteuropa. Das Wasser aus den Tiefen des Gebirges beinhaltet die wertvollen Mineralstoffe und Spurenelemente, die sich innerhalb von Jahrmillionen gebildet und den unverkennbaren Charakter der Landschaft ebenso wie eben des Rohstoffes Wasser mitgeprägt haben. Die meisten Naturreservate zeichnen sich durch uralte Kiefern-, Fichten-, Tannen- und Buchenwälder mit Wasserfällen, saftigen Wiesenstücken und atemberaubenden Flusstälern aus, die auch das Bild der Rhodopen sowie das Image von Devin maßgeblich beeinflusst haben.

Dies zeigte auch das Ergebnis einer umfangreichen Marktforschungsstudie, die Wing Equity Ende 2006 zur Brand-Neupositionierung in Auftrag gegeben hatte: Knapp 70% der 500 befragten Personen assoziierten Devin mit den Bergen, 66,4% brachten die Produkte direkt mit den Rhodopen in Verbindung, knapp 64% kombinierten es mit Natur im weitesten Sinne. Ebenso kamen den Befragten Assoziationen wie Frische, Gebirgsgipfel und die Farbe „Blau“ in den Sinn. Damit war klar: Die Marke Devin hatte sich bereits sehr stark als Naturprodukt des bulgarischen Nationalgebirges positioniert. Eine weitere bemerkenswerte Erkenntnis der Umfrage: 97,4% der Befragten hatten das Mineralwasser Devin schon mal gesehen oder davon gehört. Der Bekanntheitsgrad der Pionier-Marke war also unbestritten hoch. Bereits gut positioniert in der öffentlichen Wahrnehmung, aber durchaus mit Aufholbedarf waren die beiden Folge-Produkte: Etwas mehr als die Hälfte, nämlich 53,8%, wussten von der zweiten Wasserlinie „Spring Water“. 52% kannten auch die kohlensäurehaltigen Devin-Produkte. Mit lediglich 12,4% weit abgeschlagen war Devin-„flavoured“, also jenes Mineralwasser mit verschiedenen Geschmacksrichtungen.

Imagekorrektur mittels neuem Devin-Brand-Modell

Die Studien hatten aber auch ein weiteres interessantes Detail sichtbar gemacht: Die Marke Devin war am bulgarischen Markt zwar sehr gut etabliert und auch verbreitet, eine mediale Bewerbung des Produkts wurde von den Befragten allerdings nicht wahrgenommen, ganz im Gegenteil wurde TV-Werbung als kontraproduktiv für die Marke empfunden. Das Produkt an sich hatte bei den Konsumenten ein durchwegs positives Image: Es wird als klares, leichtes Wasser aus den Bergen wahrgenommen, für den täglichen Konsum und mit einer hohen Bandbreite assoziiert. Allerdings verbanden die Befragten mit der Marke Devin nach wie vor ein Mineralwasser-Produkt, das einen hohen Mineralstoff-Gehalt hat und nicht zu lange getrunken werden sollte.

Zusammenfassend hieß dies also: Obwohl jeder zweite Konsument das sekundäre Wasserprodukt Devin „Spring Water“ kannte, nahmen die Kunden das Produkt innerhalb der Marke Devin noch nicht als eigenständige Linie wahr. Stattdessen zeigte sich, dass die Befragten zu 37% eher zwischen Devin „Spring Water“ und anderen Marken wechseln würden, als überhaupt auf Devin „Spring Water“ umzustellen (lediglich 10,4%).

Die Conclusio aus der Marktanalyse: Um Devin nachhaltig als Marke am Markt und bei den Konsumenten zu etablieren, brauchte es ein ausgeklügeltes Marketing- und Werbekonzept. In einem ersten Schritt wurde daher ein klares Devin-Brand-Modell entwickelt, das auf den Ergebnissen der Marktforschung aufgebaut wurde. Die Botschaft sollte lauten: Nur Devin ist das wahre „Mountain Water“, das durch das Devin Mineral sowie das Devin Spring Water eine perfekte Alternative für Konsumenten innerhalb einer Marke bietet. Devin wartete also mit zwei verschiedenen Quellen in einer renommierten Region – den Rhodopen – auf.

Als Basis für den Relaunch der Markenlinie wurden die Top-Assoziationen herangezogen, die die Befragten mit den Rhodopen hatten: Optisch wird mit der bulgarischen Gebirgskette Raum, weite Ausdehnung und grünes Wasser verbunden, ebenso große, bewaldete Territorien sowie weiche, runde Formen. Die Atmosphäre gilt als sonnig und freundlich. Als „Hauptfarben" nannten die Befragten Grün bzw. warme, sanfte Farben in Gelb- und Orangetönen. Die Geräuschkulisse bzw. der musikalische Hintergrund wird mit rhodopischen Volksliedern assoziiert. Ebenfalls verbunden werden die Rhodopen mit Geschichte und Tradition, eine Region, aus der Produkte des Alltags, Tabak und Mineralwasser herkommen. Wird nach einer speziellen Marke gefragt, bringt man die Rhodopen sofort mit Devin in Verbindung. Eine gute Ausgangslage für eine Imageprägung der Marke Devin mit den Attributen der Rhodopen!

Zusammenfassend konnten folgende Aussagen aus der Marken-Image-Evaluation für die Kommunikation und Produktwerbelinie 2007 getroffen werden:

1) Devin wird mit Natur, Bergen und im Speziellen dem Rhodopen-Gebirge assoziiert.
2) Devin wird mit der Farbe Grün bzw. Blau in Verbindung gebracht.

Die daraus resultierenden Botschaften lauteten daher:

1) Devin – das natürliche Wasser aus dem Rhodopen-Gebirge
2) Blau muss als Farbcode beim Redesign der einzelnen Labels in Erwägung gezogen werden

Mehr Verpackungs-Appeal mit der „Mountain Story"

Das zentrale Marketing-Element ist die Verpackung. Um die Verkaufsquote von 100 Millionen Einheiten zu steigern, war es daher vorrangig, für 2007 einen Relaunch der Labels anzustreben, um auf diese Weise die jeweils einzigartigen Qualitäten der einzelnen Produkte besser und konkreter kommunizieren zu können. Wesentliches Ziel: Die Verpackung musste mehr Appeal haben und auf einen Blick klar die Assoziation zu den Rhodopen und zu den damit in Verbindung gebrachten Attributen wie Klarheit, Sauberkeit und Frische erfahrbar und wahrnehmbar machen. Die „Mountain Story" des Devin Mineralwassers und Spring Water sollte unmissverständlich über die Produkte transportiert werden.

Als internationale Benchmark für das perfekte Wasser „aus den Bergen" gilt Evian. Die Marke hat es verstanden, ihre zentrale Positionierung in Form einer markanten Verpackungsgestaltung zu vermitteln. Angelehnt an die beispielhafte Marketing-Strategie von Evian hatte auch Devin seine Verpackung schlicht, aber eindeutig im Design gestaltet. Im Vordergrund stand die optische Etablierung der neuen Marketinglinie mit dem Slogan: „Wenn Du nicht in die Rhodopen kommst, schicken wir dir Devin einfach ins Haus."

Ein wesentlicher Schritt auf dem Weg zur langfristigen Kundenbindung stellte die Einführung des „Home Office Delivery" dar. Als Wasserspender für Unternehmen ebenso wie Privathaushalte bietet Devin seit einiger Zeit ein besonderes Lieferservice mit 19-Liter-Kanistern an. Den notwendigen Dispenser – also Wasserspende-Automaten – stellt das Unternehmen kostenfrei zur Verfügung. Innerhalb kürzester Zeit wurde Devin am Sektor der Heimzustellung am Markt führend.

Der Marketing- und Werbe-Relaunch gemeinsam mit FCB Retail kann also als voller Erfolg für Devin ebenso wie für Wing Equity verbucht werden: 2007 wurde Devin zur „Brand of the Year" gekürt. Die Marke positionierte sich in Bulgarien eindeutig vor renommierten Produkten wie beispielsweise solchen aus der Coca-Cola-Company.

Mietwäscheservice – wie man eine neue Dienstleistung in CEE/SEE aufbaut

Josef Dutter, Ludwig Wimmer

Das Unternehmen und seine Leistungen

Mit unserem in österreichischem Familienbesitz befindlichen Unternehmen SALESIANER MIETTEX bieten wir professionellen Mietwäscheservice für die Hotellerie und Gastronomie, Industrie, Gewerbe und Handel sowie für das Gesundheitswesen. Der Miettextil-Service umfasst neben dem fachgerechten, hygienisch einwandfreien Reinigen der Textilien auch deren Beschaffung, Bereitstellung und Lagerhaltung sowie die Instandhaltung und den kostenlosen Austausch nach Verschleiß. Insgesamt umfasst unser Unternehmen folgende Geschäftsbereiche (Abbildung 1):

- **Salesianer Miettex MED** (Gesundheitsbereich: Stations-, Bekleidungs- und InkoDienst, perfekt aufbereitete, sterile OP-Sets)
- **Salesianer Miettex JOB** (Industrie- und Gewerbebetriebe: funktionelle Berufsbekleidung)
- **Salesianer Miettex GAST** (Hotellerie und Gastronomie: Bettwäsche, Tischwäsche etc.)
- **Salesianer Miettex MICRO** (Reinraum-Kleidung für Hightech-Betriebe)
- **Salesianer Miettex FRESH** (Waschraum-Hygiene-Produkte)
- **Salesianer Miettex MATTEN** (Werbe- und Saubermatten)
- **Lohnwäsche** (kundeneigene Wäsche wird abgeholt, fachgerecht gereinigt und wieder zugestellt)

Immer mehr Unternehmen entdecken die Vorteile, die das Auslagern von Wäsche mit sich bringt. Sie konzentrieren sich auf ihre Kernkompetenzen und überlassen die Beschaffung, Bereitstellung und Pflege der Textilien einem Spezialisten in diesem Bereich. Wäsche-Outsourcing überzeugt durch viele Vorteile: Die Kosten für hygienisch aufbereitete Textilien sind variabel, präzise zuordenbar und vollkommen transparent. Zudem garantieren differenzierte Reinigungsverfahren und umweltfreundliche Waschprozesse, je nach Material und Verschmutzung, Wirtschaftlichkeit und einen verantwortungsvollen Umgang mit Ressourcen. Das Auslagern der Wäscheversorgung spart nicht nur Anschaffungs- und Personalkosten, sondern bringt auch Platzersparnis und organisatorische Entlastung.

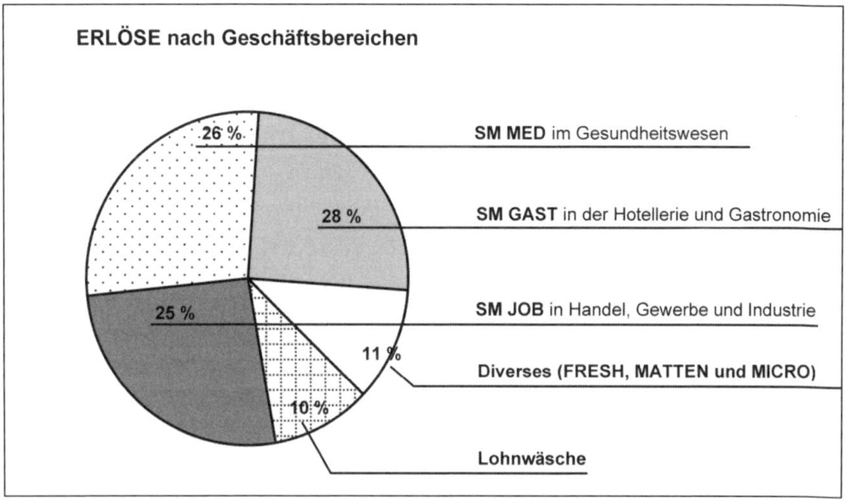

Abb.1: Umsatzverteilung nach Geschäftsbereichen 2006/07

Die Entwicklung des Unternehmens

Unsere Geschichte begann 1916 mit einer kleinen Wäscherei im 3. Wiener Bezirk in der Salesianer Gasse, woher auch der Name stammt. Um 1960 erlebten wir mit 65 Filialen und Übernahmestellen für Privatkunden im Großraum Wien eine erste Blüte. Innerhalb der folgenden zehn Jahre schrumpfte dieser Markt durch das Entstehen von Haushaltswaschmaschinen wie auch durch das Auftauchen von chemischen Reinigungssofortdiensten stark und wurde schließlich bedeutungslos. Doch der Eigentümer Hans Krautschneider erkannte die neuen Chancen im Mietwäscheservice und leitete die Neuausrichtung auf diese Dienstleistung ein. Heute werden damit 90% des Umsatzes erzielt. Zu den drei Stammbetrieben in Ostösterreich wurden seit Ende der 1980er-Jahre zusätzlich vier Wäschereien gekauft und drei neu gebaut. In Österreich sind wir mit unseren insgesamt zehn Standorten damit nun flächendeckend präsent und beschäftigen 850 Mitarbeiter(innen).

Bereits 1989, also unmittelbar nach der Wende, starteten wir die Expansion nach Ungarn und schon bald auch nach Slowenien, nach Tschechien, in die Slowakei, nach Kroatien sowie vor kurzer Zeit nach Rumänien (Abbildung 2).

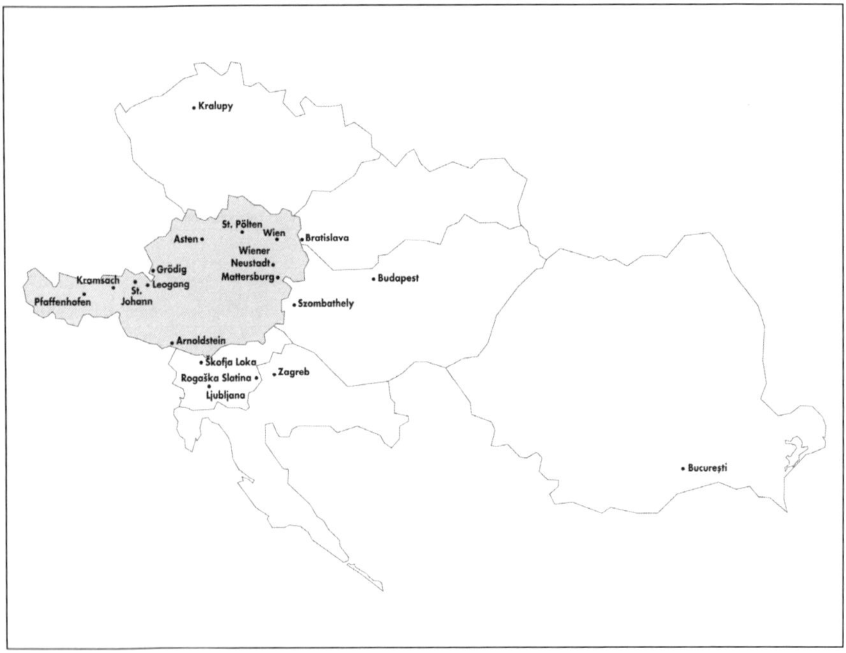

Abb. 2: Salesianer Miettex ist an 20 Standorten im In- und Ausland präsent

In den Auslandsbetrieben sind zurzeit rund 800 Mitarbeiter(innen) beschäftigt, sodass wir derzeit einen Personalstand von insgesamt 1.650 haben (Abbildung 3).

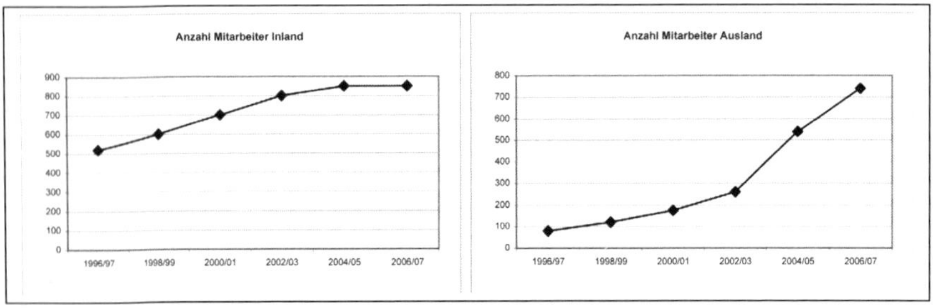

Abb.3: Entwicklung der Mitarbeiterzahl im In- und Ausland von 1996–2007

In allen Betrieben zusammen bearbeiten wir derzeit ein Wäschevolumen von 250 t pro Tag. Den Umsatz der Unternehmensgruppe konnten wir im Geschäftsjahr 2006/2007 um 10% auf € 99,6 Mio. steigern, wobei € 30,3 Mio. davon im CEE-/SEE-Raum erwirtschaftet wurden (Abbildung 4).

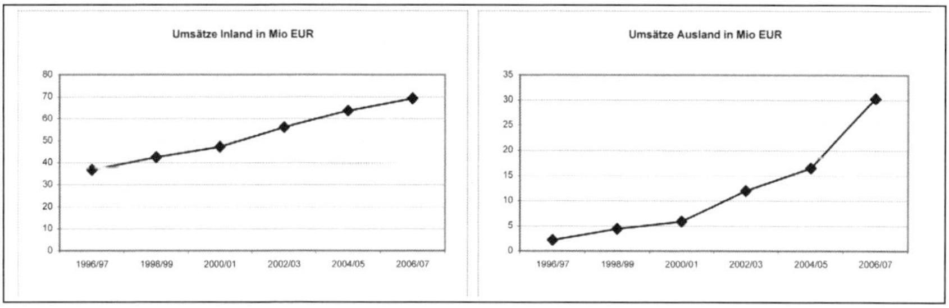

Abb. 4: Entwicklung der Umsätze im In- und Ausland von 1996–2007

Die internationale Expansion

Die Weichenstellung für die spätere Expansion erfolgte im Grunde bereits vor 30 Jahren. Damals wurde uns im Franchising ein Wäscheversorgungssystem für das Gesundheitswesen angeboten. Unser Zuständigkeitsgebiet wäre dabei auf den Großraum Wien begrenzt worden. Zu diesem Zeitpunkt hatten wir jedoch bereits erste Erfolge mit unserer weiteren Expansion in Österreich. Die Ablehnung dieses Angebotes, das zwar bequem gewesen wäre, hat uns im Gegensatz zu regionalen Wettbewerbern, die dieses Angebot angenommen haben, die Freiheit für weitere Expansion gelassen.

Unser erster Expansionsschritt erfolgte 1989 nach Ungarn. Wir erhielten einen Anruf von einem Schweizer Investor, der uns informierte, dass er ein Hotel in Budapest errichtete, und anfragte, ob wir bereit wären, die Wäscheversorgung für dieses Hotel zu übernehmen. Nach Erkundigungen in Österreich war ihm unser Unternehmen empfohlen worden. Im Zuge der Verhandlungen gelang es uns, ein tragfähiges Vertrauensverhältnis zu diesem Finanzier herzustellen, obwohl wir mit ihm nie persönlich in Kontakt kamen. Der Auftrag ist tatsächlich zustande gekommen. Nachdem wir zu diesem Zeitpunkt keinen eigenen Betrieb hatten, mussten wir uns einen Partner in Budapest suchen. Dieses Hotel, das im Lauf der Jahre seine Besitzer gewechselt hat, gehört nach wir vor zu unseren Kunden.

Innerhalb von sechs Monaten war es notwendig, in Budapest eine Organisation auf dic Bcine zu stellen. Um geeignete Mitarbeiter zu finden, schlugen wir bei diesem ersten Expansionsschritt einen ungewöhnlichen Weg bei der Personalrekrutierung ein: Wir hinterließen bei den Hotelrezeptionen unsere Visitenkarten und baten um Weitergabe an in Frage kommende deutschsprachige Personen. So war es möglich, innerhalb kurzer Zeit geeignete Bewerber zu finden.

Der Expansion nach Ungarn folgten bald weitere Standorte:

- in Slowenien (1994),
- in Tschechien und der Slowakei (1995),
- in Kroatien (2000) und zuletzt
- in Rumänien (2005).

In der Hotellerie und in vornehmlich von ausländischen Investoren geführten Industriebetrieben konnten wir rasch Kunden für unseren Mietwäscheservice gewinnen. Zusätzlich wurden wir von bestehenden Kunden aus Österreich, die auch im Ausland nicht auf professionellen Miettextil-Service verzichten wollten, „mitgenommen". Allerdings mussten wir auch zur Kenntnis nehmen, dass z.B. für das Gesundheitswesen der Markt für Mietwäsche noch nicht reif war und Lohnwäscheaufträge ohne eigene Wäscherei nicht erfüllbar waren. Wir haben daher 1997 in Ungarn einen Wäschereibetrieb gekauft, saniert und modernisiert. Mittlerweile hat sich der Betrieb zum größten unserer Gruppe entwickelt.

Aus dieser Erfahrung in Ungarn haben wir gelernt, dass es nach dem Markteintritt in allen Ländern notwendig ist, über eigene Betriebe zu verfügen, um das ganze Leistungsspektrum anbieten zu können. Wo es möglich und wirtschaftlich war, haben wir bei der weiteren Expansion, z.B. in Slowenien und Kroatien, bestehende Betriebe erworben. Anders war es bei unserem jüngsten Expansionsschritt nach Rumänien: Mangels eines passenden Übernahmekandidaten errichteten wir auf einem Grundstück mit 22.500 m^2 einen Betrieb mit einer Nutzfläche von 6.500 m^2 und Investitionskosten von € 9,5 Mio. In der ersten Ausbaustufe ist geplant, dort in zwei Schichten 20 t pro Tag zu waschen.

Personalrekrutierung im Ausland

Die Wahl der geeigneten Mitarbeiter erfolgt nach folgenden Grundsätzen:

- Unsere Dienstleistungen werden im jeweiligen Land für die dortigen Kunden erbracht. Es ist daher unsere Philosophie, für die Leitungsfunktionen einheimische Mitarbeiter einzustellen.
- In jeder Auslandsgesellschaft sollten wenigstens 10% der Mitarbeiter deutschsprachig sein.
- Da Personen mit Know-how im Mietwäschegeschäft auf dem Personalmarkt nicht verfügbar sind, ist es unsere Aufgabe, unsere Mitarbeiter im Betrieb auszubilden.
- Mit dem Vordringen in weiter entfernte Länder stellen wir fest, dass Deutsch sprechende Mitarbeiter schwieriger zu finden sind und daher Englisch zunehmend an Bedeutung gewinnt.

Erfahrungen im CEE-/SEE-Markt

Positiv können wir vermerken, dass wir bei ausländischen Produktionsbetrieben und internationalen Hotelgruppen, die sich im Zuge der Globalisierung in diese Länder begeben haben, mit unseren Dienstleistungen auf gute Akzeptanz stießen. Das gilt zunehmend auch für nationale Hotels.

Negative Erfahrungen haben wir mit der Vertragstreue vornehmlich der nationalen Kunden gemacht, was vielfach durch Personalwechsel im Management mancher Kunden bedingt war. Auch die Durchsetzung von Rechtsansprüchen hat sich als schwierig erwiesen. Ein weiteres Problem sind die bei öffentlichen Ausschreibungen vorgegebenen Zahlungsziele von in der Regel 90, im Extremfall bis zu 360 Tagen.

Diesen Problemen konnten wir vor allem mit der Strategie des „selektiven Wachstums“ begegnen: der sorgfältigen und vorsichtigen Auswahl unserer Kunden.

In unseren ersten Planungen gingen wir davon aus, den Break-Even innerhalb von vier Jahren zu erreichen. Tatsächlich haben wir fünf bis sechs Jahre gebraucht. Die Gründe hierfür lagen vor allem in den Schwierigkeiten beim Aufbau von Infrastruktur. So konnten wir zum Beispiel unser Gebäude in Bukarest zwar innerhalb von zehn Monaten fertig stellen. Unliebsame Überraschungen erlebten wir aber mit Verzögerungen beim Strombezug und Kanalanschluss sowie mit einer erst während des Baus erteilten Behördenauflage zur Errichtung einer eigenen Kläranlage, die unsere Betriebskosten außerplanmäßig erhöht.

Ausblick

Nach geltender Managementlehre werden in ausgereizten Märkten die fünf Anbieter mit den größten Marktanteilen zu den längerfristig überlebenden Unternehmen zählen. Diesem Prinzip folgend, bestehen unsere weiteren Pläne darin, in den Ländern, in denen wir bereits vertreten sind, einen Marktanteil von mindestens 20% zu erzielen. Mit der erfolgreichen Ostexpansion sichern wir unser Stammhaus.

Marktsegmente wie das Gesundheitswesen, in denen zurzeit noch eigene Wäschereien betrieben werden oder die Wäsche als Lohnwäsche extern vergeben wird, werden mittelfristig für den höherwertigen Mietwäscheservice reif.

Festzustellen ist, dass die Qualitätsansprüche in diesen Ländern zumindest gleich hoch wie in Österreich sind. Unser erklärtes Ziel ist die Marktführerschaft in den jeweiligen Ländern. Langfristigen Erfolg werden wir durch systematische Marktbearbeitung, Service auf hohem Level und konsequente Kundenorientierung erzielen.

Steyr Mannlicher – die Rückeroberung der Märkte im Osten

Andreas Philipp

Das österreichische Traditionsunternehmen Steyr Mannlicher wurde 1864 gegründet und entwickelte sich innerhalb weniger Jahrzehnte zur größten Waffenfabrik der Welt. Der bekannte Satz vom „Krieg als Vater des Fortschritts" trifft in abgewandelter Form auf Steyr Mannlicher zu: Gerade die überaus fortschrittlichen technischen Eigenentwicklungen von Steyr Mannlicher waren die Basis für den rasanten Aufschwung des Unternehmens in den politischen Krisenzeiten vor dem Ersten Weltkrieg.

Öffnet man die historischen Auftragsbücher dieser Zeit, so zählte die gesamte Region des heutigen Mittel- und Südosteuropas zu den Abnehmern von Steyr Mannlicher Waffen, darüber hinaus auch so ferne Länder wie zum Beispiel Chile, China, Columbien, Mexiko, Persien, Peru und Siam. Damals stand natürlich das Armee-Gewehr im Fokus des Interesses. Im gegenständlichen Beitrag werden ausschließlich die aktuellen Aktivitäten im zivilen Produktbereich beleuchtet, also Jagd- und Sportwaffen. Dennoch ist der Titel des Beitrages zutreffend: Für Steyr Mannlicher handelt es sich bei der Expansion in die heutige Region Mittel- und Osteuropa weniger um eine Eroberung, als vielmehr um eine Rückeroberung historisch höchst erfolgreich bewirtschafteter Märkte.

Eine kurze Unternehmensgeschichte

Josef Werndl

Otto Schönauer

Ferdinand Ritter von Mannlicher

16.Jh	Beginn der Feuerwaffenerzeugung im Raum Steyr durch einzelne Gewerke
18.Jh	Erfindung des Steinschlosses und fein einstellbaren Abzuges; Pflasterkugeln
1851	Erfindung des Hinterladers und der Zentralfeuerpatrone
1864	Josef Werndl gründete die „Josef and Franz Werndl & Co. Waffenfabrik" als Vorläufer der „Österreichischen Waffenfabriksgesellschaft AG", „Steyr Daimler Puch AG" und später „Steyr Mannlicher GmbH"
1866	Schlacht von Königgrätz/schlechte Bewaffnung, vernichtende Niederlage
1867	„Werndl Hinterladungs-Gewehr" wird Standardgewehr der K.u.K. Armee
1880	Umstellung von Schwarz- auf Nitropulver, Start moderner Schusswaffen
1903	Fertigungsbeginn des Mannlicher Schönauer Jagdgewehres/benannt nach den Konstrukteuren
1914 –18	Höchste Produktivität/größte Waffenfabrik der Welt/14.000 Arbeiter, über 3 Mio. Armee-Gewehre
1938	Übernahme des Werks durch Deutsche Rüstungsindustrie
1950	Wiederbeginn Waffenbau/Mannlicher Schönauer Jagdgewehr für General Clark
1958	STG 58 in Lizenzfertigung für FN
1977	STG 77 (AUG)/Entwicklung und Produktionsstart
1977	Fertigungsbeginn des Steyr Mannlicher Luxus Jagdgewehres
1996	Präsentation des neuen Repetiersystems „Mannlicher SBS 96"
2000	Zerschlagung Steyr Daimler Puch Konzern
2001	Neuübernahme von Steyr Mannlicher durch einen Privatinvestor
2006	Eröffnung des Mannlicher Europa Schießzentrums in Wiener Neustadt
2007	Neuerlicher Eigentümerwechsel
2007	Vorstellung und Produktionsbeginn des neuen Mannlicher Luxus Jagdgewehres

Mannlicher Europa
Schießzentrum, Wiener Neustadt

Marketingrelevante Besonderheiten der Waffenindustrie

Naturgemäß handelt es sich bei der Waffenindustrie um eine recht verschwiegene Branche. Da die meisten erzeugenden Unternehmen sowohl Behördenwaffen für Polizei und Militär als auch Zivilwaffen für Jäger und Sportschützen herstellen, gilt der restriktive Umgang mit Informationen gleichermaßen für alle Geschäftsfelder. Für den gelernten Marketer ist beim Einstieg in diese Branche zunächst verblüffend, dass so gut wie kein Zahlen- und Datenmaterial für die Marktbewertung verfügbar ist. Die Hersteller präsentieren sich meist in verschachtelten Firmen-Konstruktionen, die einen Zugriff auf exakte Kennzahlen, wie z.B. Anzahl der Mitarbeiter, Stückzahlen und Umsatz pro Geschäftsbereich oder gar Betriebsergebnis kaum zulassen. Auch über Fachmedien, Interessensvertretungen oder Behörden sind keine verwertbaren Marktzahlen erhältlich: Will man z.B. wissen, wie viele Jagdwaffen ausländische Hersteller auf einem bestimmten Markt verkaufen, ist man auf Außenhandelsstatistiken angewiesen. Diese geben die Gesamtmenge der Ex- und Importe pro Land an, aber leider nur als Gesamtgewicht in Tonnagen – eine wenig aufschlussreiche Information, wenn es um die Detailplanung von Marketingstrategien geht.

Und dabei wären exakte Marktzahlen durchaus mehr als hilfreich, hat man es als Marketing- und Vertriebsverantwortlicher im zivilen Geschäftsbereich doch mit so heterogenen Zielgruppen wie Jägern und Sportschützen zu tun, die jeweils ihre kulturellen und länderspezifischen Präferenzen betreffend Tradition und (Kauf-)Motivation pflegen.

Weiters hat man es bei der Marktbearbeitung mit völlig heterogenen gesetzlichen Rahmenbedingungen zu tun. Ist die Gesetzeslage von Staat zu Staat bereits recht unterschiedlich, sind die Jagdgesetze meist in Landes- und nicht Bundeszuständigkeit geregelt, das heißt, sie weichen pro Land bzw. Region nochmals voneinander ab.

Steyr Mannlicher ist im zivilen Geschäftsbereich zurzeit in ca. 60 Staaten weltweit mit über 70 Generalimporteuren und ca. 3000 Händlern präsent. Die Aktivitäten werden im Wesentlichen von Österreich aus gesteuert. Somit ist nachvollziehbar, dass angesichts der oben genannten Rahmenbedingungen der Aufwand für gesetzes- und zielgruppengerechte Planung und Umsetzung von Marketing- und Vertriebsaktivitäten überproportional hoch ist.

Exakte Zahlen, Daten und Fakten über die positiven Resultate dieser Anstrengungen können im vorliegenden Beitrag aus den oben genannten Gründen der Vertraulichkeit leider nicht kommuniziert werden.

Die historischen Märkte im Osten

Am 3.7.1866 kam es während des Deutschen Krieges zum Aufeinandertreffen der Truppen Preußens und Österreichs bei Königgrätz (in der heutigen Tschechischen Republik gelegen). In dieser historischen Schlacht mit weitreichenden politischen Folgen erlitt die österreichische Armee eine vernichtende Niederlage. Grund dafür war vor allem die schlechte Bewaffnung mit veralteten Gewehren. Zu diesem Zeitpunkt lag den militärischen Entscheidungsträgern bereits ein genialer Wurf von Josef Werndl vor, nämlich ein modernes Hinterladergewehr, das den österreichischen Truppen in dieser Schlacht einen entscheidenden Vorteil gebracht hätte.

Aus dem erlittenen Schaden klug geworden, entschied sich die Armeeführung in einem Auswahlverfahren nach der verlorenen Schlacht für dieses „Werndl Hinterladungs-Gewehr“, das ab 1867 in großen Stückzahlen zur Standardwaffe der gesamten K&K-Armee wurde.

Diesem Beispiel folgend waren Steyr Mannlicher Waffen zusätzlich zu den Kronländern bald in der gesamten heutigen Region Mittel- und Südosteuropa verbreitet, so z.B. in Albanien, Bulgarien, Ex-Jugoslawien, Polen, Rumänien, Slowakei und in der Tschechischen Republik.

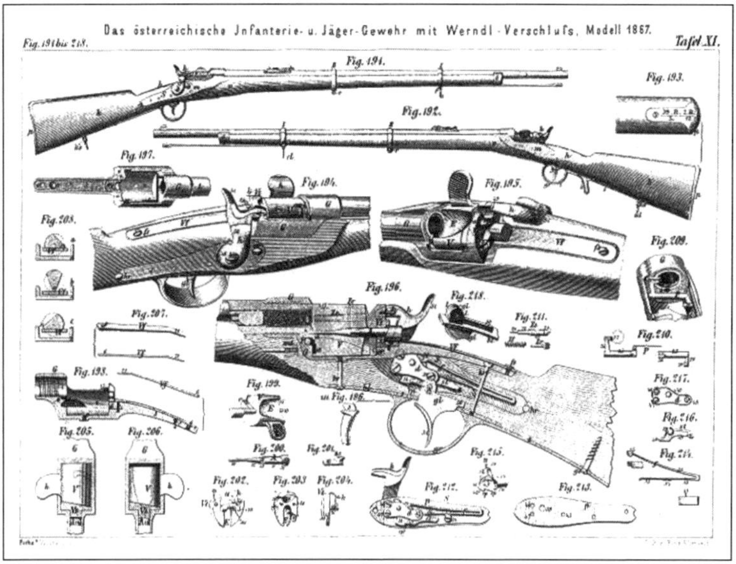

Aus Militärgewehren wurde Ende des 19. Jahrhunderts das Mannlicher Schönauer Jagdgewehr entwickelt. Der Käuferkreis der Jagdwaffen war aber eng begrenzt: Die Jagdausübung war in Mittel- und Südosteuropa zur damaligen Zeit eine reine Adels- und Herrschaftsjagd. Neben den adeligen und herrschaftlichen Besitzern waren Jagdwaffen lediglich deren Jagdpersonal zugänglich und kaum frei erhältlich. Im 20. Jahrhundert erlebte die Jagdausübung, unterbrochen durch die Weltkriege, ihren Aufschwung und damit auch die Entwicklung und Produktion reiner Jagdwaffen.

Ehemaliger Bundeskanzler Leopold Figl mit seiner Steyr Mannlicher

Wegbereiter und Pioniere auf dem Weg nach Mittel- und Südosteuropa

Der Umstand, dass Steyr Mannlicher nach dem Zweiten Weltkrieg die Waffenproduktion wieder aufnehmen konnte, geht auf die Jagdleidenschaft des amerikanischen Generals Mark Clark zurück, der als oberster Besatzungsoffizier der Region auch für Steyr Mannlicher zuständig war: Der General wollte in seiner Freizeit auf die Jagd gehen, hatte kein geeignetes Jagdgewehr zur Verfügung und wurde an Steyr Mannlicher verwiesen. Speziell für ihn und sein Umfeld wurden die Produktionsmaschinen wieder angeworfen und die ersten Jagdgewehre nach dem Zweiten Weltkrieg erzeugt. Mark Clark war von den Gewehren so angetan, dass er sich für die Wiederaufnahme der kommerziellen Produktion einsetzte, die darauf hin 1950 erfolgreich anlief.

Zur gleichen Zeit begann Kommerzialrat Johann Stiedl, ein österreichischer Pionier der kommerziellen Jagdausübung, erste Jagdreisen nach Ungarn zu organisieren – gerade in der Phase des beginnenden „Kalten Kriegs" eine Meisterleistung. Gejagt wurde auf ehemaligen Adels- und Herrschaftsbesitzungen, die nun allesamt verstaatlicht waren. Die zahlende Klientel aus dem Westen wurde aber als Devisenbringer akzeptiert. Sowohl die Kundschaft dieser ersten Jagdreiseveranstaltungen als auch deren Interessen waren höchst vielfältig: heimatvertriebene Adelige, die auf dies Weise ihre ehemaligen Besitzungen und ihre Verwandten besuchten; amerikanische „Touristen", die im staatlichen Auftrag einen Blick hinter den Eisernen Vorhang riskierten; Geschäftsleute auf der Suche nach lukrativen Geschäftsanbahnungen mit dem Osten – und natürlich begeisterte Jäger!

Aufgrund des durchschlagenden kommerziellen Erfolges wurde im ungarischen Landwirtschaftsministerium 1953 sogar eine eigene Abteilung für Jagdreisen gegründet, mit KR Stiedl als exklusivem Ansprechpartner dieser staatlichen Jagdorganisation.

In den 1960er- und 1970er-Jahren konnte die Kundenstruktur für organisierte Jagdreisen nach Ungarn auf den gesamteuropäischen Raum ausgedehnt werden. Bis zur Ostöffnung 1989 stieg das Devisen-Einkommen aus der Jagd auf über 25% des gesamten ungarischen Landwirtschafts-Umsatzes. Nach der „Wende" 1990 intensivierten sich die Wirtschaftsbeziehungen weiter, weitere Geschäftsbereiche im direkten und indirekten Zusammenhang mit der Jagd wurden in Form von Joint Ventures etabliert: Automobile, Elektronik und – für Steyr Mannlicher natürlich von größter Bedeutung – Jagdausrüstung.

Diese und ähnliche Entwicklungen wie in Ungarn erfolgten schließlich auch in den anderen Staaten der Region. Sie zeigen die Bedeutung von Pionieren, wie z.B. Jagdreiseveranstaltern, als Wegbereiter für den Jagdmarkt auf: Durch den exklusiven Jagdtourismus entsteht der Bedarf an hochwertiger Jagdausrüstung vor Ort, durch eine Verbreiterung der Jagdausübung entwickelt sich schließlich der Markt für hochwertige Jagdwaffen.

Beginn des Jagdtourismus in Ungarn

Rahmenbedingungen für die Expansion

Die systematische Expansion der zivilen Sparte von Steyr Mannlicher in die neuen Märkte Mittel- und Osteuropas erfolgte ab 2005. Deutlich positive Resultate zeigten sich bereits 2006. Voraussetzungen dafür waren der Aufbau einer neuen betriebseigenen Verkaufsmannschaft, der Aufbau einer neuen Händlerstruktur bestehend aus Generalrepräsentanten und Händlern vor Ort sowie die Entwicklung neuer Marketing- und Vertriebsstrategien.

Sortiment Jagd

Sortiment Sport

Neben den erwähnten heterogenen gesetzlichen Rahmenbedingungen in den einzelnen Staaten sind für den Anbieter vor allem auch die kulturellen und branchenspezifischen Besonderheiten dieser Region zu beachten. Diese münden in überaus heterogenen Zielgruppen- und Kundenstrukturen. Für einen Anbieter von Jagd- und Sportwaffen sind in diesen neuen Märkten die ersten Ansprechpartner als potentielle Generalrepräsentanten und Händler vor allem solche Personen, die durch ihre bisherige Tätigkeit Zugang zu Informationen, Genehmigungen und Geldmitteln haben, die den Vertrieb von Schusswaffen überhaupt erst ermöglichen. In aller Regel sind dies „Gewinner des alten Systems", die über gute politische Vernetzung, Zugang zu Kapitalquellen und vor allem zu einer potenten neuen Kundenstruktur verfügen. Seltener sind mutige und tüchtige Einzelpersonen anzutreffen, die als „Entrepreneurs" die Möglichkeiten der freien Marktwirtschaft als Unternehmer und Händler ausloten.

Ausblick auf zukünftige Entwicklungen

Bei der Marktbearbeitung in Mittel- und Osteuropa sind zurzeit vor allem folgende Problemfelder zu nennen: eine teilweise hochrestriktive Exportgenehmigungspolitik Österreichs, vielfach abenteuerliche Genehmigungsstrukturen in den Ländern vor Ort, enorme Schutzzölle in einigen Ländern, ein hohes finanzielles Länder- und Händlerrisiko, die Konkurrenz von lokalen Billigstprodukten und vielfältiger, häufig kurioser Kundengeschmack. Diese Erschwernisse sollten mit Fortschreiten der EU-Osterweiterung und im Laufe der Zeit nach und nach überwunden werden können.

Die Region Mittel- und Südosteuropa stellt jedenfalls ein gewaltiges Potential für den zivilen Bereich von Steyr Mannlicher dar: Sie macht seit 2005 ca. 25% des weltweiten Absatzmarktes (exklusive USA) der Steyr Mannlicher Jagd- und Sportwaffen aus. Das Preisniveau der Produkte ist dabei ein westeuropäisches. Mit weiteren Steigerungen des Absatzes um 200% – gemessen am aktuellen Niveau – kann realistisch gerechnet werden.

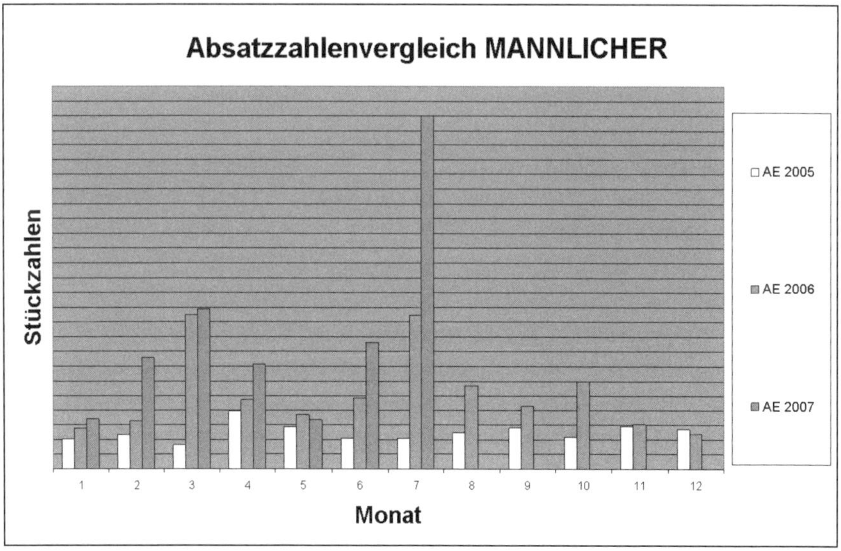

Marketingdaten zu CEE

Central and Eastern Europe: Eine Region der Zukunft?

Peter Umundum/Martin Weseloh

Einleitung

Die dynamische Entwicklung Mittel- und Osteuropas ist nicht zu übersehen und bietet nicht nur großen Unternehmen, sondern auch österreichischen Klein- und Mittelbetrieben erfolgversprechende Wachstumsmöglichkeiten.

Der Sprung über die Grenzen zu unseren Nachbarländern, wie zum Beispiel Ungarn oder Tschechien, ist nun bereits auch vielen kleinen und mittleren Unternehmen gelungen, die sich auf diesen Märkten gut etablieren konnten. Neue und zukunftsträchtigere Märkte befinden sich aber noch mehr im erweiterten Osteuropa. Im Fokus von Global Accounts stehen derzeit die „Baltics", Russland, Ukraine und Rumänien. Diejenigen Unternehmen, die sich frühzeitig in diesen Ländern etablieren, haben zwar mehr Risiko, dafür aber auch den „First Mover"-Advantage bei der Marktdurchdringung, nach dem Motto, „wer zu spät kommt, den straft das Leben".

2006 war das erfolgreichste Exportjahr der österreichischen Wirtschaftsgeschichte. Mit einem – laut Wirtschaftskammer Österreich – Zuwachs von 15,6% in den neuen Ländern des Ostens. Dabei boomten insbesondere Zielländer wie Bulgarien mit einem Exportanstieg von 23,5% und Rumänien mit 31,1%.

Jedes wachstumsorientierte Unternehmen stellt sich die Frage: „Wo habe ich neue Wachstumschancen? Welche Märkte in Europa mit überdurchschnittlichen Wachstumschancen bieten sich an?" Eine Antwort lautet: Grow East – das sind die Märkte unserer Nachbarländer und deren Nachbarn.

Die Österreichische Post AG, möchte Sie bei der Umsetzung dieser Chancen unterstützen. Als eines der ersten westlichen Direktmarketing-Unternehmen hat die Österreichische Post AG die in Österreich erfolgreichen Dienstleistungen auch in den Staaten Mitteleuropas implementiert und flächendeckende Distributionsnetzwerke mit innovativen Direktmarketing-Services aufgebaut. Damit werden Voraussetzungen geschaffen, Ihre Kunden auch in diesen Ländern zielgerichtet anzusprechen – und damit Ihre Chance auf weitere Expansion zu unterstützen.

Dieser Teil des Buches liefert Ihnen Rahmendaten über die Länder Mittel- und Osteuropas. Neben den wirtschaftlichen und kulturellen Aspekten wird im Speziellen auf den Werbemarkt und die Besonderheiten des Direktmarketings eingegangen.

Wir hoffen, dass Ihnen diese Informationen Länder und Märkte der Region näherbringt und Sie veranlasst, sich intensiver in Mittel- und Osteuropa zu engagieren und die sich dort bietenden Chancen zu nutzen. Wir würden uns freuen, Sie als Partner begleiten zu dürfen.

Mittel- und Osteuropa im Fokus: Die Handelslandschaft in CEE und Erfolgsfaktoren der Marktbearbeitung

Martin Weseloh

After the Great Shift: Was kommt nach der ersten Euphorie-Welle?

In den vergangenen Jahren setzte sich die Aufholjagd in den neuen EU-Staaten zur Erreichung des durchschnittlichen EU-Lebensstandards weiter fort. Zum Beispiel erreichte Tschechien schon in 2007 80% des durchschnittlichen EU-Lebensstandards.

Die Handelsgiganten aus Westeuropa (Österreich, Deutschland, Großbritannien) etablierten innerhalb weniger Jahre eine neue Einzelhandelsinfrastruktur mit neuen innovativen Verkaufskonzepten und einer teilweise höheren Konzentration von Outlets in den Ballungszentren als in Westeuropa.

Perspektiven für Einzelhandel in CEE

Im europäischen Einzelhandel setzt sich der weitere Konzentrations- und Globalisierungsprozess fort. Die 30 größten europäischen Lebensmitteleinzelhandelskonzerne erwirtschaften inzwischen 70% des Umsatzes – Tendenz steigend. Um im globalen Wettbewerb weiter zu expandieren und länderspezifische Konjunkturunterschiede ausgleichen zu können, sind die Länder Mittel- und Osteuropas für den westeuropäischen und insbesondere für den deutschen Einzelhandel von hoher strategischer Bedeutung. Polen, Tschechien und Ungarn haben von den neuen EU-Staaten das höchste Bruttosozialprodukt je Einwohner und sind im Rahmen des Wirtschaftsreformprozesses führend in der EU-Integration. Die Folge sind stabile Wachstumsraten und ein deutlicher Rückgang der Inflation.

Die EU-Mitgliedschaft trägt zusätzlich dazu bei, dass die Stabilisierung auch in den kommenden Jahren anhält. Wachsende Rechtssicherheit, die Übernahme von EU-Standards und zunehmende politische und wirtschaftliche Stabilität erleichtern das Engagement von westlichen Unternehmen. Das steigende bilaterale Handelsvolumen zwischen Polen, Tschechien, Ungarn und Österreich trägt zusätzlich zur Absicherung für langfristig orientierte Investoren bei.

Doch das Wirtschaftswachstum ist nicht nur von Auslandsinvestitionen abhängig. Andere Faktoren, wie z.B. die Verdopplung des Bruttolohnniveaus in den vergangenen Jahren, führten zu vermehrter Kaufkraft, was auch dem Einzelhandel zu enormen Umsatzzuwächsen verhalf. Neben den klassischen CEE-Zielländern, bei denen sich das BIP-Wachstum auf hohem Niveau stabilisiert (durchschnittlich 5% Wachstumsrate) sind jetzt auch die Märkte Russland, Rumänien, Bulgarien und die Ukraine mit einem BIP Wachstum von durchschnittlich 7% sehr attraktiv und stehen damit verstärkt im Fokus internationaler Handelskonzerne.

Die Abdeckung des hohen Konsumbedarfs bewirkte die rasante Implementierung von Einzelhandelsstrukturen, deren Aufbau in Westeuropa Jahrzehnte in Anspruch nahm. Die Abdeckung der Bedürfnisse zur Grundversorgung stand bis vor wenigen Jahren im Vordergrund. Der Erlebniseinkauf entwickelt sich jetzt in rascher Folge von der Vision zur Realität. Die Nachfrage nach Qualität, Markenartikeln und Shopping als Freizeitvergnügen führte zum dynamischen Aufbau von Erlebnis-Shoppingwelten in den osteuropäischen Ballungsräumen. Die Entwickler und Betreiber der urbanen Shopping-Center übernahmen hierbei eine Pionierfunktion: Höhere Investitionsvolumen sowie innovativere Konzepte ermöglichten modernere Einzelhandelslandschaften, als sie in Westeuropa anzutreffen sind. Damit wurde die Basis für den Markteintritt internationaler Handelsketten geschaffen. Westeuropäische Unternehmen nutzten bei ihren ersten Expansionsschritten bewusst Kontakte zu heimischen Handelsunternehmen in den jeweiligen Zielländern. Damit konnte man sich über das lokale Management und dessen Markt-Know-how zielgerichtet und flexibel auf die Marktbedürfnisse einstellen.

Konkurrenz erhöht das Qualitätsniveau

Mittlerweile hat sich der Einzelhandelsmarkt in Mittel- und Osteuropa auf hohem Niveau weiterentwickelt. Die wachsende Konkurrenz ist bei den Handelsstrukturen deutlich zu spüren. Es haben sich neben internationalen auch viele inländische Unternehmen etabliert, was dazu führt, dass innovativere Geschäftsformate auf den Märkten entstehen. Langfristiger Erfolg ist daher nur durch die permanente Weiterentwicklung des Qualitäts- und Serviceniveaus abzusichern. Anspruchsvolle Architektur und eine sorgsame Integration in die Innenstädte sorgen für eine Stimulierung der Nachfrage.

Angesichts der wachsenden Konkurrenz muss auch das Sortimentsmanagement der Einzelhändler immer höhere Ansprüche erfüllen: Ein hochwertiger Aktionsflyer bietet ständig wechselnde Aktionen. Da es in den meisten osteuropäischen Ländern kein Ladenschlussgesetz gibt, sind die Shopping-Center auch am Wochenende geöffnet, was für „Familienausflüge“ genutzt wird. Am Sonntag strömen die Konsumenten am späten Vormittag in die Shopping-Galerien und bleiben meistens bis zum Abend dort. Vernetzte Nachfrage entsteht dabei durch die Nutzung von Restaurants und Cafés in Verbindung mit primärem Windowshopping und zielgerichteten Trendkäufen.

Ausblick

Auch künftig gibt es in Mittel- und Osteuropa hervorragende Expansionschancen, allerdings auf zwei unterschiedlichen Zeitebenen. Die Grundbedürfnisse in den etablierten CEE-Märkten sind gedeckt, Expansionsmöglichkeiten eröffnen sich hier durch die weitere Spezialisierung des Sortimentangebots. In den Märkten Ost- und Südosteuropas wird es innerhalb der nächsten Jahre zu einer analogen Entwicklung wie in den CEE-Kernmärkten kommen, nämlich der flächendeckenden Grundversorgung, allerdings mit einer noch schnelleren Umsetzungsgeschwindigkeit (z.B. in der Ukraine und in Bulgarien). Noch vor Abschluss dieser Phase wird es zu einer kurzfristig zeitversetzten Etablierung von Produktangeboten mit höherem Service- und Qualitätslevel kommen. Der frühzeitige Einstieg, jetzt auch in weiter entfernte osteuropäische Märkte, bringt Konzernen einen entscheidenden Marktvorsprung.

Deshalb ist die Österreichische Post AG bereits seit 2002 in vielen osteuropäischen Märkten aktiv (Abbildung 1). Eine Erweiterung zur Abrundung der Netzwerkstrategie, gerade im Hinblick auf die Markteintritte von „Global Accounts", ist vorgesehen.

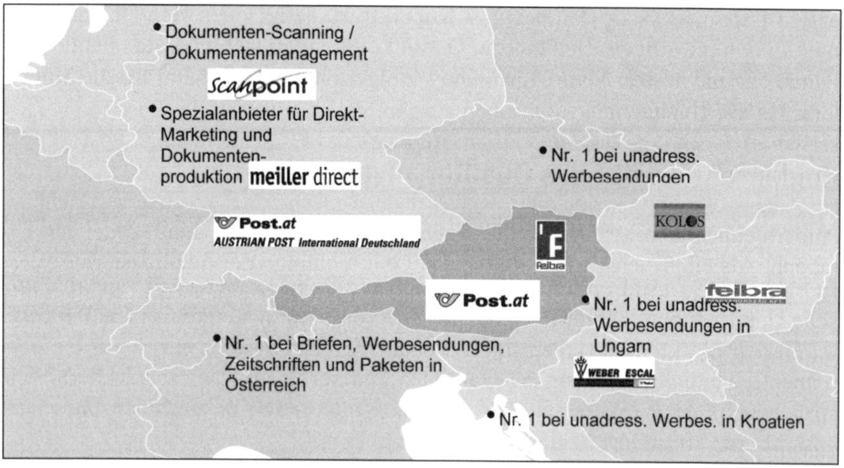

Abb. 1: Präsenz der Österreichischen Post AG im Mail Bereich exkl. Vertriebstochter Westeuropa

Der Mailbereich wächst mit dem Anspruch des „Quality Leaderships" auch in den neuen Märkten mit seinen Global Accounts weiter. Den Markterfolg sichern lokale Geschäftsführer zusammen mit österreichischem Management. Damit können landesspezifisches Know-how, das Dienstleistungsportfolio sowie der Qualitätsstandard der Österreichischen Post optimal für Accounts vernetzt werden (Abbildung 2).

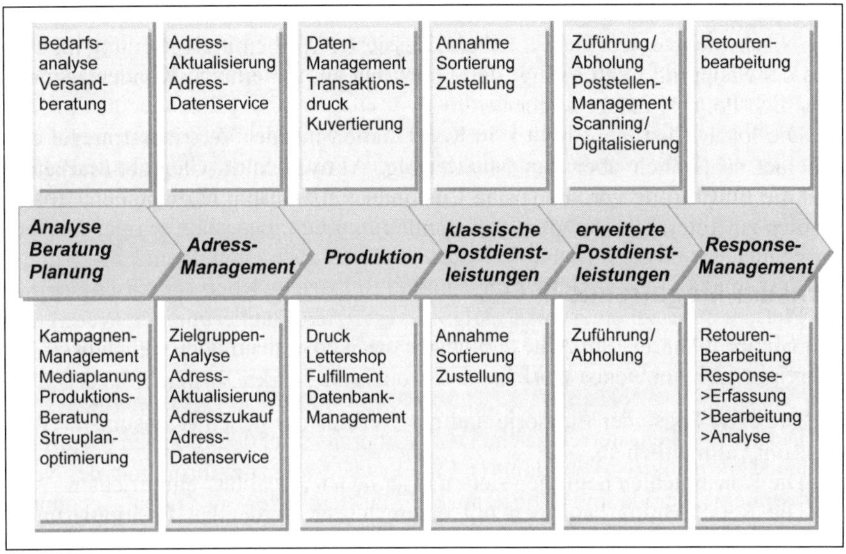

Abb. 2: Leistungsportfolio Mail der Österreichischen Post AG

Parallel dazu werden junge Führungskräfte aus osteuropäischen Ländern in Österreich für Managementfunktionen ausgebildet, damit sich die Post-Tochtergesellschaften mit dem hohen Qualitätsanspruch der Österreichischen Post weiterentwickeln.

Auch wenn inzwischen eine Vielfalt neuer Unternehmen in unseren Nachbarländern entstanden ist, bleiben die Wachstumsaussichten für den Handel hervorragend. Als ein Wachstumsindikator liegt das Volumen der unadressierten Werbesendungen pro Einwohner in Polen, Ungarn und Tschechien zwar deutlich unter dem Durchschnitt der 15 „alten“ EU-Länder, weist aber ein jährliches Wachstum im zweistelligen Bereich auf.

Zusätzlich entwickeln Einzelhändler immer anspruchsvollere Sortimente mit Breiten- und Tiefendurchdringung. Damit steigt das Bedürfnis nach Differenzierung. Die Basis dieser Differenzierung ist die Kenntnis der Zielgruppen-Adressbasis (soziodemografische Merkmale, Kaufkraftdifferenzierung etc.). Damit wird der Einsatz unterschiedlicher Direct-Marketingtools mit speziellem Zielgruppen-Profiling in den osteuropäischen Märkten weiter stimuliert. Instrumente wie Geomarketing, Lifestyledatenbanken und die klassischen Zielgruppenadressen gewinnen damit für Unternehmen mehr an Bedeutung im Marketing-Mix.

Doch auch angesichts dieser neuen Möglichkeiten des Directmarketings bleibt der Innovationsdruck durch den wachsenden Wettbewerb hoch. Dabei ist abzusehen, dass die gezielte Standortanalyse immer mehr in den Mittelpunkt rückt. Durch die teilweise hohe Shopping-Center-Dichte in Ballungsräumen erhöht sich auch der Differenzierungsdruck im Shop-Mix bei Großflächen hin zu innovativen Nischenkonzepten. Der Anteil unadressierter Werbemittelverteilung im Umfeld der Shopping Center steigt damit deutlich an, um erhöhte Kundenfrequenz am POS (Point of Sale) zu generieren.

Die lokale Sortimentspolitik in Kombination mit der Vertriebsstrategie entscheidet schließlich über den Markterfolg. Aktives Multi-Channel-Marketing und die Einführung von modernen Customer-Relationship Management-Instrumenten zur Interaktion unterstützen dabei.

Konsum-Megatrends in CEE

Der Status – Ankunft im Alltag: Wie sich das Konsumverhalten in den nächsten Jahren in CEE verändern wird:

- Die erste Phase der Euphorie und des Gefühls der neuen (Konsum-)Freiheit klingt allmählich ab.
- Die Konsumenten beginnen sich in ihrer neuen „Realität" einzurichten.
- Die Retail-Multis beginnen mit einem härter werdenden Positionierungskampf.
- Differenzierungskriterien gewinnen an Bedeutung
- In den nächsten Jahren wird die Bevölkerung in CEE eine zweite Wohlstandswelle erleben.

Megatrends, die den Konsum in den CEE-Staaten prägen werden

Die Individualisierung der Bedürfnisse in den westeuropäischen Gesellschaften wird in den nächsten Jahren auch von der Bevölkerung der CEE-Staaten übernommen. Gemeint sind damit Trends wie Mobilität, Globalisierung, Gesundheit und Digitalisierung. Diese Trends beschreiben den grundsätzlichen Veränderungsprozess in Gesellschaft und Ökonomie im Zeitraum von 20 bis 30 Jahren.

Individualisierung setzt sich bei Food-Konsum sowie auch bei Lifestyle-Produkten durch. Lifestyle-Trends in Mode, Kosmetik, Gesundheit und Einrichtung werden zunehmend an Bedeutung gewinnen. Deshalb kommt es von Anbieterseite darauf an, diesen Bedürfniswandel von der „Euphorie der neuen Freiheit" hin zur „Einrichtung in der neuen Welt" mit entsprechenden Produkten und Dienstleistungen zu begleiten.

Erfolgsfaktoren der Marktbearbeitung in Mittel- und Osteuropa

Im Folgenden werden Erfolgsfaktoren der Marktbearbeitung in Mittel- und Osteuropa aufgelistet, die als Orientierungshilfe für den Markteintritt dienen sollen.

Erfolgsfaktor 1: Mut zum Markteinstieg

Ganz zu Beginn braucht man einfach den Mut, es zu tun. Das klingt zwar nicht spektakulär, stellt aber für viele Firmen die eigentliche Hürde dar. Der Eintritt in einen fremden Markt mit anderen Spielregeln und Mitbewerbern bedeutet immer erhöhte Risikobereitschaft und auch einen erhöhten Bedarf an personellen und finanziellen Ressourcen. In wirtschaftlicher Hinsicht hat CEE trotz gelegentlicher Rückschläge schon in den letzten Jahren deutlich höhere Wachstumsraten aufgewiesen als Westeuropa. Mit der Aufnahme von zehn CEE-Ländern in die EU, der generell stärkeren Integration in die globale Wirtschaft und dem anhaltenden Modernisierungsschub wird diese Region, die vor unserer Haustür liegt, auch weiterhin eine Wachstumsregion bleiben. Die zehn neuen EU-Staaten haben mit einer Bevölkerung von 105 Millionen das Dreizehnfache der Einwohnerzahl Österreichs. Das „erweiterte Osteuropa" (inklusive Ukraine und Russland) umfasst sogar einen Markt von 385 Millionen potentiellen Konsumenten, somit die 4,5-fache Einwohnerzahl Deutschlands. Ungarn, Tschechien oder Slowenien sind die klassischen Einstiegsländer in eine Ostexpansion.

Noch weiter in den „Wilden Osten" wagen sich aber bisher nur wenige westliche Unternehmen, obwohl man davon ausgehen kann, dass die großen Märkte wie Russland (144 Mio. Einwohner) oder die Ukraine (49 Mio. Einwohner) jetzt schon höhere Wachstumsraten bieten als die mitteleuropäischen Länder. Damit schwinden die Vorteile Mittelosteuropas, wie regionale Nähe und historische Verbundenheit.

Die Marktgröße dieser Länder sollte trotz der Risiken ein entscheidendes Kriterium zur strategischen Entscheidungsfindung sein. Weiterhin bestehen zurzeit noch Möglichkeiten einer schnellen Marktdurchdringung.

Aber auch interne Voraussetzungen beeinflussen Unternehmen in der Ostexpansion. Die Größe des Unternehmens, finanzielle und personelle Ressourcen sind entscheidende Kriterien. Je mehr Länder, je weiter weg, umso komplexer wird die Aufgabe, Aufbau, Steuerungs-, Betreuungs- und Koordinationsprozesse umzusetzen. Deshalb ist der frühzeitige Aufbau von Managementressourcen die Basis für eine erfolgreiche Expansion.

„Wer zu spät kommt, den bestraft das Leben", dieses Zitat hatte und hat auch in CEE seine absolute Berechtigung. Der Zeitpunkt des Einstiegs ist somit einer der Hauptfaktoren für den Erfolg. Aber neben dem Gespür, dem Management-Know-how, einer genauen Beobachtung und Analyse der Länder und Märkte gehört auch Mut dazu, zum richtigen Zeitpunkt zu investieren.

Erfolgsfaktor 2: Professionelle Analyse und Vorbereitung

Die richtige Vorbereitung und Beschäftigung mit dem Markt und den Konsumenten ist einer der wesentlichen Faktoren für erfolgreiches Business. Für den

Markteintritt in die CEE-Länder gelten im Wesentlichen dieselben Analyseschritte wie in jedem anderen Land: volkswirtschaftliche Basisdaten, Marktstrukturen, Marktgröße und Marktanteile im relevanten Produktbereich, soziodemografische Konsumentenstrukturen. Das Problem in den vergangenen Jahren war jedoch die Beschaffung dieser Basisdaten. Für viele Länder lagen keine oder nur beschränkte Eckdaten vor.

Basisinformationen über die Zielländer bieten alle größeren Banken oder Institutionen wie das WIFO und die Wirtschaftskammer Österreich. Für Nachfrageanalysen kann man heute praktisch überall die von Westeuropa gewohnten Instrumente und Methoden nutzen, wenn man seine Marke, die Werbung oder die Preiselastizität prüfen lassen will. Viele internationale Marktforschungsdienstleister, wie etwa die GfK-Gruppe, sind in den CEE-Ländern vertreten, aber auch nationale Marktforschungsfirmen bieten ein erweitertes Dienstleistungsspektrum. Im Handelsbereich gibt es inzwischen seriöse Retail-Panels. In Polen, Ungarn, Tschechien und der Slowakei kann man sogar auf die Scanning-Daten von großen Handelsketten zurückgreifen.

Die Basis der Markt-, Meinungs- und Motivforschung ist in allen CEE-Ländern gut entwickelt. Die meisten großen Marktforschungsunternehmen haben Joint Ventures oder eigene Niederlassungen etabliert. Die Qualität hat westeuropäisches Niveau erreicht. Die Preise liegen jedoch – trotz geringerer „Produktionskosten“ (z.B. für Interviews, Datenverarbeitung) – ebenfalls auf westeuropäischem Niveau.

Sprachbarrieren behindern teilweise die schnelle Umsetzung, obwohl sich Englisch als Alternative zu Russisch etabliert hat. Dolmetscher oder eigenes lokales Management sind „lebensnotwendig“.

Erfolgsfaktor 3: Kontakte und Verständnis sind alles

Langfristiges „persönliches“ Beziehungsmanagement wird großgeschrieben. Ohne Verständnis für den Geschäftspartner, die Konsumenten und Businessnetzwerke wird der Markteintritt zum Risiko. Zusätzlich zum persönlichen Beziehungsmanagement bei Geschäftspartnern ist die starre Bürokratie eine zusätzliche Hürde. Hier spielen gute Kontakte und perfektes Networking mit Behörden und Anwälten eine große Rolle. Auch hier können persönliche Abendessen Türen öffnen.

Die neuen EU-Mitgliedsländer im Osten haben in den Ballungszentren bereits einen westlichen Auftritt. Dennoch sind die Befindlichkeiten anders. „Osteuropa-Verantwortliche“, die vom „grünen Tisch“ der Zentrale arbeiten, werden nicht erfolgreich sein.

Oberflächlich betrachtet haben sich die ehemaligen Ostblockstaaten in den letzten Jahren dem Westen stark angeglichen, im geschäftlichen Umgang lauern aber noch immer zahlreiche Fallstricke. West- und Osteuropa haben sich über die Jahrzehnte der Trennung im Führungs-, Management-, Sprach- und Geschäftsstil auseinandergelebt. Viele Manager aus den westlichen EU-Ländern denken über diese Fakten wenig nach.

Auch eine unbedachte Äußerung oder ein simpler Hinweis auf der Visitenkarte „Vertriebsleiter Osteuropa“ kann Anstoß erregen. Aufgrund eines ausgeprägten Nationalstolzes und des Geschichtsbewusstseins fühlen sich viele Bewohner der neuen EU-Mitgliedsländer zu Recht (man denke nur an die Grenzen der Österreich-Ungarischen Monarchie) als Teil Mittel- oder Zentraleuropas. Aus dem gleichen Grund zählen sich Slowenien und Kroatien nicht zum Balkan und wollen nicht mit Bosnien und Serbien verglichen werden.

Schwerer als solche Formalien wiegt mangelnde Sensibilität. Bei aller Freundlichkeit und Offenheit im Geschäftsalltag sollte man akzeptieren, dass trotzdem ein Rest an Misstrauen da ist, hervorgerufen durch die unglücklichen historischen Erfahrungen, der jahrzehntelangen Abschottung und dem Eindruck, dass mit dem Fall des Eisernen Vorhanges eine Kolonialisierung durch den Westen eingesetzt hat. Sehr hilfreich ist es, wenn man einen „Grenzgänger“ zur Marktbearbeitung einsetzen kann, der osteuropäische Wurzeln besitzt und Erfahrungen mit der westlichen Managementpraxis hat. Eine solche Person mit lokalen Sprachkenntnissen kann der Mittler zwischen den eigenen wirtschaftlichen Erwartungen und den lokalen Befindlichkeiten sein.

Erfolgsfaktor 4: Die passende Niederlassungsstrategie und Vertriebsstruktur

Jedes Unternehmen verfolgt seine individuellen Strategien und Ziele, die natürlich auch bei einem Einstieg in einem oder mehreren Ländern der Region implementiert werden. Zusätzlich sind die Marktbedingungen, die Zielbranche und die Frage, in welchem Zeitrahmen man seine Ziele erreichen will, entscheidend.

Übernimmt man ein bestehendes „alteingesessenes“ Unternehmen, so muss man berücksichtigen, dass vor allem die Personalstruktur überdimensioniert ist, und durch eingefahrene Managementstrukturen ein erheblicher Reorganisationsbedarf und -aufwand besteht. Das „Greenfield Investment“ sollte als alternativer Business Case unbedingt analysiert werden.

Ein Unternehmen zu kaufen oder ein Greenfield Investment zu tätigen ist mit hohem Kapitalaufwand verbunden. Den finanziellen Möglichkeiten und dem Willen zu investieren kommt daher ebenfalls eine entscheidende Rolle zu. Gerade die im internationalen Vergleich mittelgroßen und kleinen Unternehmen müssen die Frage der Niederlassungspolitik sehr genau analysieren und langfristige Konzepte zur Kapitalabsicherung aufbauen. Viele westliche Firmen sind daher auch mit reinen Vertriebsorganisationen gestartet.

Die Wahl der Vertriebsform ist hier entscheidend:

- Eine eigene lokale Vertriebsorganisation, die alle Vertriebsfunktionen komplett übernimmt.

- Diverse Mischsysteme zwischen eigener Vertriebsorganisation und alternativen Distributeuren. Das Core Business, die Betreuung der (meist internationalen) Key-Accounts, erfolgt auf jeden Fall durch eigene Mitarbeiter, der KMU-Vertrieb wird je nach Strategie und Kostensituation ganz oder teilweise an Distributeure ausgegliedert (Bearbeitung des traditionellen Handels, Import, Lagerhaltung, Logistik, Fakturierung etc.).
- Exklusivdistributeur: Ein ausgewählter Vertriebspartner übernimmt alle Vertriebsagenden, wobei er sich im Optimalfall ausschließlich auf einen „Prinzipal" konzentriert. Die Steuerung und Begleitung erfolgt über die Unternehmenszentrale.
- Multidistributeur: Fokussierung auf einen Distributeur, der meist – um eine kritische Umsatzmasse zu erreichen – auch andere Firmen in seinem Portfolio hat.
- Zusammenarbeit mit (mehreren) „Importeuren" auf kontinuierlicher Basis. Unter „Importeuren" werden hier Firmen oder Personen verstanden, die ohne großen vertrieblichen Aufwand die Ware weiterverkaufen, zumeist regional oder auf bestimmte Handelskanäle konzentriert sind, und nicht das ganze Land vertrieblich abdecken können.
- Versandhandel, Verkauf von Produkten über Kataloge und Internetangebote mit nationalem oder grenzüberschreitendem Versand.

Internationale Konzerne haben in größeren Zielländern alle Zwischenstufen übersprungen und sind seit Anfang der 1990er-Jahre mit eigenen Tochterunternehmen aktiv. Die meisten mittelständischen Unternehmen haben sich, entsprechend ihrer Expansionsstrategie, nicht in hohe Investitionen und Kosten gestürzt, sondern ertragsorientiert einen „Step-by-step-Approach" gewählt und sich von einer „Qualitätsstufe im Vertrieb" zur nächsten entwickelt.

Erfolgsfaktor 5: Die richtigen Leute finden

Personal ist wohl der Bereich, der alle zuvor beschriebenen Faktoren zusammenfasst. Denn es sind immer Menschen, die diese Strategien, Instrumente oder Organisationsstrukturen tragen. „Die richtigen Leute finden" ist das Geheimnis des Erfolges. Und wie kein anderer Faktor spiegelt „Personal" auch die Dynamik des Fortschritts und der Zerrissenheit der CEE-Gesellschaften wider. Erfolgshungrige, gut ausgebildete Jungmanager mit westlichen Gehaltsvorstellungen und immensem Arbeitseinsatz stehen „Relikten" aus der Vergangenheit gegenüber. Menschen, die in planwirtschaftlichen Betrieben „aufgewachsen" sind, können diese Vergangenheit schwer ablegen und entwickeln demzufolge auch kaum ein Leistungsbewusstsein oder eigene Ideen.

Der größte Unterschied zum westlichen Arbeitsmarkt ist die finanzielle Kluft zwischen einfachen Tätigkeiten und Managementfunktionen. Weiterhin haben Manager eine geringere Loyalität gegenüber ihren Arbeitgebern. Abwerbungen und Wechselbereitschaft bei besserer Bezahlung sind an der Tagesordnung. Die Zukunft wird von überdurchschnittlichen Gehaltssteigerungen für alle Mitarbeiterebenen geprägt sein und dafür wird auch hoher Einsatz und hohe Mobilität erwartet. Als Devise für Manager aus CEE kann gelten, Managementerfahrung in Westeuropa zu sammeln und dann Karriere zu „Hause“ zu machen.

CEE: Chance und Herausforderung für heimische Investoren

Peter Umundum

Die Investitionen der heimischen Unternehmen im Ausland waren 2007 so groß wie nie zuvor. Österreichische Fachmedien sprechen gar von einer „Explosion der Investitionen in Central Eastern Europe". Laut einem Bericht der Österreichischen Nationalbank beliefen sich die Direktinvestitionen der heimischen Betriebe auf 14,04 Milliarden Euro im ersten Halbjahr 2007. Damit ist bereits nach sechs Monaten das Gesamtergebnis des Jahres 2006 von 7,9 Milliarden Euro nahezu verdoppelt. Nach Österreich flossen 12 Milliarden Euro zurück – auch das ist ein Rekordergebnis, eines, das vor allem durch die Umbrüche im Bankensektor zu erklären ist.

Eine aktuelle Studie von AT Kearney bestätigt, dass „österreichische Unternehmen das Marktpotential in den Nachbarländern und in Südosteuropa gut genutzt haben – natürlich wäre noch mehr möglich." Während heimische Unternehmen in Ungarn, Polen, Tschechien und am Balkan bereits stark vertreten sind, gibt es in den neuen EU-Ländern und weiter östlich noch viele Nischen zu erschließen. „Hot Spots" werden in Lettland und Estland, aber auch in Russland geortet. Schon jetzt haben zahlreiche Unternehmen die Chancen erkannt und sind vor Ort präsent. Enorme Wachstumsraten, vor allem der baltischen Länder, sind der Dank für dieses Engagement. „Das Baltikum wächst stärker als China", verlautbart die Studie.

Aber nicht nur die großen Deals beherrschen die Auslandsinvestitionen – immer mehr Klein- und Mittelunternehmen stoßen in die neuen Regionen vor. Die Österreichische Nationalbank zählte 75 Großinvestitionen mit mehr als 10 Millionen Euro und über 200 Investitionen von mindestens 1 Million Euro. Diese Investitions- und Risikobereitschaft zahlt sich laut dem Statistikdirektor der OeNB aus: „Überdurchschnittliche Rentabilität wird in Osteuropa geortet", dort wo die österreichischen Unternehmen traditionell stark etabliert sind (Abbildung 1).

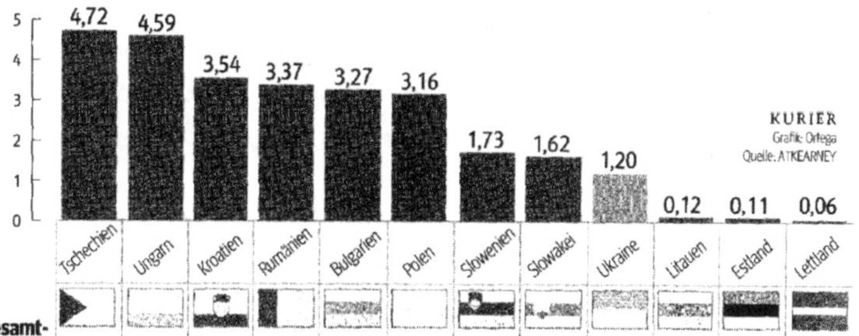

	Tschechien	Ungarn	Kroatien	Rumänien	Bulgarien	Polen	Slowenien	Slowakei	Ukraine	Litauen	Estland	Lettland
Gesamtinvestitionen (in Mrd. €)	42,0	40,4	11,9	21,9	9,7	62,7	6,0	11,0	13,8	5,5	10,4	4,0
Anteil Österr.	11%	11%	30%	15%	34%	5%	29%	15%	9%	2%	1%	1%
Rang Österr.	3.	3.	1.	2.	1.	5.	1.	3.	3.	9.	10.	13.

Österreichische Direktinvestitionen in Osteuropa/Angaben in Milliarden Euro/Quelle: Kurier 3.5.2007

Abb. 1: Österreichische Direktinvestitionen in Osteuropa

Wachstumsmotor Mittel- und Osteuropa

Die wirtschaftliche Entwicklung in Mittel- und Osteuropa verläuft weiterhin sehr dynamisch, getragen von den Investitionen und dem privaten Konsum. Die Investitionen profitieren von der Bautätigkeit – insbesondere der Errichtung neuer Produktionskapazitäten –, während der Konsum durch den Anstieg der verfügbaren Haushaltseinkommen, sinkende Arbeitslosigkeit und leichteren Zugang zum Kreditmarkt angekurbelt wird. Die Bank Austria hat in ihrem Quarterly Report 03/2007 die Prognose für das Wachstum der Region im Jahr 2007 von 5,9% auf 6,4% angehoben (Abbildung 2).

Die Unsicherheitsfaktoren bleiben jedoch unverändert. In den baltischen Ländern und in Südosteuropa besteht definitiv das Risiko einer konjunkturellen Überhitzung. Hier sind die zukünftigen wirtschaftspolitischen Eingriffe seitens der Länder enorm wichtig, um ein sogenanntes „Soft Landing" zu ermöglichen.

Ausblick 2007–2008

	Reales BIP		Inflationsrate Periodenende		Leitzins Periodenende			Wechselkurs/EUR Periodenende			Leistungsbilanzsaldo/BIP	
	2007	2008	2007	2008	2006	2007	2008	2006	2007	2008	2007	2008
EU Mitglieder												
Bulgarien	6.2	6.2	5,0	4,2	3,68	4,85	4,55	1,96	1,96	1,96	-17,6	-14,0
Estland	9,4	8,7	5,2	6,8	-	-	-	15,65	15,65	15,65	-17,5	-17,0
Lettland	9,4	8,0	6,0	5,0	5,00	6,50	6,00	0,70	0,70	0,70	-22,4	-19,6
Litauen	7,7	6,4	4,7	3,7	-	-	-	3,45	3,45	3,45	-10,2	-8,9
Polen	6,6	5,2	3,9	2,4	4,00	4,75	4,50	3,83	3,90	3,90	-2,7	-3,5
Rumänien	6,0	5,5	4,4	4,2	8,75	7,00	6,75	3,38	3,32	3,34	-11,5	-11,2
Slowakei	9,0	7,1	2,3	2,5	4,75	4,25	4,25	34,6	33,0	32,5	-3,9	-2,6
Slowenien	5,7	5,0	2,5	2,2	3,50	ECB	ECB	239,64	EUR	EUR	-2,6	-2,4
Tschechische Republik	5,6	4,8	3,4	3,0	2,50	3,25	3,75	27,5	28,4	27,7	-3,3	-3,5
Ungarn	3,0	3,4	5,9	3,7	8,00	6,50	5,50	252,3	253,0	255,0	-4,8	-4,3
EU Kandidaten und andere Länder												
Kroatien	4,7	4,3	3,5	2,7	-	-	-	7,35	7,30	7,25	-7,9	-7,7
Türkei	5,0	6,4	7,2	5,3	17,5	17,0	14,0	1,86	1,85	1,89	-6,3	-6,7
Bosnien-Herzegowina	6,7	6,5	3,8	2,1	-	-	-	1,96	1,96	1,96	-16,6	-17,4
Russland	7,2	6,6	7,8	6,9	-	-	-	34,70	34,57	32,50	6,4	4,3
Serbien	5,5	5,7	6,7	5,5	14,0	8,0	7,0	79,0	81,0	79,5	-14,2	-13,2
Ukraine[1]	6,5	5,6	9,4	7,7	-	-	-	6,1	6,8	6,6	-3,5	-5,5

1) Stabil gegenüber dem USD.

Quelle: Bank Austria CEE Economic Research, CEE Quarterly 03/2007

Abb. 2: Ausblick zur Wirtschaftsentwicklung 2007–08 in CEE

Nach dem Höhepunkt 2006 wird weiterhin starkes Wachstum prognostiziert. Treibende Kraft des starken Wirtschaftswachstums ist nach wie vor der private Konsum, wo es einen großen Nachholbedarf zu befriedigen gibt. Kräftige reale Lohnsteigerungen und eine langsam, aber doch weiter sinkende Arbeitslosigkeit finanzieren die Stärkung des Konsums. Auch bietet die EU-Erweiterung – trotz weiterhin bestehender Risken wie politischer Instabilität in einigen Ländern – gute Voraussetzungen für attraktive Investitionen: grundsätzliche Rechtssicherheit, massive Förderungen zur Verbesserung der Infrastruktur und die Herausbildung westlicher Standards in allen Gesellschaftsbereichen.

Aber in dieser Region der Chancen sind auch die Herausforderungen für Investoren groß: Schwierigkeiten bei der Rechtsdurchsetzung, ein austrocknender Arbeitsmarkt, die noch immer bestehende Korruption und Schattenwirtschaft, das Umgehen mit fremden Kulturen sowie steigende Logistikanforderungen für einen riesigen Markt.

Grenzbereich Rechtssicherheit

Heimische Investoren sind leidgeprüft, wenn es um für uns selbstverständliche Sicherheiten bei Grundbuchauszügen oder Verträgen in Osteuropa geht. Die Geschichten vom Erwerb des Grundstückes oder einer Liegenschaft samt Grundbuchauszug, das einem dann doch nicht so ganz gehört, und den folgenden Rechtsstreitereien über Jahre hat jeder schon gehört. Kroatien ist in dieser Hinsicht sicher ein Paradefall. Zwar gibt es ein Grundbuch und Katastereintragungen, aber die Inhalte dieser beiden Instrumente weichen häufig voneinander ab. Zudem gibt es noch immer Grund- und Bodenbesitz ehemaliger serbischer Militäroffiziere, deren Besitzverhältnisse nicht geklärt sind. Die Sicherstellung der Rechtssicherheit ist daher eine der Hausaufgaben in CEE, die zwar schon in Angriff genommen wurde, deren Umsetzung aber schleppend vorangeht und deren Abschluss sicher noch länger dauern wird.

Die Gründe dafür liegen in der Geschichte. Rechtsstandards und Rechtsprechung westlicher Prägung existieren in vielen dieser Länder nicht und das fehlende Know-how lässt sich nicht so einfach in 10 oder 15 Jahren herstellen. Weitaus bessere Verhältnisse sind überall dort zu finden, wo das ehemalige österreichische k.u.k.-Reich seine Bürokratie und damit auch Rechtsgrundsätze exportiert hat. In diesen Ländern haben Grundbücher und ähnliche Instrumente Tradition, und der Eigentumserwerb stellt ein nicht so großes Problem dar. Hier stößt man eher auf sogenannte Restitutionsprobleme. Nach den Enteignungen in der „kommunistischen Ära" sind die Besitzverhältnisse nicht immer genau geklärt.

Ein weiteres Problem ist die Geschwindigkeit der Gerichte in der Verfahrensabwicklung. Gerichtsverfahren dauern in Mittel- und Osteuropa um einiges länger und geltende Rechtsansprüche können aufgrund schleppender Abwicklungen einfach nicht durchgesetzt werden. Besonders problematische Entwicklungen gibt es hierzu in Bulgarien und Rumänien. Die EU fördert die Entwicklung der Rechtssysteme zwar mit umfangreichen Schulungen von Richtern und Beamten, doch muss man sich auch der Tatsache bewusst sein, dass gerade in den genannten Ländern die Weitergabe von „weißen Kuverts" vorkommen kann.

Wenn es um Firmengründungen geht, weist jedes Land seine Spezifika auf: Von sehr schnell und unkompliziert bis mühsam mit mehreren Leumundzeugnissen aus verschiedensten Ländern reicht die Bandbreite. So ist Tschechien bekannt für seine einfache Form der Firmengründung – hier ist nur zu beachten, dass man als Geschäftsführer oder Prokurist den Firmenstempel „immer bei sich tragen sollte" – ohne diesen läuft einfach nichts.

Der Kampf um die Arbeitskraft

In Mitteleuropa und Osteuropa ist der große Wettkampf um Fachkräfte ausgebrochen – der „Produktionsfaktor Mensch" wird knapp. Durch die Verlagerung westlicher Produktionsstandorte in den Osten wurde der einstmals volle Arbeitsmarkt „leergefegt". So ist der überregionale Automobilcluster im Raum Zilina, Györ, Estergom und Prag ein Symbol dieser Entwicklung: Auf engstem Raum produzieren Peugeot, KIA, VW, Skoda, Audi und Suzuki Autos für die ganze Welt. Samt ihren Zulieferern, abhängigen Gewerken und Dienstleistern werden in dieser Region 250.000 Arbeitnehmer beschäftigt. Mercedes kündigte auf der diesjährigen Automesse IAA in Frankfurt bereits an, über eine Produktion in Osteuropa aus Kostengründen nachzudenken. Lakonisch wurde diese Aussage mit einem „... da wird Mercedes seine eigenen Arbeitskräfte mitnehmen müssen ...“ von der Fachwelt kommentiert.

Sogar in Polen – mit immerhin 38 Millionen Einwohnern – ist es schwierig, Arbeitnehmer zu finden. Und Tschechien überlegt, ab 2008 für Nicht-EU-Bürger eine Greencard einzuführen. Davon Betroffen sind natürlich in erster Linie technische Berufe sowie der Bausektor, die Entwicklung setzt sich aber langsam in allen Bereichen der Arbeitswelt fort. Die Arbeitslosenraten Mittel- und Osteuropas sinken beständig von durchschnittlich 18% auf unter 10%. Analysiert man diese Arbeitslosenraten, erkennt man rasch strukturelle und regionale Unterschiede. Der strukturschwache Osten der Länder und die darniederliegende Landwirtschaft produzieren schlecht ausgebildete Arbeitslose, die auf den Arbeitsmarkt strömen und in ihrer Heimat kaum und im Westen schon gar keinen Job finden. Dem Mangel an Arbeitskräften auf der einen Seite steht ein Mangel an Ausbildung auf der anderen Seite gegenüber.

Wie versuchen westeuropäische Konzerne auf diese Herausforderung zu reagieren? Der Personalvorstand der Firma Skoda erzählt in einem Interview mit dem Magazin „Centropolitan“, dass man durch eine eigene Hochschule und direkten Einfluss auf andere technische Universitäten versucht, den Nachwuchs früh an sich zu binden. Trotzdem sind einige hundert Stellen bei Skoda unbesetzt und Anwerbeprogramme laufen in ganz Mittel- und Osteuropa. Allgemein schätzt er, dass in Tschechien Zehntausende qualifizierte Arbeitskräfte fehlen. Und so bietet er seinen (potenziellen) Arbeitnehmern zusätzliche Anreize an: vergünstigtes Leasing sowie Ermäßigungen beim Ankauf von Neuwagen, betriebliche Gesundheitsvorsorgen, Beiträge zur Pensionsversicherung, fünf Wochen Urlaub sowie Wohnmöglichkeiten vor Ort für bestimmte Berufsgruppen.

Audi fährt rund um das westungarische Györ dieselbe Strategie und zahlt rund 30% höhere Gehälter als der Landesdurchschnitt. „Neue“ werden bei Audi mit folgendem Paket geködert: ein zusätzliches 13. Monatsgehalt (in Ungarn ein Novum), ergebnis- und leistungsorientierte Jahresprämien, Zuschüsse zu den Kosten öffentlicher Verkehrsmitteln, Zuschüsse bei der Anfahrt zur Arbeit mit eigenem Wagen, günstige Wohnbaudarlehen und kostenlose medizinische Versorgung im eigenen Gesundheitszentrum. Und wer die Zustände im ungarischen Gesundheitswesen kennt, weiß, dass dieser Teil des Pakets mit Geld fast nicht aufzuwiegen ist.

Somit wird auch eine der Auswirkungen dieses Arbeitskräftemangels erkennbar: Die bisher attraktiven Lohnunterschiede zwischen Ost und West sind gerade dabei, sich massiv zu reduzieren.

Lohnkostenvorteile schrumpfen

Zweistellige Wachstumsraten bei den Lohnkosten gleichen diese immer mehr an den westeuropäischen Durchschnitt an. Waren die Lohnkosten in den 1990er-Jahren noch ein zugkräftiges Argument für die Direktinvestitionen der „Go-East-Pioniere“, so löst sich dieser Wettbewerbsvorteil in einigen Sektoren gerade in Luft auf. In Ungarn und Tschechien werden beispielsweise bereits annähernd westliche Durchschnittslöhne gezahlt – dadurch zieht die Karawane der Billighersteller weiter in den Osten: In Bulgarien beträgt das Verhältnis noch immer 1/10 des westlichen Niveaus, in Rumänien immerhin noch 1/8.

Im Managementbereich spiegelt sich diese Entwicklung in den letzten fünf Jahren in einer fulminanten Steigerung der Gehälter des lokalen Managements wider: So haben sich vor allem die Einkommenshöhen im IT-, Finanz- und Marketingmanagement stark dem westlichen Niveau angepasst. Eine aktuelle Studie der Hay Group Beratung zeigt, dass „Osteuropa sich bereits im oberen Mittelfeld der Gehaltstabelle bewegt“. Ein wesentlicher Treiber dieser Kostensteigerung ist sicher die oben angeführte Austrocknung des Arbeitsmarktes. Interessant ist, dass Osteuropa auch für westliche Manager immer mehr zum Karrieresprungbrett werden dürfte. So arbeiten und wohnen in Prag bereits an die 20.000 Amerikaner und Tausende deutschsprachige Expatriates.

Beziehungen und Verständnis – der Erfolgsfaktor in Osteuropa

„Manager mit Ost-Mentalität und West-Denken sind Mangelware“, so ein Fachartikel in der Zeitung „Kurier“ im Juni 2007. Besser kann man die Situation in Osteuropa nicht beschreiben. Es geht nicht nur um die Anwendung und Ausübung von modernen westlichen Managementtechniken im Betrieb. Gefragt sind Verständnis für die Kultur und die Befindlichkeiten der Menschen in diesen Ländern. Das Verhalten und der Auftritt, also das Äußere – vor allem im Managementbereich, im gehobenen Sachbearbeiterbereich und bei den gut verdienenden jungen Schichten – ist westlich, die inneren Werte und Einstellungen sind sehr oft noch östlich. So sind in jedem Land Besonderheiten zu beachten: Den Tschechen spricht man eher wenig westliche „Go for it“-Mentalität zu. Alles wird kritisch hinterfragt, es werden immer Verbesserungsvorschläge hinzugefügt und Zeit wird benötigt, um sich auf Neuerungen einzustellen. Die Attribute „stylish und trendy“ sind in Tschechien kein Garant für schnelle Akzeptanz – Bata Schuhe sind hier noch am beliebtesten.

Generell kann man sagen, je weiter östlich, desto autoritärer ist der Führungsstil und desto materialistischer ist die Einstellung in den Chefetagen. Das erwartet man in diesen Ländern übrigens auch von (ausländischen) Vorgesetzten.

Ein weiterer Erfolgsfaktor sind Beziehungen – das A und O in Mittel- und Osteuropa. „Wer mit den Sitten und Eigenheiten der Märkte nicht vertraut ist, wird leiden", so ein BA-CA Vorstand in der Zeitung „Wirtschaftsblatt". Viele Investoren haben in CEE Probleme, weil sich die Leute vor Ort nichts aufdrängen lassen wollen. Im Westen sind wir es gewohnt, Geschäfte mit Leuten zu machen, die wir unter Umständen nicht so toll finden. In Russland ist „Nicht so toll finden" ein Knock-out-Kriterium.

Bei den Studien von „Transparency International", einer Organisation, die sich aktiv für die Bekämpfung der Korruption einsetzt, schneiden viele Länder Mittel- und Osteuropas – vor allem Russland – schlecht ab. Von Korruption wird im Regelfall nicht gesprochen, sondern von „Werbebeiträgen", die ab und zu getätigt worden sind: „Früher vielleicht … jetzt gibt es das nicht mehr." Heute seien viele Usancen des „alten wilden Osten" nicht mehr üblich – aber es gibt „ungeschriebene Gesetze", an die sich Investoren halten müssen. Das Know-how, wer für Entscheidungen wichtig ist und welche Gesetze eingehalten werden müssen, gewinnt man meistens über Kontakte und Beziehungen. Spezialfälle, dass man von jedem Haus, das man in einer russischen Stadt baut, automatisch ein Drittel der Stadtverwaltung überschreibt, können überraschend auftauchen. Man kann es dann wieder zurückkaufen – die Investition soll noch immer sehr lohnend gewesen sein.

Korruption – ein altes Leiden

Korruption, das Bezahlen von Schmiergeldern, ist eine alte Tradition in den Ländern des Ostens (Abbildung 3). Ganze staatliche Systeme beruhen darauf. Ob Gesundheitssystem, Rechtssystem oder Zollsystem – ohne „weiße Kuverts" läuft manchmal nichts – genauso wie bei Ämtern oder Regierungsstellen. Nur heißt es jetzt im westlichen Managementjargon „Netzwerke, die Ihnen weiterhelfen". Hört man den Erzählungen und Geschichten bei Konferenzen und Tagungen zu, glaubt man fast, dass das jahrelange Ringen gegen diese Schatten der Vergangenheit umsonst war.

Die Europäische Bank für Wiederaufbau und Entwicklung (EBRD) stellte hingegen in den letzten Jahren fest, dass die Korruption schön langsam nachlässt. So kommt sie zum Schluss, dass die Gerichte im Transformationsraum jetzt besser funktionieren. In den neuen EU-Ländern habe sich die durchschnittliche Dauer zur Einbringung einer nicht mehr bedienten Schuld von 15 (in Polen sogar von 31) auf nur noch 11 Wochen vermindert. Die balkanischen Länder tanzen hingegen aus der Reihe: hier soll sich die durchschnittliche Eintreibedauer im Lauf der letzten drei Jahre von 13 auf 14 Wochen, mit Spitzen von 16 Wochen in Albanien und 24 Wochen in Mazedonien, verlängert haben.

Die „Bribe-Tax" – eine neues Wort für den Anteil von Schmiergeldzahlungen am Auftragswert – hat sich in dieser Langzeituntersuchung durchschnittlich von 1,6% (2002) auf nur noch 1% (2005) vermindert. Die balkanischen Länder liegen ziemlich genau im Trend, in den asiatischen konnte eine Verminderung von 2,1% auf 1,4% festgestellt werden. Gegen den Trend entwickelten sich nur Armenien, Aserbeidschan, Ungarn und Litauen. Am besten schneidet Slowenien ab: Mit einer „Bribe-Tax“ von 0,2% stellt das kleine Land jenseits der Karawanken selbst Deutschland in den Schatten. Bei der „Bribe-Tax“ handelt es sich jedoch um einen Quotienten. Wenn er sich zurückbildet, könnte dies auch mit der im ganzen Raum sehr expansiven Auftragsentwicklung zu tun haben. Die EBRD spricht denn auch noch nicht von einer Moralisierung der ehemals kommunistischen Staaten. Im Gegenteil, sie vermutet, dass die absoluten „Bribe-Tax“-Beträge weiter steigen, auch inflationsbereinigt.

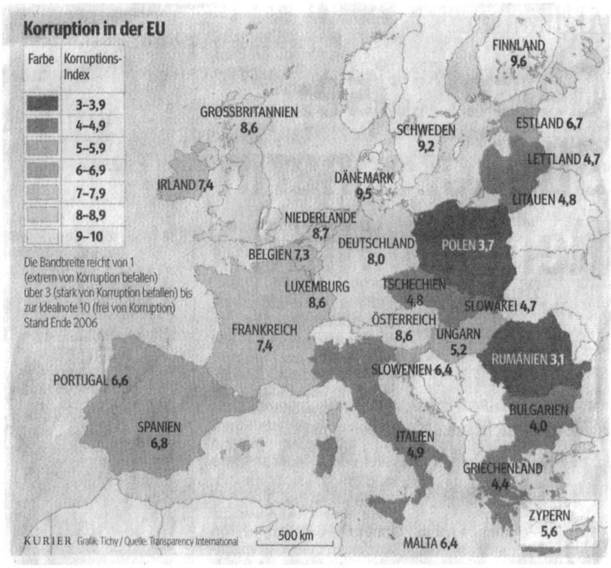

Quelle: Kurier, 28.7.2007

Abb. 3: Korruption in der EU

Keine einfache Interpretation erlauben auch die bei den „Kickbacks“ beobachteten Trends: Der Durchschnittswert nimmt zwar ab, in 10 der 26 untersuchten Länder ist der Anteil des Auftragswertes, der für Auftragsvermittlungen zurückerstattet werden muss, jedoch noch immer steigend. Dies trifft unter anderem auf Albanien, Bulgarien, Ungarn und Russland zu.

Auch in Bezug auf die Häufigkeit und die Adressaten von Schmiergeldzahlungen ist im „Transition Report“ ein zweifelnder Unterton nicht zu überhören: Noch immer klagten ein Viertel aller in balkanischen und asiatischen Reformländern befragten Unternehmen, dass sie im Kontakt mit dem Zoll, den Steuerbehörden, den Lizenzvergebern, Regulierern und öffentlichen Dienstleistern „häufig, normalerweise oder immer“ mit Schmiergeld „nachhelfen“ müssten. In den neuen EU-Ländern sind es hingegen nur noch 17%; was aber immer noch dem doppelten Wert Deutschlands entspricht.

Eine deutliche Verbesserung des Geschäftsklimas stellt die EBRD hingegen in den Kriminalitätsstatistiken fest. Nur noch die Unternehmer von Armenien, Aserbeidschan und Tschechien empfinden die Kriminalität als entscheidendes Hindernis für ihre Geschäftsentfaltung. Über den ganzen Raum hinweg hat sich der Anteil der untersuchten Unternehmen, die die Dienste von Schutzgesellschaften in Anspruch nehmen, in den letzten drei Jahren von 61% auf 55% vermindert. Und nur noch ein geringer Anteil der Befragten gab zu, sich mit Zahlungen an die organisierte Kriminalität zu „schützen". Der jährliche Verlust aus Diebstahl, Raub und Vandalismus soll sich im Durchschnitt der ganzen Region von 4,7% auf nahezu „normale" 2,8% des Umsatzes vermindert haben. Dennoch ist der Weg zur Normalität ein langer. Und teilweise hört man schon von einem resignierten Abflauen der Bemühungen. So sollen Bulgarien, Rumänien und Polen wirkliche Probleme haben, das gesellschaftliche Phänomen Korruption in den Griff zu bekommen.

Zukunftsbranche Logistik

Transportunternehmen wie Logistikdienstleiter zählen laut AT Kearney zu den Branchen, die mittelfristig die vorhandenen Marktpotentiale in Mittel- und Osteuropa am stärksten nutzen können.

Quelle: WU Wien, Institut für Transportwirtschaft und Logistik

Abb. 4: CEE ist die neue Wachstumsregion in Europa

So ist der „kleine Grenzverkehr" zwischen Ost und West längst ein Milliardengeschäft geworden und die Logistik zwischen den Industrieansiedelungen in den boomenden Regionen und den Abnehmern im Westen eine verkehrsplanerische Herausforderung (Abbildung 4). Österreichs Logistiker dürfen sich über diesen Boom freuen. Sie profitieren schon länger vom expandierenden Frachtgeschäft zwischen Ost und West. Gesetzt wird nicht nur auf pure Transportleistungen. Eigene Güterterminals mit Lager und Fuhrparks wurden aufgebaut und weiten die Netzwerke Richtung Osten beträchtlich aus. Auch andere Branchen bauen auf die stark steigenden Verkehrs- und Logistikmärkte im Osten: Fluglinien wie die Austrian Airlines oder die Österreichische Post AG, die durch Firmenkäufe stark in diesem Raum expandieren – im Geschäft mit Paketen und Werbematerial.

Für uns, die Österreichische Post AG, gilt: Mit hoher Qualität auch in Ost- und Südosteuropa unterwegs. Neben Werbematerialen sammeln und verteilen wir immer mehr Pakete in unseren Nachbarländern. Seit Mai 2007 sind wir mit der Übernahme der Paketzusteller Road Parcel Logistic Services und Merland Express auch in Ungarn unterwegs. Zusammen sollen beide Unternehmen mehr als eine Million Sendungen/Pakete befördern. In der Slowakei sind wir mit SPS und In-Time-Logistic, die Business-Pakete von Firma zu Firmen bzw. zu Privatkunden liefern, bereits im Paketgeschäft tätig. 2006 wurden bereits 4,8 Millionen Pakete befördert. Weiters wurde der Einstieg im serbischen Paketmarkt durchgeführt. In Kroatien wurde zum Jahresende 2007 der Werbemittler ST Media gekauft und wird mit der bestehenden Nummer 1 am kroatischen Markt Weber Escal gerade fusioniert. Am Standort Bratislava startet der Bau eines eigenen Logistikzentrums für SPS und den slowakischen Werbeprospektverteiler Kolos, das Ende 2008 in Betrieb gehen soll. Auch in Zagreb laufen die Planungen für ein Logistikzentrum für die Paketfirma Overseas und Weber Escal.

Quellen

A.T. Kaerney: Die aufstrebenden Retail-Märkte im Osten – Global Retail Development Index.

http://www.atkearney.at/content/veroeffentlichungen/whitepaper.php/id/49947.

Bank Austria CEE Economic Research (2007): CEE Quarterly 03/2007, http://www.unicreditgroup.eu/en/Ricerche/pdf/CEE-Qu_3-07.pdf.

Bank Austria Automobil Studie, Dezember 2007, http://www.baca.com/informationspdfs/AUTOMOTIVE_STUDY_dec2007.pdf.

AWO Fachreport: Korruption bei Auslandsgeschäften vermeiden, Oktober 2007/19600.

Transparency International, http://www.transparency.de.

Centropolitan – Wirtschaftsmagazin für Mitteleuropa, Oktober 2007.

Wirtschaftsblatt, 20. September 2007.

Wirtschaftsblatt Wirtschaftsraum Osteuropa, 23. Mai 2007.

Kurier Zukunft Europa, 28. Juni 2007.

Kurier, 3. Mai 2007.

Eurostat – Jahrbuch der Regionen 2007.

Transition Report 2007: People in transition, http://transitionreport.co.uk/TRO/a/archives.

Transparency International, http://www.transparency.de.

Mittel- und Osteuropa. Chance und Herausforderung für Unternehmen

Die wichtigsten Wirtschaftsdaten 2006 im Überblick:

Länder	Einwohner in Mio.	Fläche in km² Festland + territoriale Gewässer	BIP Real in Mrd. Euro	BIP pro Kopf in Euro	BIP Wachstum Prognose 2008 in%	BIP Wachstumsrate in %	Arbeitslosenrate in %	Inflation in%
Russische Föderation	146,0	17.075.200	784,8	5.507	+7,0	+6,7	7,3	9,7
Ukraine	47,0	603.700	84,8	1.810	+5,4	+7,1	6,8	9,1
Polen	38,6	322.500	268,5	6.955	+5,2	+5,8	14,9	1,0
Rumänien	22,3	237.500	95,0	4.400	+5,5	+7,8	5,4	4,9
Tschechien	10,2	78.866	104,7	10.264	+4,0	+6,4	7,5	2,5
Ungarn	10,1	93.030	92,6	9.194	+2,4	+3,9	7,5	3,9
Bulgarien	7,8	110.994	24,3	3.270	+5,6	+6,1	9,1	6,5
Slowakei	5,4	49.014	33,6	6.930	+6,9	+8,3	9,4	4,5
Kroatien	4,4	86.607	34,2	7.706	+4,3	+4,8	11,2	3,2
Slowenien	2,1	20.273	29,76	14.808	+4,1	+5,2	6,0	2,5
Litauen	3,4	65.300	23,8	6.929	+6,5	+7,5	5,6	3,8
Lettland	2,3	64.589	14,2	7.033	+4,7	+11,9	7,3	6,5
Estland	1,3	45.200	13,1	9.756	+2,6	+11,4	6,0	4,5

Quelle: Bank Austria Creditanstalt Konzernvolkswirtschaft + Marktanalysen

Werbung in Mittel- und Osteuropa

Die Werbemärkte in Mittel- und Osteuropa sind mehrheitlich vom TV dominiert. Anteile von bis zu 60% und darüber sind keine Seltenheit. Die Ausnahme sind Länder wie Tschechien und Russland, die eine starke Tradition im Zeitungs- sowie Magazinbereich aufweisen können.

Immer wichtiger werden auch neue Formen der Werbung wie Internet und Kino – wenngleich auch von niedrigem Ausgangsniveau.

Eine wirkliche Herausforderung ist das Fehlen von verlässlichen Daten in fast allen Staaten Mittel- und Osteuropas.

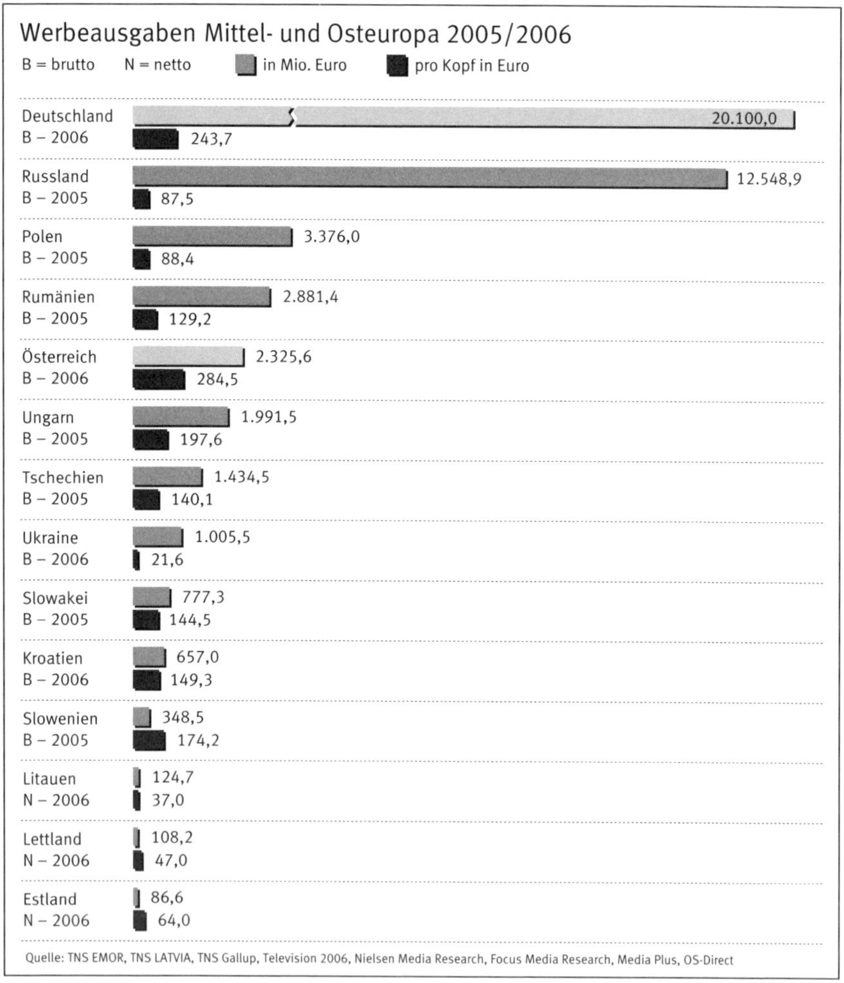

Die Daten sind zwar vorhanden, meist aber nur in Bruttowerten – die Nettowerte werden dann von den Media-Agenturen errechnet bzw. geschätzt.

Die Angaben der verschiedenen Media-Agenturen weichen in den einzelnen Ländern stark voneinander ab, da Rabatte teilweise bis zu 80% gewährt werden.

Direktmarketing in Mittel- und Osteuropa

Hohe Wachstumsraten von 30% und mehr kennzeichnen die Entwicklung des Direktmarketinggeschäfts in Mittel- und Osteuropa. Entwicklung stark steigend. Ausschlaggebend sind folgende Gründe:

Das Preisniveau für klassische Werbung ist – hier ist insbesondere die TV-Werbung zu nennen – in den Ländern Mittel- und Osteuropas zwar noch um einiges niedriger als im Westen, das Preisniveau beginnt aber auch hier bereits zu

Direktmarketingausgaben Mittel- und Osteuropa 2003-2006

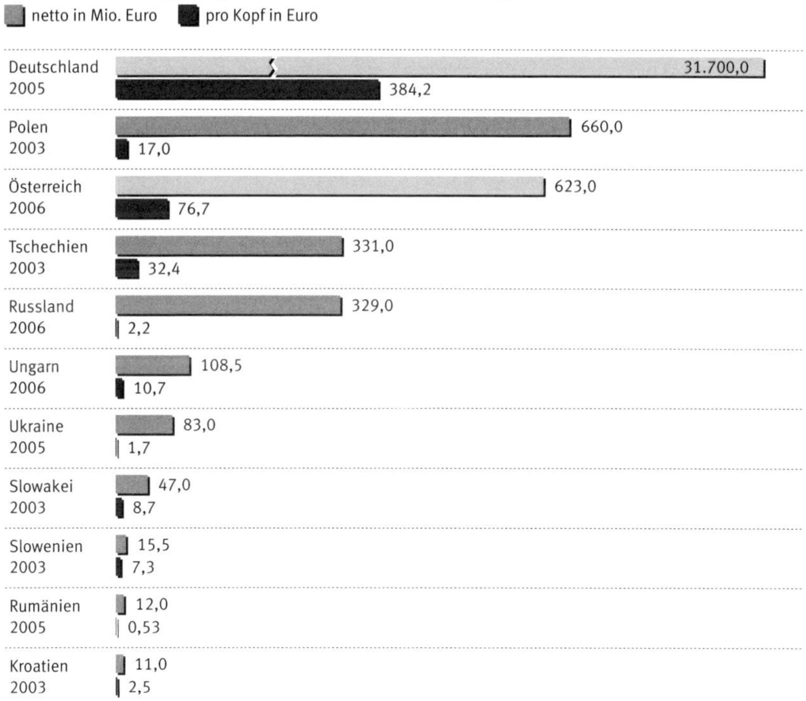

Quelle: FEDMA, regionale Direktmarketingverbände

steigen und kostenorientierte Werber und Marketingverantwortliche versuchen ihre Budgets noch optimaler einzusetzen.

Der Markenaufbau ist vor allem in den weiter westlich gelegenen Ländern oder bei bekannten internationalen Marken auf einem sehr hohen Niveau angelangt. In den Marketingabteilungen überlegt man, wie Zielgruppensegmente effizienter und maßgeschneiderter anzusprechen sind.

Direktmarketinginstrumente werden bereits auf einem sehr hohen Niveau eingesetzt. Einziger Wermutstropfen ist die Qualität des Adressmaterials. Das Adressmaterial für B2C-Direktmarketingaktivitäten steckt noch in den Kinderschuhen.

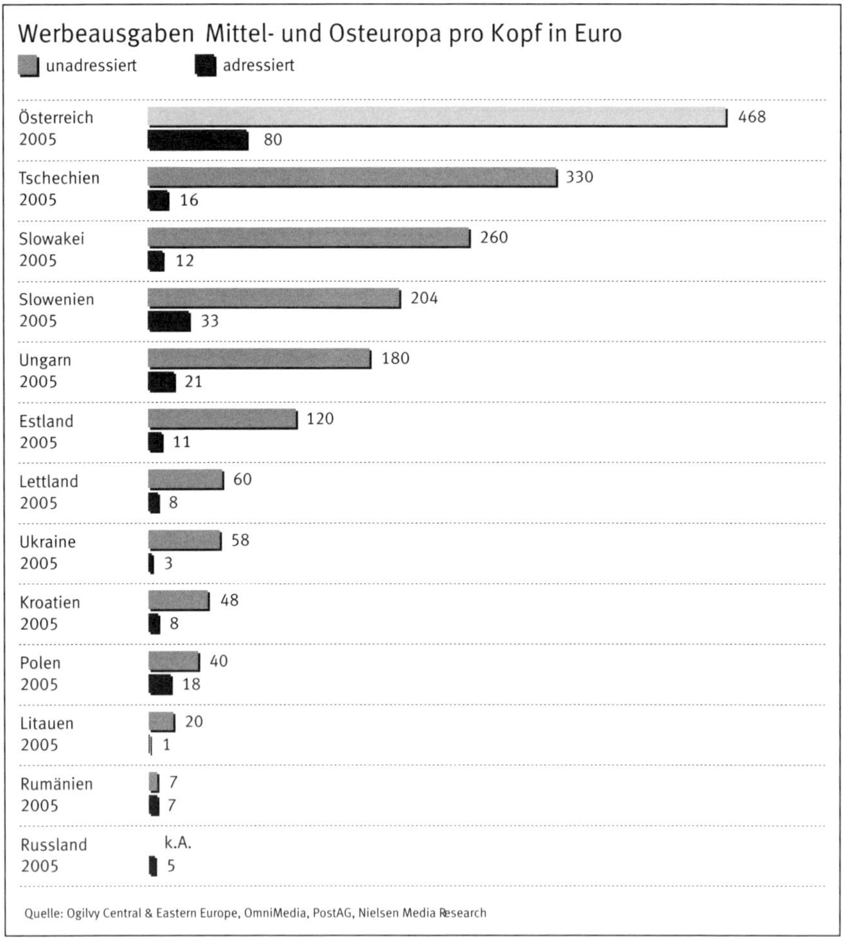

Directmail – Durchschnittliche Laufzeit in Tagen

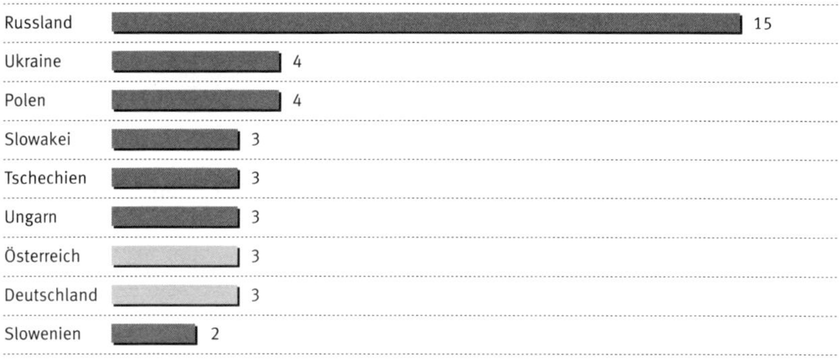

Quelle: Österreichische Post

Professionelle Listen sind gerade im Aufbau begriffen – ein Unterfangen, das durch strenge Datenschutzbedingungen der Privatsphäre erschwert wird. Dort wo die Adressmärkte ausgebauter und auch professioneller gehandhabt werden, steigt der Anteil des Direktmarketings sogleich.

Der B2B-Bereich ist da glücklicher – hier ist das Datenmaterial wesentlich besser und umfangreicher und wird auch stark vom Versandhandel genützt.

Das Versandhandelsgeschäft hat sich auch in den Ländern Osteuropas verändert. Sind es vor allem Kataloge, die versandt und Pakete, die zugestellt werden, so ist durch die Verbreitung des Telefons und der erhöhten Internetdichte auch hier die Multichannel-Strategie schon in Ansätzen erkennbar.

Hohe Wachstumsraten im elektronischen Bereich lassen aufhorchen – wenngleich auf niedrigstem Niveau.

Durch diese Erweiterung der Verkaufskanäle können Waren und Dienstleistungen der verschiedensten Art verkauft werden: Kleidung, Bücher, CDs, Wein, Flugtickets oder Kosmetika bis hin zu Finanzdienstleistungen oder Gartengeräte. Alles wird angeboten und vom Konsumenten angenommen.

Bulgarien

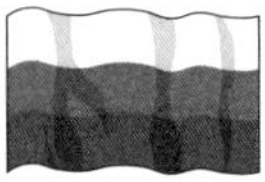

Land und Leute

Die Republik Bulgarien hat eine Gesamtfläche von 110.994 km² und eine Einwohnerzahl von ca. 7.8 Mio. Einwohner, von denen etwa 70% in Städten leben. Bulgarien ist in 28 Gebiete (Oblasti) und 278 Gemeinden gegliedert. Insgesamt elf Städte weisen über 100.000 Einwohner auf. Größte und bedeutendste Stadt ist die Hauptstadt Sofia mit ca. 1,2 Mio. Einwohnern. Etwa 50% des Landes werden zu landwirtschaftlichen Zwecken genutzt. Die wichtigsten Transportzentren sind Sofia, Plovdiv, Varna und Burgas, die auch von internationalen Fluggesellschaften angeflogen werden. Die Städte Ruse und Lom sind die größten Donauhäfen.

Die Städte Varna und Burgas am Schwarzen Meer verfügen über Überseehäfen. Bulgarien hat ein relativ dichtes Fernsprechnetz. 36% der Einwohner haben Telefonanschlüsse. Die bedeutendsten Nachrichtenagenturen sind BTA, Bulnet, Sofia-Press und Fokus. Das staatliche Fernsehen heißt BNT, das den Fernsehsender Kanal 1 repräsentiert. Außerdem können zwei weitere, private, Sender in ganz Bulgarien empfangen werden: BTV und Nova Telewizia.

Der Dienstleistungssektor trägt mit ca. 60% den größten Anteil zum BIP bei, gefolgt von der Industrie mit 30% und der Landwirtschaft mit 10%. Innerhalb der Industriebranchen nimmt die Nahrungsmittelindustrie den ersten Rang ein, gefolgt von Maschinenbau, Chemie, Elektroindustrie, Textilindustrie und metallverarbeitender Industrie. Mit den bekannten Seebädern an der Schwarzmeerküste und Wintersportmöglichkeiten nimmt der Tourismus eine bedeutende Stelle ein. 70% des BIP werden durch private Unternehmen produziert. Die meisten der neu eingetragenen Unternehmen sind in den Bereichen Handel und Dienstleistungen tätig. Bulgarien ist für ausländische Investoren ein interessanter Standort, u. a. wegen der niedrigen Lohnkosten. Seit Oktober 1996 ist Bulgarien Vollmitglied der Welthandelsorganisation (WTO), seit 1.1.2007 ist das Land EU-Vollmitglied. Seit 2004 ist Bulgarien NATO-Mitglied.

Kulturelle Besonderheiten und Businessknigge

Was ist zu beachten?

- Ohne Kenntnis der kyrillischen Buchstaben fällt die Orientierung in Bulgarien manchmal schwer.
- Meiden Sie Bezeichnungen wie „Balkan“ und „osteuropäisch“!
- Wegen der schlechten Straßenverhältnisse wird von Fahrten bei Dunkelheit und vom Übernachten im Auto am Straßenrand nachdrücklich abgeraten.
- Gute Gesprächsthemen sind die Schönheit des Landes, Kultur, Technik, gutes Essen und Trinken.
- Meiden Sie Themen wie Türkei, Roma oder Minderheiten.
- Bulgaren sind stolz auf ihre lokalen Weine, über welche auch viel und gerne gesprochen wird (insbesondere Rotwein).

Die bulgarische Mentalität

Wegen der historischen und geografischen Besonderheiten hat Bulgarien viele ethnische Gruppen (Türken, Roma, Armenier, Juden, Griechen, Walachen und Albaner). Das Verhältnis zwischen der bulgarischen Bevölkerung und den im Land lebenden Minderheiten ist gut und zeichnet sich durch Toleranz aus. Bulgarien ist sehr reich an Traditionen und Bräuchen und hat sehr viele Feiertage, Bulgaren feiern gerne. Die Lebensgewohnheiten, Verhaltensnormen und Kultur unterscheiden sich kaum von denen anderer Mitteleuropäer. Für Bulgaren ist die

Pflege der zwischenmenschlichen Beziehungen sehr wichtig (Familie, Freunde, Bekannte, Partner).

Was ist zu beachten?

- Ein beliebter Brauch ist das Verschenken eines Marteniza, kleinen rot-weißen Stoffanhängern oder Armbändern, zum Frühlingsanfang am 1. März. Die Armbänder sollen, damit sie Glück und Gesundheit bringen, getragen werden, bis man den ersten Storch sieht, denn dann muss man das Armband an einen Zweig binden und man kann sich etwas wünschen.
- Amtssprache ist Bulgarisch. In Urlaubsorten wird auch Deutsch, Englisch, Französisch oder Russisch gesprochen. Im Land gibt es Minderheiten, die Türkisch und Mazedonisch sprechen.
- Freizeitkleidung ist üblich (teilweise auch geschäftlich), Abendkleidung wird nur zu besonderen Anlässen erwartet. Badekleidung gehört an den Strand!
- Kleine Mitbringsel werden vom Gastgeber gern entgegengenommen. Geldgeschenke sollten nicht gemacht werden.
- In Bulgarien wird eine Verneinung oft durch Kopfnicken ausgedrückt, während Kopfschütteln Zustimmung bedeuten kann.
- Eines der am meisten verbreiteten Feste ist der Namenstag („imen den"). Zum Namenstag wird nicht extra eingeladen, man besucht den Namensträger an seinem Ehrentag einfach so. Der Besucher überrascht den Namensträger mit einem „Glückwunsch zum Namenstag" und einem kleinen Geschenk.
- Bulgaren sind gesprächig; daher wird Telefonieren dem Schriftverkehr vorgezogen.
- Begrüßung: Bei der Begrüßung sind unter Männern die Umarmung und gelegentlich der „russische Bruderkuss" üblich.
- Kleine Geschenke machen Freunde, falls Sie eingeladen werden, ist es fast Pflicht, kleine Geschenke mitzunehmen (für Männer kleine nützliche Geräte, guten Wein oder Whisky, für Frauen Blumen, Bonbonnieren).
- Frauen sind in Bulgarien beruflich und sozial den Männern gleichgestellt und „emanzipiert" und bekleiden auch hohe Positionen.
- Visitenkarten, Titel und offizielle (Funktions)Bezeichnungen sind üblich.
- Die Kleidungsvorschriften sind nicht besonders streng, aber tragen Sie lieber einen Anzug mit Krawatte, Damen einen Kostüm.
- Die Bulgaren sind vorsichtige, manchmal etwas umständliche Geschäftspartner.
- Die Entscheidungen werden fast immer vom Firmenchef getroffen.

Für Verhandlungen reservieren Sie viel Zeit und nehmen Sie viel Geduld mit. Bulgaren kommen nicht schnell zum Wesentlichen und sind bei den Informationen zurückhaltend.

Die bulgarische Wirtschaft

Bulgarien bleibt einer der interessantesten Absatzmärkte für die westliche Wirtschaft in Osteuropa. Zwar sind die Umsätze im Vergleich zu Polen, Ungarn und Tschechien noch relativ gering, dafür fallen die Zuwachsraten fast durchwegs höher aus. Die Wachstumsprognosen für die Wirtschaft liegen weit über dem europäischen Durchschnitt. Der mit 2007 erfolgte EU-Beitritt, die anhaltend dynamische Entwicklung der Gesamtwirtschaft und die politische Stabilität werden die Attraktivität des Marktes weiter steigern. Nicht zuletzt bilden die EU-Vorbeitrittshilfen sowie die erheblichen Mittel aus den EU-Strukturfonds die Grundlage für weitere Investitionen sowie eine sichere Quelle für steigende Importe. Westliche Unternehmen können angesichts dessen darauf bauen, dass ihre Lieferungen nach Bulgarien auch künftig mit jährlichen Raten zwischen 15 und 20% wachsen werden.

Die bulgarische Wirtschaft wahrte im Gesamtjahr 2006 mit einer Zuwachsrate des BIP um 6,1% ihre hohe Dynamik.

Motor des bulgarischen Wirtschaftswachstums ist eine starke Expansion der Inlandsnachfrage, die 2003 eingesetzt hatte. Der private Konsum legte mit 7,1% fast doppelt so stark zu wie in den Vorjahren. Der steile Anstieg der Inlandsnachfrage war vor allem eine Folge der enormen Ausweitung des Volumens von Unternehmens- und Konsumentenkrediten durch das bulgarische Bankensystem. Dies hat inzwischen zu Erscheinungen geführt, die zwar noch keine ernsthafte Gefahr für das Gleichgewicht der gesamtwirtschaftlichen Entwicklung darstellen, gleichwohl aber die Aufmerksamkeit der Entscheidungsträger und ein konsequentes wirtschaftspolitisches Gegensteuern erfordern. Es handelt sich um die bedrohlich steigenden Defizite der Handels- und Leistungsbilanz sowie den seit Ende 2005 immer stärker werdenden Preisauftrieb.

Die wichtigsten Daten im Überblick

BIP Real 2006:	24,3 Mrd. Euro
BIP je Einwohner 2006:	3.270 Euro
Wirtschaftswachstum 2006:	6,1% (2005: 5,5%)
Inflationsrate 2006:	6,5% (2005: 6,5%)
Arbeitslosenrate 2006:	9,1% (2005: 11,5%)
Währung/Wechselkurs 2006:	
Bulgarischer Lev (BGL)	1 Euro = 1,95538 BGL
Exporte 2006:	12,0 Mrd. Euro
Importe 2006:	16,0 Mrd. Euro

Quellen: Bank Austria Creditanstalt, Wirtschaftskammer Österreich

Die bulgarische Kaufkraft

Das Durchschnittseinkommen beträgt nur rund 30% des EU-Durchschnitts, da die Regierung einen Großteil der in den Haushaltsjahren 2004 und 2005 entstandenen Überschüsse für Ausgleichsmaßnahmen verwendete, um die sozialen Folgen der zur Kostendeckung notwendigen Anpassung der Preise für Elektrizität, Wasser und Fernheizung aufzufangen. Gleichzeitig wurden die Transfereinkommen zusätzlich und überproportional erhöht, und die Realeinkommen auch der besonders Benachteiligten (Arbeitslose, Behinderte und Rentner) sind seit langem erstmals wieder gestiegen. Dennoch bleiben über 1 Mio. Menschen vom Wirtschaftsaufschwung Bulgariens weitgehend abgekoppelt. Die Lebenshaltungskosten in Plovdiv und Ruse, der zweit- und der fünftgrößten Stadt in Bulgarien, liegen um 15% unter denjenigen in der Hauptstadt Sofia. Die billigsten Städte in Bulgarien sind Vidin, Dobritsch, Sliven und Jambol. Das zeigt der Bericht „Biggest Cities Review" zum Lohn- und Gehaltsniveau im Frühjahr 2006. Der Bericht wird regelmäßig von Industry Watch und Vitosha Research verfasst.

Gemessen an den Lebenshaltungskosten ist Sofia teurer als die rumänische Hauptstadt Bukarest, aber deutlich billiger als andere osteuropäische Hauptstädte wie Bratislava und Prag. Das zeigt die jährliche Untersuchung der amerikanischen Beratungsfirma Mercer Human Resource Consulting. Die Untersuchung vergleicht die Lebenshaltungskosten in 144 Städten auf der ganzen Welt auf Basis von 200 Indikatoren, darunter Kosten für Wohnung, Verkehr, Nahrung, Bekleidung, Haushalt und Unterhaltung.

Tabellenauszug: Übersicht über die monatlichen Mindestlöhne (2006–2007) und durchschnittlichen Monatsbruttolöhne in Zentral- und Osteuropa

Land	monatlicher Mindestlohn (Euro) im Januar 2006	monatlicher Mindestlohn (Euro) im Januar 2007	durchschnittlicher Monatsbruttolohn (Euro) 2006
Bulgarien	82	92	178
Polen	234	246	763
Rumänien	90	114	376
Slowakei	183	217	624
Slowenien	512	522	1 213
Tschechien	261	288	743
Ungarn	247	258	708

Quellen: Eurostat, Statistik kurz gefasst, Mindestlöhne 2007 – monatlicher Mindestlohn Januar, und Dresdner Bank, Investieren in Mittel- und Osteuropa, August 2007 – durchschnittlicher Monatsbruttolohn

Zauberformel „EU-Milliarden"

„Wir sehen das gelobte Land schon am Horizont", freut sich der bulgarische Außenminister. Schon vor der Unterzeichnung der Beitrittsverträge schwärmte er von den rund 44 Milliarden Euro, die die EU für Bulgarien und das Nachbarland Rumänien eingeplant hat. Politiker aller Parteien wiederholen jeden Tag die Zauberformel von den „EU-Milliarden".

Bulgarien braucht das EU-Geld, um wenigstens die zehn neuen EU-Staaten in ihrer Entwicklung aufholen zu können. Trotz eines Wachstums von 6,1% im vergangenen Jahr liegt das Durchschnittsgehalt bei umgerechnet 200 Euro. Jeder zweite Bulgare muss nach Gewerkschaftsangaben sogar mit weniger als 70 Euro im Monat auskommen. Damit gehört Bulgarien zu den ärmsten EU-Beitrittskandidaten.

Die Konsumfreude der Bulgaren bleibt ungebrochen

Obwohl sich das Wachstum der Konsumentenkredite aufgrund restriktiver Maßnahmen der Nationalbank merklich verlangsamt hat, erscheint die Kauffreude der Bulgaren ungebrochen. Dies hat im Dezember 2005 eine Umfrage des bulgarischen Marktforschungsunternehmens Alpha Research ergeben.

Nach der vom Wirtschaftsmagazin „Kapital" in Auftrag gegebenen Studie wollen rd. 38% der Bulgaren im Jahr 2006 mehr für dauerhafte Konsumgüter ausgeben als im Jahr zuvor. Allerdings wird es zu deutlichen Verschiebungen zwischen einzelnen Segmenten und Teilmärkten kommen. Mit einer Abflachung der Wachstumskurve ist vor allem bei weißer Haushaltstechnik zu rechnen, wo der Grad der Marktsättigung vergleichsweise am höchsten ist. Einen neuen Kühlschrank wollen sich 2006 nur noch 2,4% der Bulgaren zulegen (2005: 2,8%). Immerhin verfügen auch bereits rd. 95% der Haushalte über einen Kühlschrank. Geringer als in den Vorjahren sind auch die Kaufabsichten bei Farbfernsehern und elektrischen Kochherden, wo die Marktsättigung ähnlich hoch ist. Eher überraschend ist dagegen die anhaltende Nachfrageschwäche bei Gefriertechnik, denn bislang verfügt nicht einmal die Hälfte der Haushalte über eine Gefriertruhe oder einen Gefrierschrank. Bei Geschirrspülern wird die Nachfrage gegenüber den Vorjahren immerhin anziehen. Gleichwohl bleiben die Geräte für den durchschnittlichen Bulgaren ein Luxusgut. Nicht einmal 5% der Haushalte verfügen heute über einen Geschirrspüler. Eine weitere Belebung der Nachfrage ist 2006 auch bei Klimatechnik, Videokameras, Kraftfahrzeugen, Mikrowellengeräten, Personalcomputern und Mobiltelefonen zu erwarten. Vor allem gebrauchte Kraftfahrzeuge stehen weiterhin hoch im Kurs. Nicht weniger als 9% der erwachsenen Bulgaren wollen sich 2006 einen Gebrauchtwagen kaufen oder ihren gebrauchten Pkw durch einen anderen ersetzen. Mit einer Verlangsamung des Wachstumstempos ist dagegen neben weißer Haushaltstechnik auch bei Festnetztelefonen, Videorekordern, HiFi-Technik, DVD-Geräten und bei Motorrädern zu rechnen.

Kommunikation in Bulgarien im Vergleich zu Deutschland und Österreich

	Bulgarien	Deutschland	Österreich
Telefonanschlüsse pro 1.000 Einwohner:	543	661	460
Mobiltelefone pro 1.000 Einwohner:	609	864	978
Rundfunkgeräte pro 1.000 Einwohner:	345	570	763
Fernsehgeräte pro 1.000 Einwohner:	k.A.	675	637
Computer pro 1.000 Einwohner:	59	561	418
Internetanschlüsse pro 1.000 Einwohner:	283	500	477

Quelle: www.spiegel.de – Länderlexikon „Kommunikation“

Der bulgarische Werbemarkt

Wir stützen uns auf Angaben aus Zeitungsartikeln und Daten der Television 2006, International Key Facts (Noema).

1999 begann der Transformationsprozess zur freien Presse. Seitdem habe sich nach Aussage von Ognian Zlatev, dem Managing-Director vom Medien Entwicklungszentrum Sofia, eine relativ stabile Pressefreiheit entwickelt. Seit dieser Zeit seien regelmäßig neue Medienunternehmen gegründet worden. Leider bestehe gegenwärtig noch keine Aussicht auf die Verabschiedung eines Pressegesetzes. Es existiere allerdings zumindest ein Ethik-Kodex, den die Mehrheit der Medienvertreter akzeptiere. Zukünftig soll in Bulgarien auf die Entwicklung der Medien besonderes Augenmerk gelegt werden, erklärte Zlatev, da sie eine große Rolle für die Beitrittsverhandlungen spielen.

Werbeausgaben Bulgarien 2005

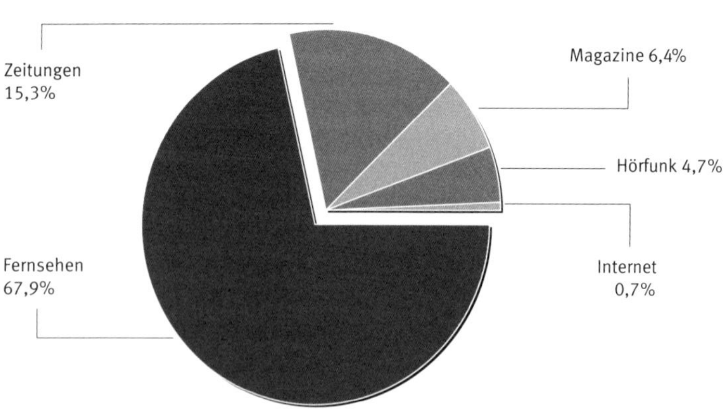

Quelle: Television 2006, International Key Facts (Noema)

Die bulgarische Werbebranche kann 2005 auf Einnahmen in der Höhe von 251,28 Mio. Euro brutto blicken. Der Werbemarkt ist stark TV-dominiert mit einem Anteil von 68%. Die größten TV-Werber 2005 waren Procter & Gamble, Coca-Cola, Mobiltel, Nestle und Globul.

Estland

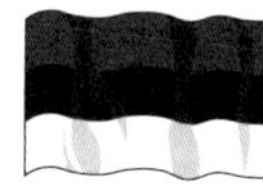

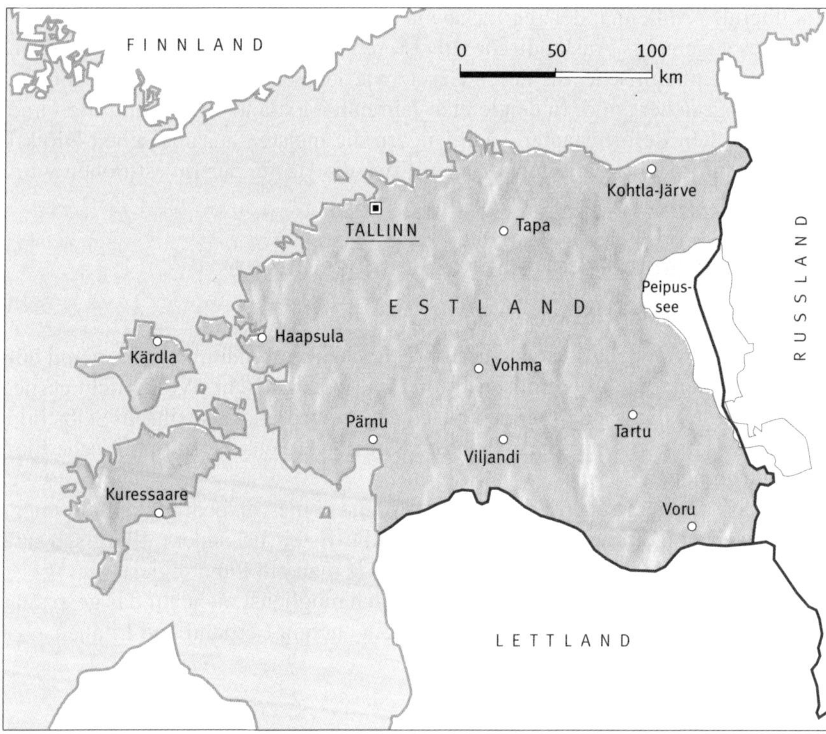

Land und Leute

Die Republik Estland ist der nördlichste und mit einer Gesamtfläche von 45.227 km² der kleinste baltische Staat, an der Südküste der Ostsee gelegen. Gemeinsame Grenzen bestehen mit Lettland und Russland. Die Entfernung der Hauptstadt Tallinn nach Helsinki beträgt nur 82 km und verdeutlicht die enge Anbindung Estlands an die nordischen Länder. In Estland leben etwa 1,4 Mio. Einwohner, davon ein Drittel in Tallinn. Insgesamt wohnen mehr als 71% der Bevölkerung in einer Stadt. Die größeren Städte nach Tallinn sind Tartu und Narva. Etwa 64% der Bevölkerung sind Esten, ca. 30% Russen. Mehr als 47% des estnischen Territoriums sind bewaldet, annähernd 20% der Fläche werden landwirtschaftlich genutzt. Das Land erlangte im August 1991 die staatliche Unabhängigkeit zurück. Nach den freien Wahlen 1992 begann die estnische Regierung mit einer Reformpolitik, deren nachhaltige Erfolge dem Land den Ruf des „Wirtschaftswunders an der Ostsee" eingebracht haben.

Estland ist seit 1. Mai 2004 Mitglied der EU. Die Kernstücke der wirtschaftlichen Reformen sind die im Jahr 1992 erfolgte Einführung einer eigenen, voll konvertierbaren Währung, ein abgeschlossener Privatisierungsprozess, ein äußerst liberales Außenhandelsregime sowie eine an EU-Normen angelehnte Wirtschaftsgesetzgebung. Ausländische Investoren genießen in Estland dieselben Rechte wie Einheimische, die durch Gesetz wie auch durch Investitionsschutzabkommen abgesichert sind. In den letzten Jahren hat Estland unter den mittel- und osteuropäischen Reformstaaten nach Ungarn die meisten ausländischen Direktinvestitionen pro Einwohner angezogen. Etwa die Hälfte der Investitionen wurden im produzierenden Gewerbe getätigt.

Kulturelle Besonderheiten und Businessknigge

Was soll berücksichtigt werden?

- Trotz der engen geografischen und sprachlichen Verbindung mit Finnland hören die Esten, ein gut organisiertes und individualistisches Volk, nicht gerne, wenn sie ständig mit den Finnen gleichgesetzt werden, da sie ihrem Selbstbild nach der Überzeugung sind, dass ihre Kultur weit mehr kosmopolitische Elemente enthält.
- Von den drei baltischen Ländern hat Estland seine Unabhängigkeit am energischsten eingefordert, daher reagieren die Esten besonders allergisch auf Menschen, die ihnen beibringen wollen, wie man ein Land regiert.
- Bei Geschäftsessen sollten Sie das Gespräch möglichst nicht auf das gespannte Verhältnis zu Russland bringen. Das gilt auch in Lettland und Litauen.

Die estnische Mentalität

Die Esten sind protestantisch und dem benachbarten Finnland geografisch und in der Sprache sehr ähnlich. Unter fremder Besatzung konnte sich keine alte Aristokratie oder Elite herausbilden, an der man sich orientieren konnte. Daher ist der Status in Estland abhängig von Bildung, Leistung, Entschlossenheit und Energie. Die Kulturbegeisterung der Esten, Letten und Litauer überrascht den Besucher mit prunkvollen Opern- und Konzerthäusern. Es werden aber auch materielle Besitztümer wie Auto, Wohnung, Sommerhaus angestrebt, aber nicht zur Schau gestellt. Mann und Frau sind vor dem Gesetz gleichgestellt, in der Praxis allerdings lässt sich eine Benachteiligung der Frauen feststellen.

In zwischenmenschlichen Beziehungen sind die durchschnittlichen Esten wesentlich zurückhaltender als Menschen in anderen Kulturen Mitteleuropas, selbstbeherrscht, zurückhaltend in Bezug auf Körperkontakt, sparsam mit Gesten und Mimik. Überschwänglichkeit, Sentimentalität oder Zuneigungsbekundungen kommen nicht gut an. Die Sauna bildet seit Jahrhunderten den Mittelpunkt des Alltagslebens.

Wie geht man mit Esten sensibel um?

- Respekt zeigen vor ihrer Flagge (symbolisiert Estlands Unabhängigkeitsbestrebungen und Überlebensfähigkeit).
- Demonstrieren Sie eine stille Bewunderung für die neuesten Errungenschaften des Landes: Sie wissen, dass Estland eines der führenden Länder bei Internet- und Mobiltelefon-Anschlüssen pro Kopf ist oder dass der Begründer der Gen-Technologie aus Estland kommt (Karl Ernst von Baer).
- Die Bedeutung der Folklore, der Sitten und Gebräuche erkennen (Stolz der Esten auf ihre 5000 Jahre lange Besiedelungsgeschichte).
- Vergessen Sie auch nicht, dass in Estland die Zeit um die Sommersonnenwende eine besondere Bedeutung hat. An Arbeit ist in dieser Periode nicht zu denken.

Verhalten bei Meetings und Verhandlungen

Esten haben den Ruf, die geschicktesten Geschäftsleute im Baltikum zu sein:

- offen für neue Handelsmöglichkeiten,
- exzellentes Englisch, selbstbewusstes Auftreten den Finnen und Skandinaviern gegenüber,
- Selbstbeherrschung, doch gleichzeitig zähes Festhalten an ihren Argumenten,
- Sachlichkeit: Entkräften von gefühlsbetonten Argumenten mit Fakten und Daten.

Was ist zu beachten?

- Esten erwarten keine Gefälligkeiten, sondern klare Regeln und handfeste Beziehungen, die auf Vertrauenswürdigkeit und Leistungsfähigkeit bauen können.
- Man sollte einem Esten eher mit Bescheidenheit und Understatement begegnen.
- Verlässliche persönliche Beziehungen zählen. Sie sind, wie auch in den meisten anderen postkommunistischen Ländern, das Geheimnis zum Erfolg. Dies ist vor allem begründet im fehlenden Vertrauen zu den Behörden und zur Polizei.
- Smalltalk hat keinen besonderen Stellenwert.
- Für Entscheidungen lassen sich Esten gerne länger Zeit, beginnen aber unverzüglich und verlässlich mit der Implementierung des Projektes, sobald ein Vertrag zustande gekommen ist.

- Verträge werden eingehalten. Auch auf mündliche Zusagen kann man sich im Allgemeinen weitgehend verlassen.

Die estnische Wirtschaft

Die private Nachfrage ist in Estland ungebrochen hoch. Neben dem Konsumgüterbereich, wo westliche Erzeugnisse in nahezu allen Segmenten einen guten Ruf genießen, belebt die Investitionsneigung der lokalen Unternehmen die Nachfrage nach Investitionsgütern. Seit dem Beitritt des Landes zur EU sorgen die abrufbaren Fördermittel aus den Struktur- und aus dem Kohäsionsfonds für zusätzliche Impulse. Hinsichtlich der Absatzerwartungen sollte jedoch die überschaubare Größe des estnischen Marktes berücksichtigt werden. Da alle maßgeblichen Wirtschaftsbereiche von dem „Aufholfieber" gleichermaßen erfasst sind, dürfte sich das BIP pro Kopf schneller als erwartet dem Mittelfeld im EU-Ranking annähern.

Estland hat 2006 aber das Inflationskriterium verfehlt: Die Inflationsrate liegt mit 4,5% weit über dem derzeitigen Referenzwert von 2,6%. Ansonsten wird Estland den Maastricht-Kriterien geradezu vorbildlich gerecht. Die Anbindung der estnischen Krone an den Euro wird allgemein als Erfolg gewürdigt. Ebenso entsprechen die Entwicklung der langfristigen Zinssätze, die Verschuldung der öffentlichen Hand sowie die Austarierung von Haushaltseinnahmen und -ausgaben uneingeschränkt den jeweiligen Vorgaben des Kriterienkatalogs von Maastricht.

Die wichtigsten Daten im Überblick

BIP Real 2006:	13,1 Mrd. Euro
BIP je Einwohner 2006:	9.756 Euro
Wirtschaftswachstum 2006:	11,4% (2005: 9,8%)
Inflationsrate 2006:	4,5% (2005: 4,1%)
Arbeitslosenrate 2006:	6% (2005: 7,9%)
Währung/Wechselkurs 2006: Estnische Krone (EEK)	1 Euro = 15,65 EEK
Exporte 2006:	7,631 Mrd. Euro
Importe 2006:	10,347 Mrd. Euro

Quellen: Bank Austria Creditanstalt, Wirtschaftkammer Österreich

Kaufkraft in Estland

Bei aller Beschwörung des Wirtschaftswunders ist der Rückstand Estlands zum Westen gewaltig. Die mit dem EU-Beitritt verbundene Hoffnung der Bevölkerung auf eine schnelle Angleichung des Lebensstandards hat sich bisher nicht erfüllt. Einen Großteil ihres wirtschaftlichen Erfolges bezieht Estland aus niedri-

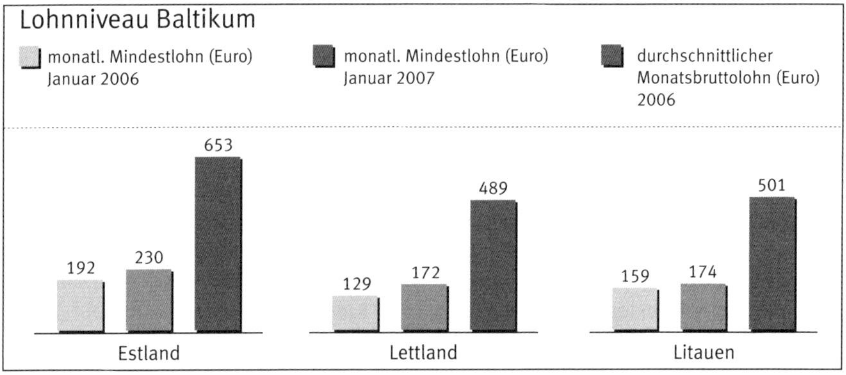

gen Löhnen und der fehlenden sozialen Sicherheit für Arbeitnehmer. Trotz der enormen Zuwachsraten liegt das Lohnniveau im Vergleich zu mitteleuropäischen Ländern noch immer im unteren Drittel – die Lebenshaltungskosten dagegen, insbesondere in den Städten, stiegen auf westeuropäisches Niveau. Der Wirtschaftsboom hat somit auch seine Schattenseiten: Die Schere zwischen Arm und Reich klafft immer weiter auseinander.

Soziale Aspekte ignoriert die radikal auf offene Märkte ausgerichtete Politik der estnischen Regierung weitgehend. Bedrückende Armut steht der rasanten Aufholjagd der estnischen Wirtschaft gegenüber. Am Straßenrand sieht man häufig alte Frauen, die versuchen, Zwiebeln, Kartoffeln und andere Produkte aus dem eigenen Garten zu verkaufen. „Früher ging es wenigstens allen von uns schlecht", sagen sie verbittert.

Der estnische Werbemarkt

Der Werbemarkt in Estland verzeichnete im Jahr 2006 einen Anstieg um 18%. Die Umsätze für Werbung in den Medien beliefen sich auf 86,6 Mio. Euro. Den größten Anteil an den Werbeeinnahmen haben Zeitungen (43%), Fernsehen (27%) und Magazine (11%). Das größte Wachstumsplus am Werbekuchen im Vergleich zum Vorjahr verzeichnete das Internet mit 66% gefolgt von Außenwerbung mit 25%. Am meisten wird in Estland für Unterhaltung und Kultur, Kosmetik und Körperpflege, Kommunikation, Elektronik und Computer, Haushaltsgeräte und Finanzdienstleistungen geworben. Zu den zehn größten Werbeauftraggebern gehören: Procter & Gamble, EMT, Hansapank, Rimi Baltic, Tele2, Coca-Cola, A-Selver, ELISA MOBIILSIDETEENUSED, Reckitt-Benckiser und L'Oreal.

In Estland waren die Verlage bis 1989 unter staatlicher Kontrolle. Im Rahmen der Privatisierung konnte man eine wachsende Branchenkonzentration auf große Verlagskonzerne beobachten, kleinere Verlage wurden aufgekauft. Während es 1994 noch elf nationale Tageszeitungen gab, waren es 1999 hingegen

Werbeausgaben Estland 2006

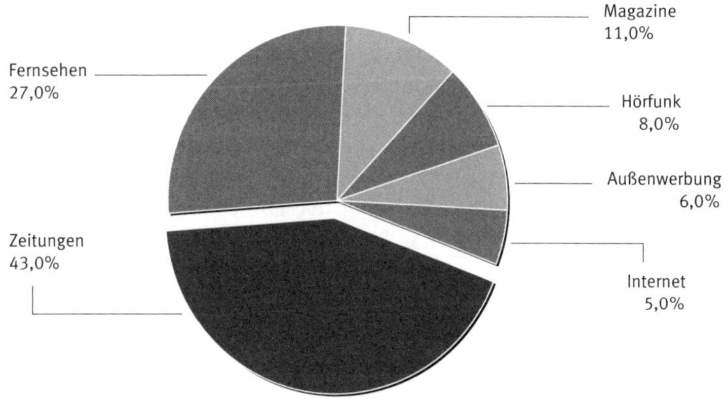

Quelle: TNS Emor

nur noch sieben. Der nationale Markt wird von zwei großen Verlagen, der Postimees Group und der Ekspress Group, beherrscht. Bis 1998 gab es kaum ausländische Verlage auf dem Markt. Seit 1998 haben die norwegische Mediengesellschaft Schibsted und die schwedische Mediengesellschaft Marienberg in Estland investiert, die beide zusammen die fünf auflagenstärksten Blätter herausgeben. Marienberg ist jetzt Miteigentümer der zweitgrößten Tageszeitung „Eesti Päevaleht", Schibsted kontrolliert die größte Tageszeitung „Postimees". In naher Zukunft wird mit einer weiteren Konzentration der estnischen Medienbranche gerechnet, vor allem auf regionaler Ebene. Kleinere Titel werden voraussichtlich von größeren Verlagen aufgekauft werden oder sie werden untergehen, weil der Markt für sie zu klein ist.

Auch die PR-Branche in Estland hat sich wie in den beiden anderen baltischen Ländern massiv entwickelt. Nicht übersehen werden darf hierbei die Unterschiedlichkeit bei Sprache und Kultur der drei Länder. Während in Lettland und Estland jeweils die Hauptstadt unumstrittenes Zentrum des Geschehens ist, gibt es in Litauen mehrere größere Städte, in denen namhafte Unternehmen und Organisationen ihren Sitz haben. Dementsprechend ist in Estland – wie auch in Lettland – eine regionale Medienlandschaft praktisch kaum existent. Trotzdem hat sich die Branche hier am schnellsten etabliert. Bereits 1996 wurde mit der Estonian Public Relations Association (EPRA) ein eigener Berufsverband gegründet.

Direktmarketing in Estland

Der Postdienst wurde bereits liberalisiert. Das im Juni 2001 erlassene Postgesetz trat im Januar 2002 in Kraft. Nach dem Gesetz kann die Lizenz für den Universalpostdienst allerdings nur einem Anbieter erteilt werden, der den Postdienst landesweit zu einem einheitlichen Tarif betreibt. Das estnische Nationale Kommunikationsamt fungiert als unabhängige Regulierungsbehörde für den Postbereich. Die Abteilung Postdienst des Nationalen Kommunikationsamtes wurde Anfang 2002 eingerichtet. Die staatliche Eesti Post ist gegenwärtig der einzige Anbieter eines landesweiten Postdienstes. Die estnische Post verzeichnete 2005 mit 283 Mio. Postsendungen – 202 pro Einwohner – ein Wachstum von 19% im Vergleich zu 2003. Während die Zahl an Informationssendungen (Briefe, Rechnungen) sank, wuchsen durch die rasche Entwicklung von Online-Geschäften die Zahl der Warensendungen. Aktuell besteht das estnische Postnetz aus 545 Filialen, d. h. auf 2500 Einwohner kommt ein Postamt. Im Vergleich dazu liegt der EU-Durchschnitt bei einem Postamt auf 3500 Einwohner. 2004 wurden 141,523.180 Directmails befördert, davon 11 Stück pro Kopf auf adressierte und 120 Stück pro Kopf auf unadressierte Werbesendungen. 2005 wuchs der Umsatz bei adressierten Werbesendungen um 24%, bei unadressierten Werbesendungen um fast 19%.

Die Gewinnspannen bei dieser Art von Sendungen sind zunehmend unter Druck. Das erklärt die Tatsache, dass die Umsätze relativ sinken, obwohl das Volumen sich erhöht. Andererseits steckt der Markt für adressierte Werbesendungen noch in den Kinderschuhen und existiert erst seit fünf bis zehn Jahren. Die Öffnung des Directmail-Markts für weitere Betreiber ermöglicht eine Marktentwicklung.

Das estnische staatliche Amt für Kommunikation listet drei Postbetreiber für den Vertrieb von Direct Mailings auf: AS Express Post, gegründet 1997, OÜ Kirilind und Eesti Post.

AS Express Post ist hauptsächlich für adressierte und unadressierte Werbesendungen tätig, plant aber auch den Vertrieb von Katalogen und Magazinen. Der Umsatz des Unternehmens zeigte in den Jahren 2000 mit 1,9 Mio. Euro bis 2004 mit 2,4 Mio. Euro ständiges Wachstum. 2004 wuchs insbesondere die Zahl der unadressierten Werbesendungen auf 13,8 Mio. Einheiten und hat damit einen Anteil von 68% des gesamten Umsatzes. Der Rest des Umsatzes stammt von den adressierten Sendungen inklusive Zeitschriften. Die Zielgruppe von AS Express Post sind Banken, Versicherungen und große Einzelhändler. Kiriling bietet mehr oder weniger diesselben Dienste an. D2D OÜ bietet in den 20 größeren Städten Estlands einen Kurierdienst über Briefkästen an und ist aktiv bei Briefsendungen, Zeitschriften und unadressierten Werbesendungen.

Kroatien

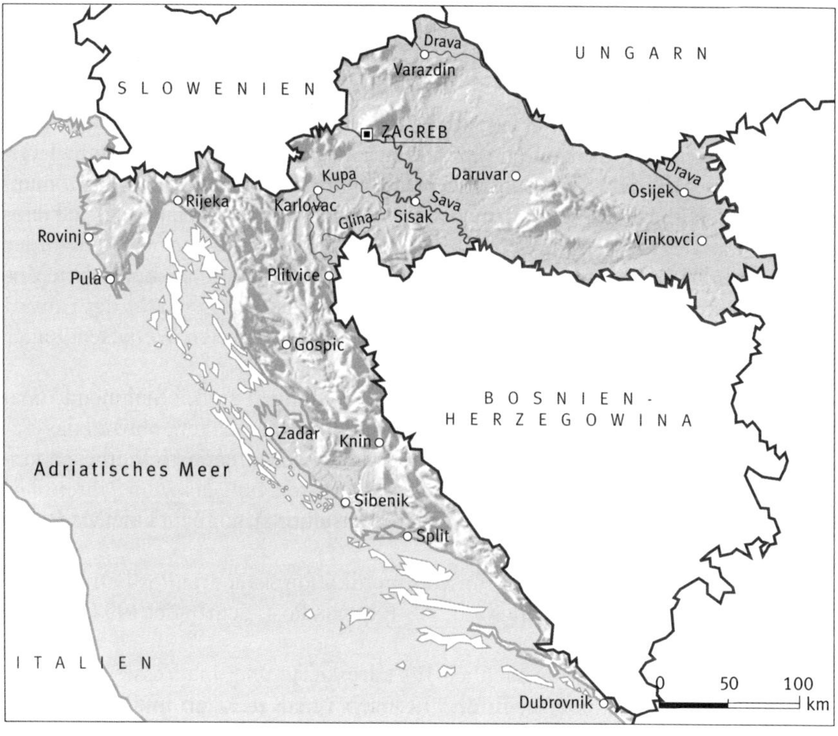

Land und Leute

Die Republik Kroatien gehört zu den mitteleuropäischen und mediterranen Staaten und ist dank seiner verkehrsgünstigen Lage ein äußerst interessanter Wirtschaftsstandort. Mit einer Gesamtfläche von 56.542 km² und 4,4 Mio. Einwohnern zählt Kroatien zu den kleinen europäischen Staaten. Dank einer Küstenlänge von insgesamt 5.835 km und zahlreichen Naturschönheiten hat sich Kroatien zum beliebten Reiseziel entwickelt. Die Hauptstadt Zagreb ist mit fast 1 Mio. Einwohnern das wirtschaftliche, kulturelle und akademische Zentrum sowie der Verkehrsknotenpunkt des Landes.

Der Tourismus, eine der tragenden Wirtschaftssäulen Kroatiens, legt weiter zu. In den letzten Jahren entwickelt sich Kroatien zum immer beliebteren Reiseziel der Deutschen.

Kulturelle Besonderheiten und Businessknigge

Die heutige Geschichte der Republik Kroatien ist noch sehr jung. Erst 1991 proklamierte die damalige Volksrepublik Jugoslawien ihre Souveränität und erlangte nach dem erbitterten Krieg mit den Serben Frieden und Unabhängigkeit. Auch der Kosovo-Krieg hat dem Land 1999 erneut schweren Schaden zugefügt. Gerade der Tourismus hat unter den Wirren der Schlachtfelder gelitten, und nur langsam kehren wieder Normalität und auch Urlauber ein. Wer Kroatien besucht, findet zwar noch immer die Spuren der gewalttätigen Vergangenheit, doch andererseits auch ein Land, das viel zu geben hat: eine kristallklare Adria, wild-romantische Wasserfälle und Schluchten und die wundervollen Nationalparks Paklenica und Krka.

Kroatien hat eine strategisch günstige Lage an wichtigen europäischen Verkehrsrouten zwischen Ost und West, Nord und Süd.

Was ist zu beachten?

- Meiden Sie Themen wie „Tito-Zeit“ und Beziehungen zu den Serben und Slowenen. Ex-Jugoslawien ist auch ein sensibles Thema.
- Vorsicht, das Kriegsgeschehen ist von den Menschen noch nicht überall verarbeitet!
- Meiden Sie Bezeichnungen „Balkan“ und „osteuropäisch“! Es kann als Beleidigung interpretiert werden!

Die kroatische Mentalität

Was ist zu beachten?

- In Hotels mit deutschen Reiseführern kommt man recht oft mit Deutsch zurecht. In manchen Gegenden wird recht häufig Englisch gesprochen, aber nicht in allen. Vor allem in kleineren Orten bekommt man schnell Sprachprobleme. Ein paar Brocken Kroatisch sind sinnvoll. Die junge Generation spricht fast ausnahmslos ziemlich gut Englisch. Die ältere Garde kann dafür noch oft Deutsch.
- Die Dalmatiner haben eine etwas andere Mentalität als die Nordkroaten. Es wird nach mediterraner Art alles etwas lockerer genommen und man kann eine schwere Arbeit im Notfall immer noch auf morgen verschieben.
- Kroaten sind spontane Leute, bereiten Sie sich auf spontane Einladungen und Termine vor (auch geschäftlich).
- Kroaten lassen sich gerne mit Österreich vergleichen und messen.

- Rufen Sie lieber an, als eine E-Mail zu schreiben!
- Unterschätzen Sie Ihre Partner nicht, es gibt einen starken Trend zu modernen Managementmethoden und Freude am Verhandeln.
- Seit 2002 hat Kroatien zollfreien Zugang zum EU-Markt im Rahmen des Interimsvertrages zum Stabilitäts- und Assoziierungsabkommen (SAA).
- Freihandelsabkommen mit allen südosteuropäischen Staaten sind 2005 in Kraft getreten.
- Mangelnde Rechtssicherheit und Rechtsdurchsetzung behindern Umsetzung von Investitionen und Marktbearbeitung.
- Langwierige Genehmigungsprozeduren und Zulassungsverfahren sowie mangelnde Transparenz bei öffentlichen Entscheidungsprozessen.
- Eine wichtige Rolle spielen Pünktlichkeit und Höflichkeit. Verabredete Zeiten werden in der Regel genau eingehalten.
- Deutsch, Englisch und teilweise Italienisch wird fast überall gesprochen. Ein Paar Worte auf Kroatisch („Molim“, „Chvala“) werden den Einstieg in ein Gespräch erleichtern.
- Verbringen Sie Ihren (Kurz-)Urlaub in Kroatien und berichten Sie darüber Ihren (künftigen) Geschäftspartnern. Urlaub in Kroatien ist immer ein gutes Thema, um das Eis zu brechen.
- Kleine Geschenke und Einladungen nach Österreich werden gerne angenommen.

Die kroatische Wirtschaft

Gekennzeichnet durch positive Erholung

Kroatien ist ein Land mit klarer Orientierung zu einer überwiegend privatwirtschaftlich strukturierten Marktwirtschaft. Die wirtschaftliche Lage des Landes ist seit 2000 durch eine zunehmende Erholung gekennzeichnet. 2006 betrug das BIP-Wachstum 4,8%, die Inflationsrate 2006 3,2%. Die Arbeitslosenquote ist hoch, aber insgesamt rückläufig. Liquiditätsmangel, fehlende Rechtssicherheit, eine stark defizitäre Sozialversicherung, Produktivitätsrückstände und ein immer noch großer Bestand an staatlichen Betrieben sind weiterhin wichtige Probleme. Ende 2007 plant die kroatische Regierung weitere umfangreiche Privatisierungen.

Während die Binnenwirtschaft an Stärke gewann, hat sich Kroatiens außenwirtschaftliches Ungleichgewicht erhöht. Im Jahr 2006 stieg das Leistungsbilanzdefizit auf 7,6% des BIP gegenüber 6,3% im Vorjahr. Die Handelsdaten für die ersten beiden Monate 2006 zeigen weiterhin eine Zunahme des Anstiegs der Nicht-Öl-Importe, die im Vorjahresvergleich um 19,7% wuchsen, gegenüber 11,5% im zweiten Halbjahr 2005.

Für die kommenden Jahre werden weitere Zuwächse erwartet. Die regionalen Unterschiede bei der Wirtschaftskraft sind beträchtlich. Das Hinterland Dalmatiens und die gebirgige Grenzregion zu Bosnien und Herzegowina liegen hinter dem relativ wohlhabenden Nordkroatien – Istrien und Zagreb – deutlich zurück.

Die wirtschaftliche Zukunft

Mit den neuen Absatzmärkten, die sich Kroatien mit der Mitgliedschaft bei der CEFTA und den unterzeichneten Freihandelsabkommen erschlossen hat, wächst die Notwendigkeit, die Konkurrenzfähigkeit kroatischer Produkte auf den freien Märkten zu erhöhen. Aus diesem Grund sind Strukturänderungen in der Wirtschaft, die langfristig die Konkurrenzfähigkeit Kroatiens erhöhen sollen, unumgänglich.

Für die weitere wirtschaftliche Entwicklung sind deutliche Einsparungen bei öffentlichen Ausgaben, Reformen im administrativen und sozialen Bereich, Änderungen des Arbeitsrechts und die beschleunigte Privatisierung vorgesehen.

Nachdem das Land im Juni 2004 den EU-Beitrittkandidatenstatus erhalten hat, verspürt man eine neue Aufbruchsstimmung. Die EU-Kommission erwartet nun eine rasche Reform des Rechtssystems, eine Verringerung der Staatsquote, den Abbau der Bürokratie, Reformen im Bereich des Gesundheitswesens und Rentensystems und den Abbau der hohen Auslandsverschuldung.

Die wichtigsten Daten im Überblick

BIP Real 2006:	34,2 Mrd. Euro
BIP je Einwohner 2006:	7.706 Euro
Wirtschaftswachstum 2006:	4,8% (2005: 4,3%)
Inflationsrate 2006:	3,2% (2005: 3,3%)
Arbeitslosenrate 2006:	11,2% (2005: 18,0%)
Währung/Wechselkurs 2006: Kroatische Kuna (HRK)	1 Euro = 7,40 HRK
Exporte 2006:	8,25 Mrd. Euro
Importe 2006:	17,09 Mrd. Euro

Quellen: Bank Austria Creditanstalt, Wirtschaftskammer Österreich

Kroatische Kaufkraft

Gut entwickelte Küstenzonen und Nachholbedarf im Landesinneren

In den Gemeinden Istriens liegt die Kaufkraft um rund 50–60% über dem kroatischen Landesdurchschnitt. In Pula beispielsweise beträgt die Kaufkraft pro Kopf und Jahr mehr als 4.500 Euro, während die Bewohner von Osijek, einer Großstadt im Osten des Landes, mit durchschnittlich 2.100 Euro pro Kopf und Jahr das Auslangen finden müssen.

Besonders benachteiligt sind die abseits der großen Verkehrsströme liegenden ländlichen Regionen entlang der West- und Nordgrenze zu Bosnien-Herzegowina. Hier beträgt die Kaufkraft pro Kopf und Jahr bestenfalls 40–50% des kroatischen Landesdurchschnitts.

Von den insgesamt 546 Gemeinden Kroatiens erzielen 135 Gemeinden, also knapp 25%, eine Kaufkraft, die dem Landesdurchschnitt entspricht oder darüber liegt.

Die Bewohner in der überwiegenden Mehrheit der kroatischen Gemeinden – insbesondere abseits der Küstenregionen – müssen sich mit deutlich weniger begnügen. Die Spannweite der Kaufkraft pro Kopf und Jahr reicht von knapp unter 1.000 Euro in der Gemeinde Krnjah bis hin zu rund 5.000 Euro in Lanisce.

Der kroatische Werbemarkt

Gute Entwicklung 2005

Kroatien gilt als kleiner, doch lukrativer Werbemarkt mit ca. 657 Millionen Euro Umsatz. Eindeutiger Sieger ist die TV-Werbung mit 66,6% vor Zeitungen 16,4%, Magazine 11,4% und Internet 0,3%. Wie immer handelt es sich bei diesen Daten um Schätzungen der regionalen Mediaagenturen und sollten als Indikator für eine Entwicklung genommen werden – die genaue Höhe kann durch unterschiedliche Rabattvergünstigungen nicht bestimmt werden.

Top-Werber 2006 ist T-Mobile, gefolgt von VIPnet und Procter & Gamble. Die bedeutendsten Zeitungen in Kroatien sind Vecernji List, Jutarnji List und

Werbeausgaben Kroatien 2006

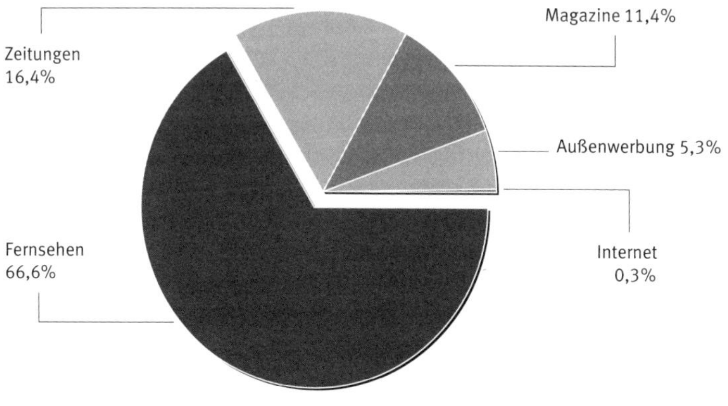

Quelle: Media Plus

Slobodna Dalmacija, ihre größten Werber T-Mobile, VIPnet und Kroatiens größter Handelskonzern Konzum.

Die größten TV-Werber des Landes sind unter anderen Procter & Gamble, Reckitt-Benckiser, Johnson Wax, Coca-Cola, T-Mobile Hrvatska, Henkel und Beiersdorf.

Direktmarketing in Kroatien

Junger Markt mit hohen Zuwachsquoten

Der kroatische Direktmarketingmarkt mit seinen sehr jungen Strukturen steckt datenmäßig noch in den Kinderschuhen. Laut Angaben der österreichischen Post kann der Markt wie folgt abgesteckt werden:

Direct Mail in Kroatien 2005

	In Mio. Stück	In Stück pro Einwohner	In Mio. Euro
Direct Mail gesamt	159	56	11
unadressierte Werbesendungen	122	48	4
adressierte Werbesendungen	37	8	7

Mit diesen Daten drückt sich eine derzeit noch kleine Marktgröße aus, wobei sich Kroatien in das letzte Drittel Osteuropas einreiht. Bei den unadressierten Werbesendungen folgt nur Rumänien mit 7 Stück/Kopf/Jahr mit noch niedrigeren Daten.

Lettland

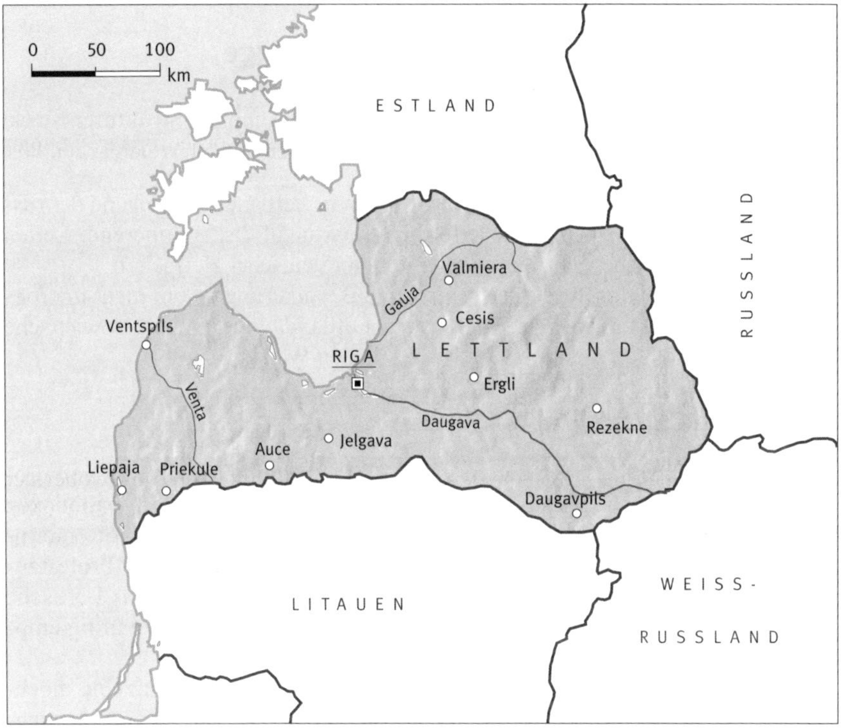

Land und Leute

Die Republik Lettland hat eine Gesamtfläche von 64.589 km² und grenzt im Norden an Estland, im Süden an Litauen und im Osten an Russland und Weißrussland. Lettland hat 2,33 Mio. Einwohner, knapp ein Drittel der Bevölkerung lebt in der Hauptstadt Riga. Weitere große Städte sind Daugavpils, Liepaja und Jelgava. Bedeutend für den Ost-West-Transport sind die drei Häfen Riga, Ventspils (einer der größten Häfen des Baltikums) und Liepaja. Ca. 14% der Fläche werden landwirtschaftlich genutzt, eine der wichtigsten Ressourcen ist Holz – knapp die Hälfte des Territoriums ist mit Wald bedeckt. Der Transportsektor und die Lebensmittelindustrie sind weitere wichtige Wirtschaftsbereiche. Mit Wiedererlangung der Unabhängigkeit trat erneut die Verfassung von 1922 in Kraft. Lettland ist seit 1. Mai 2004 Mitglied der EU. Der Privatisierungsprozess ist weitgehend abgeschlossen. Die Rechte ausländischer Investoren sind in Lettland gesetzlich abgesichert, sie sind inländischen Investoren gleichgestellt. Das Steuersystem mit einem linearen Körperschaftssteuersatz von 15% ist sehr unternehmensfreundlich gestaltet.

Kulturelle Besonderheiten und Businessknigge

Was ist zu beachten?

- Letten fühlen sich ebenso wie Litauer und Esten als Nordeuropäer, weniger als Balten.
- Die Einstellung gegenüber anderen Gruppen in Lettland, vorwiegend der russischen, ist im unabhängigen lettischen Staat nicht diskriminierend. Letten standen selbst sieben Jahrhunderte lang unter deutscher Herrschaft.
- Die zahlenmäßig große russischstämmige Bevölkerung ist ein nicht unproblematischer Faktor im Wirtschaftsleben Lettlands. Die frühere sowjetische Herrschaft hat zur Isolation von der westlichen Welt geführt.

Die lettische Mentalität

Der nationale Charakter der Letten wurde über Jahrhunderte hinweg von protestantischen Deutschen und Schweden, katholischen Polen und orthodoxen Russen geprägt. Sie sind nüchterner und kühler als die Litauer, aber emotionaler und herzlicher als die Esten. Der dominierende Glaube ist der Protestantismus, jedoch gibt es einen beachtlichen Anteil an Katholiken. Das Lettische gehört zur indo-europäischen Sprachenfamilie, es wird als schutzwürdig empfunden.

Ähnlich wie die Esten sind die Letten Individualisten. Der Einzelne möchte nicht so sehr ein Anführer, als vielmehr Herr im eigenen Haus sein. Als wichtigste Tradition ist die Dainas, das Volkslied der Letten, zu nennen. In den letzten zwei Jahrhunderten konnten die Letten geschichtsbedingt ihr kulturelles Gut nicht ausleben, darum prägten die Volkslieder ihre nationale Identität. Musik, insbesondere Gesang und Chöre, Literatur und bildende Kunst erfreuen sich großer Beliebtheit.

Wie geht man mit Letten sensibel um?

- Man sollte Respekt vor der einzigartigen lettischen Identität zeigen und die lettische Kultur ausreichend würdigen.
- Kritik wird nicht gerne angenommen.
- Von Fremden wird Zurückhaltung erwartet, körperliche Annäherungen sind eher nicht erwünscht.

Was ist zu beachten?

- Eine starke Führung wird bewundert, die Eigeninitiative ist weniger ausgeprägt, Image spielt eine Rolle, darunter Kleidung, Autos als Zeichen materiellen Wohlstands.
- Bei der Pflege der Geschäftskontakte ist zu beachten, dass Letten keine große Unterscheidung zwischen Privatleben und Arbeit machen. Der Gast sollte nicht verwundert sein, wenn er zu einem überraschenden Saunabesuch eingeladen wird.
- Mündliche Absprachen haben zwar Gewicht, jedoch ist es ratsam, das Vereinbarte im Detail schriftlich festzuhalten.
- Englischkenntnisse sind noch nicht sehr verbreitet, vor allem unter der älteren Generation. Die lettische Sprache ist höflich; sie unterscheidet sich darin vom Estnischen oder Finnischen, da sie kaum Schimpfwörter benützt. Die Letten erzielen Effekte durch Feinheiten und Nuancen des Ausdrucks, was sich gelegentlich auch an ihrem Deutsch oder Englisch zeigt.

Verhalten bei Meetings und Verhandlungen

- Die eigentlichen Geschäftsverhandlungen werden direkt auf die entscheidenden Punkte fokussiert, mitunter hart geführt.
- Sachlichkeit wird erwartet.
- Kurze und präzise Präsentationsweise wird bevorzugt – Qualitäts-, Funktions- und Serviceaspekte müssen anschaulich und überzeugend präsentiert werden.

Die lettische Wirtschaft

Lettlands Wirtschaft ist inzwischen zu 98% privatisiert. Sozialstaatliche Elemente des Wirtschaftssystems sind in Form von Koalitionsfreiheit, Mindestlohn, Arbeitslosenunterstützung, Kündigungsschutz, Lohnfortzahlung im Krankheitsfall und Altersrente verwirklicht, ihre Weiterentwicklung stößt an finanzielle Grenzen. Die Einkommensdifferenzierung ist im Zuge dieser Entwicklung ebenso weiter gewachsen wie das Stadt-Land-Gefälle.

Mit einem realen Wirtschaftswachstum von 11,9% 2006 hält der Höhenflug der lettischen Wirtschaft an. 70% des BIP werden im Dienstleistungssektor erwirtschaftet, weitere 20% von der Industrie. Der Aufschwung, basierend auf dem Steigen der privaten Nachfrage, wird ausländischen Lieferanten auch auf mittlerer Sicht interessante Geschäftsmöglichkeiten eröffnen. Auf dem Weg zum Euro bereitet einzig die hohe Inflationsrate den Regierungsverantwortlichen Kopfzerbrechen. Steigende Reallöhne von durchschnittlich rund 10% und das von den Banken nach wie vor forcierte Geschäft mit zinsgünstigen Verbraucherkrediten zählen zu den Stützpfeilern der florierenden Nachfrage, die zahlreichen lettischen Produzenten zugute kommen. Da Letztere sich auf ausländischen Märkten immer besser behaupten können, steuern auch die Exporte des Landes auf neue Rekordmarken zu. Aktuell gehen mit 30% und mehr die höchsten Wachstumsraten der lettischen Einfuhren auf das Konto einer Reihe von Neumitgliedstaaten der EU und Vertretern der GUS. Die Inflationsrate stieg 2006 dabei jedoch über die Marke von 6%.

Die wichtigsten Daten im Überblick

BIP Real 2006:	14,2 Mrd. Euro
BIP je Einwohner 2006:	7.033 Euro
Wirtschaftswachstum 2006:	11,9% (2005: 10,2%)
Inflationsrate 2006:	6,5% (2005: 6,7%)
Arbeitslosenrate 2006:	7,3% (2005: 8,9%)
Währung/Wechselkurs 2006: Lettische Lat (LVL)	1 Euro = 0,7028 LVL
Exporte 2006:	4,59 Mrd. Euro
Importe 2006:	8,83 Mrd. Euro

Quellen: Bank Austria Creditanstalt, Wirtschaftskammer Österreich

Konjunkturhoch hält in Lettland weiter an

Als wichtigster Träger des Wachstums erweist sich vor allem die robuste Binnennachfrage, die vom privaten Konsum der Bevölkerung und von der Investitionsneigung der Unternehmen nach wie vor gleichermaßen deutliche Impulse erhält. Darüber hinaus könnte das Exportgeschäft kaum besser laufen. Einzig eine zu hohe Inflationsrate verhagelt ein wenig die Bilanz.

Weder die deutliche Erhöhung der Verbraucherpreise noch die gestiegenen Kraftstoffpreise konnten bisher der Konsumneigung der Bevölkerung etwas anhaben. Angesichts leicht steigender Einkommen und des florierenden Geschäftes mit Krediten gibt es vorerst keinen Anlass, kurzfristig einen Einbruch der Konsumneigung befürchten zu müssen.

Für zusätzliche Impulse, und das nicht nur mit Blick auf das Investitionsgeschehen, könnte zukünftig eine stärkere Diversifizierung der wirtschaftlichen Aktivitäten in den Regionen gut sein. Während gegenwärtig der Großraum Riga dominiert, in dem gut zwei Drittel des lettischen BIP erwirtschaftet werden, dürfte das vermehrte Erschließen der lettischen „Provinz" nennenswerte Wachstumschancen bereit halten. Anzeichen für ein verstärktes investives Engagement, nicht zuletzt unter aktiver Beteiligung ausländischer Kapitalgeber, hat es in den letzten Monaten in regionalen Zentren wie z. B. Ventspils, Jelgava, Liepaja, Daugavpils und Valmiera gegeben.

Die lettische Kaufkraft

Lettlands Hauptstadt Riga hat eine Arbeitslosenquote, von der Berlin oder Paris nur träumen können. Sie liegt stabil bei unter 5%. Das zieht Startups und junge Business-Eliten an, die hier ideale Bedingungen vorfinden. Verglichen mit westlichen Großstädten sind die Lebenshaltungskosten in Riga 45% niedriger, rechnen Wenzel und Kirig vor. Auch wenn der Aufholbedarf gegenüber anderen EU-Staaten weiterhin groß sei, könne es in Sachen Wachstum europaweit derzeit niemand mit den Letten aufnehmen. Im diesjährigen Global Retail Development Index, einer Studie zu den attraktivsten Investitionsstandorten für internationale Handelsunternehmen, belege Lettland weltweit den fünften Platz.

Aufgrund des niedrigen Lohnniveaus kämpft Lettland, wie auch Litauen, mit Emigration. Die Bereitschaft, das Heimatland für eine gewisse Zeit zu verlassen, um einen besser bezahlten Arbeitsplatz zu bekommen, ist sehr hoch. Ähnliche Klagen sind auch aus Litauen zu hören, wo gut ausgebildete Arbeitskräfte keine angemessenen Arbeitsplätze finden können und auch für sich und ihre Kinder keine Perspektive sehen.

Der lettische Werbemarkt

Die Branche kann auf 27% Zuwachs und einen Umsatz von 108,2 Mio. Euro im Jahresdurchschnitt blicken. Das größte Wachstum verzeichnet das Internet mit einem Plus von 111,8%.

Im Vergleich der letzten Jahre legte auch das TV mit 20% und einem Umsatz von 12,11 Mio. Euro rasant zu. Die Zeitungen zeigen einen Rückgang bei den

Werbeausgaben Lettland 2006

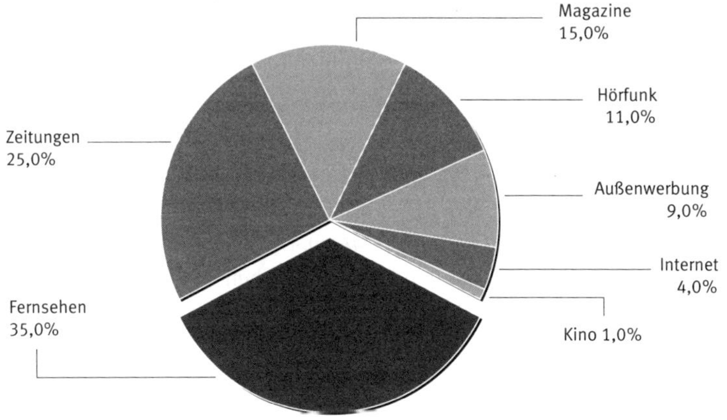

Quelle: TNS LATVIA

Werbeausgaben mit dem geringsten Zuwachs von 6%, haben aber trotzdem den zweitgrößten Ausgabenanteil von 10,2 Mio. Euro, Magazine legten dagegen um 16% im Vergleich zum Vorjahr zu. Die größten Werber 2004 waren unangefochten Procter & Gamble, dahinter gab es aber einen Wechsel in den Positionen mit Modern Times Group, VP Market, LMT und Tele2. Die Liste der größten beworbenen Marken führt Maxima, LNT, TV 3, Rimi und O Karte an.

Direktmarketing in Lettland

Postalische Infrastruktur in Lettland

Die lettische Post ist ein Staatsunternehmen. 2004 wurden 65 Mio. Postsendungen von der lettischen Post bearbeitet. Gegenüber 2003 bedeutet das eine Steigerung von 13%. Der Nettoumsatz betrug 2004 26,312 Mio. LVL (+7,38%).

Ecorys Research und Consulting veröffentlichte im Juli 2005 die im Auftrag der EU erstellte Studie „Wettbewerbsentwicklung im euroäischen Postsektor" und schreibt darin unter anderem über die Situation in Lettland wie folgt:

Der Ausschuss des Ministerkabinetts hat einen neuen Entwurf der lettischen Postpolitik für den Zeitraum 2005 bis 2009 genehmigt. Dieser Entwurf sorgt für eine weitere Öffnung des Marktes in Übereinstimmung mit den europäischen Richtlinien, d. h. ab 1. Januar 2006 verringert sich die Gewichtsgrenze auf 50 g. Es ist unklar, ob Outbound-Sendungen in diesem Stadium liberalisiert werden. Politiker und Regulierer scheinen erpicht darauf zu sein, den Markt bis 2009 zu liberalisieren. Ganz oben auf der Agenda steht der Zugang zum regulierten Netzwerk.

Lettland hat eine niedrige Zahl an Postsendungen und wenige Pro-Kopf-Sendungen. Der Markt für Werbesendungen ist ebenfalls noch immer recht klein mit einem Anteil von 15–20% am gesamten Volumen. Diese Tatsache weist auf großes Entwicklungspotenzial hin. Auch ist der Konkurrenzkampf aufgrund dieser Fakten noch sehr wenig ausgeprägt. Der Wettbewerb beschränkt sich derzeit noch auf postalische Dienstleistungen wie Kurier- und Expressdienste. Einige Betreiber gibt es auch auf dem Markt für adressierte Werbesendungen, die sich hauptsächlich auf die Stadtbereiche konzentrieren. Durch das große Potenzial, das der lettische Werbemarkt in diesem Segment aufweist, ist es äußerst wahrscheinlich, dass der Wettbewerb künftig härter wird.

Für Markteinsteiger bietet sich Riga als optimaler Ort für einen Start an, da hier schon 32% der Bevölkerung zu erreichen sind. Ein bedeutender Start kann dann erwartet werden, wenn man sich lokaler Strategien bedient, zumindest anfangs. Betriebsvorteile und Vorsprung können somit schnell erzielt werden. Außerdem leben rund 42% der Bevölkerung in den fünf größten Städten.

Litauen

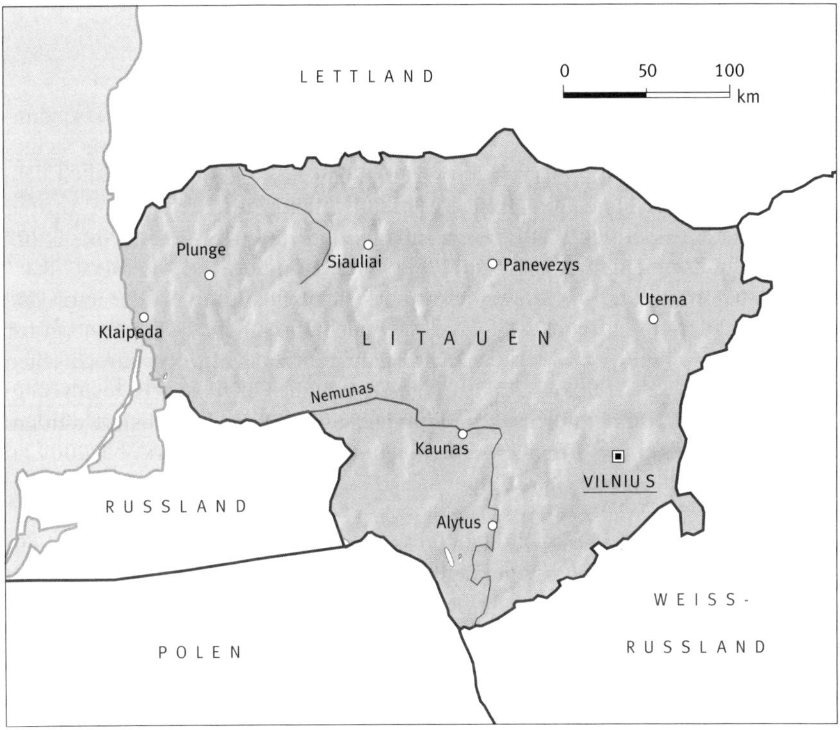

Land und Leute

Mit 65.200 km² ist die Republik Litauen die größte der drei baltischen Republiken. Das Land grenzt im Norden an Lettland, im Osten an Weißrussland, im Süden an Polen sowie die russische Exklave Kaliningrad und im Westen an die Ostsee. In Litauen leben 3,5 Mio. Einwohner, 65% davon in städtischer Umgebung. Nach Vilnius mit 542.000 Einwohnern zählen Kaunas und Klaipeda zu den größten Städten. Die Bevölkerung setzt sich zu mehr als 80% aus Litauern, zu 6,3% aus Russen und zu ca. 7% aus Polen zusammen. Das Land erlangte im März 1990 seine Unabhängigkeit wieder. Das kräftige Wirtschaftswachstum bei geldpolitischer Stabilität, die feste Bindung des Litas an die Ankerwährung Euro, der relativ solide Staatshaushalt sowie strukturelle Veränderungen geben der wirtschaftlichen Transformation eine solide Basis. Deutschland ist der wichtigste westliche Handelspartner für Litauen, Russland spielt als Lieferant von fossilen Energieträgern eine bedeutende Rolle.

Mit der EU werden insgesamt ca. 50% des Handels abgewickelt. Ausländische Investoren genießen in Litauen dieselben Rechte wie Inländer, die durch Gesetz wie auch Investitionsschutzabkommen abgesichert sind.

Litauen ist seit 1. Mai 2004 ein Mitglied der Europäischen Union.

Kulturelle Besonderheiten und Businessknigge

Was ist zu beachten?

- Als kleine und von starken Nachbarn stets abhängige Nation haben die Litauer eine ungeheure Anpassungsfähigkeit entwickelt.
- Wer geschäftlich oder privat nach Litauen reist, sollte sich im Umgang mit Menschen die frühere Zwangseinbindung des Landes in die Sowjetunion vor Augen halten, um Missverständnisse zu vermeiden. Zu beachten ist, dass man keine Vergleiche des Landes, der Mentalität mit Russland oder dem Russischen zieht.
- Es lohnt sich, das übliche (westliche) Fremdbild Litauens als ein kleiner, unbedeutender Staat in einem entfernten, abgelegenen Winkel Nordosteuropas gründlich einer Prüfung zu unterziehen: Der Vergleich würde zeigen, dass Litauen größer ist als Estland und Lettland, aber auch größer als die Niederlande, Belgien, Dänemark, die Schweiz oder etwa Taiwan. Auch geschichtlich blickt Litauen, vor allem in der Ära des dynastischen Bündnisses mit Polen, auf eine glorreiche Vergangenheit. Die polnisch-litauische Union war der mächtigste Staat Europas, der von der Ostsee bis zum Schwarzmeer reichte.
- Der kosmopolitische Charakter Litauens sollte beachtet werden: Das Land war jahrhundertelang eine Wegkreuzung, an der Russen, Polen, Deutsche, Juden, Weißrussen und Ukrainer aufeinander trafen.
- Wenn man einen genaueren Blick auf die Karte wirft und das europäische Russland und die Ukraine als Teil des Kontinents mit einbezieht, liegt der geometrische Mittelpunkt Europas tatsächlich etwas nördlich von Vilnius.

Die litauische Mentalität

Die Geschichte des litauischen Staates ist von zahlreichen Brüchen gekennzeichnet. Allzu oft war das kleine baltische Land Kriegsschauplatz und Spielball der europäischen Großmächte, gewann und verlor seine staatliche Souveränität. Vor diesem Hintergrund könnte die litauische Identitätsfindung als ein innerer Kampf zwischen Zustimmung und Ablehnung, als Spagat zwischen Loyalität und Protest bezeichnet werden. Litauen ist der einzige baltische Staat, der eine eigene

Aristokratie besaß, die ihren Einfluss während des 18. Jahrhunderts verlor. Verbindungen zum Katholizismus und zum künstlerischen Leben verleihen Status. Um sich gegen Eroberer und Besatzer wehren zu können, blieb den Litauern oft nur ihre Kultur, ihr Liedgut und das Erbe ihrer Philosophen. Ihre Zurückhaltung und Sachlichkeit erinnert an Schweden und Norwegen.

Wie die Letten machen die Litauer gerne mit ihren Partnern Trinktests nach dem russischen Vorbild. Eine litauische Redewendung sagt: „Jeder trinkt, so viel er kann – nicht mehr, nicht weniger –, aber so lange, bis das Glas leer ist."

Gastfreundschaft wird groß geschrieben. Bei Geschäftsbesuchen wird der Geschäftspartner auch an Wochenenden mit ständiger Betreuung umgeben. Zu beachten ist, dass der Litauer ähnliche Aufmerksamkeit bei seinem Gegenbesuch erwartet.

Für die Litauer ist die Natur etwas Heiliges. Die Natur und die damit verbundenen Vorstellungen sind die Hauptthemen in Literatur, bildender Kunst und Musik.

Der litauische Verhandlungspartner ist eher personen- als geschäftsorientiert. Deshalb ist es wichtig, eine angenehme persönliche Beziehung aufzubauen.

Wie geht man mit Litauern sensibel um?

- Begegnen Sie Ihrem litauischen Gesprächspartner auf persönlicher Ebene – als Individuum und Freund.
- Vertreten Sie Ihre persönliche Meinung und nicht die Position Ihres Unternehmens oder der Behörde.
- Spielen Sie das Geschäftliche und den Wunsch nach schnellem Gewinn herunter.
- Vermeiden Sie den litauischen Vertragspartner in russischer Sprache anzusprechen. Nur wenn man auf Deutsch oder Englisch nicht weiterkommt, bleibt als Notlösung die russische Sprache. Vor allem der Vergleich der litauischen und der russischen Sprache, die nichts gemeinsam haben, zeugt von eklatanter Unkenntnis und wird als beleidigend empfunden.

Was soll besonders berücksichtigt werden?

- Entwickeln Sie persönliche Arbeitsbeziehungen, denn die gegenseitige Zuneigung ist der Schlüssel zum Erfolg.
- Seien Sie bereit, sich auf tiefsinnige Gespräche einzulassen – das ist eine beliebte Freizeitbeschäftigung in Litauen.
- Die intensive Kontaktpflege, die auch Besuche erfordert, ermöglicht verhältnismäßig kurze und unkomplizierte Verhandlungen bei Folgeaufträgen. Die Zeitinvestition lohnt sich.
- Bei Verhandlungen spielen Emotionen häufig eine Rolle.
- Gute Gesprächsthemen sind die Naturschönheit Litauens, seine Folklore und die Bräuche sowie der Sport.

- Tabus: Die kommunistische Zeit wird am besten nicht erwähnt.
- … dass es einen litauischen Wodka gibt und dass die beliebteste Sportart Basketball ist.

Die litauische Wirtschaft

Mit 7,5% realem Wirtschaftswachstum 2006 bleibt Litauen auf dem eingeschlagenen Erfolgskurs, auch wenn Estland und Lettland jeweils ein höheres BIP-Plus verzeichnen konnten. Die auf der ungebrochenen Konsumfreude der Bevölkerung fußenden Impulse für das Importgeschehen werden 2006 ausländischen Lieferanten zweistellige Zuwachsraten bescheren.

Obwohl das Wirtschaftswachstum Litauens 2005 im Vergleich zu Estland und Lettland leicht abfällt, sind doch nahezu alle maßgeblichen Indikatoren auf Zuwachs getrimmt. Insbesondere die private Nachfrage trägt wesentlich zum Rundlaufen des Konjunkturmotors bei.

Im Gegensatz zu den beiden anderen baltischen Staaten, wo das Wirtschaftswachstum von einem deutlichen Auftrieb der Verbraucherpreise begleitet wird, hat Litauen wenig Schwierigkeiten, das Maastricht-Kriterium der Preisstabilität zu erfüllen. Im November 2006 blieben die Verbraucherpreise gegenüber dem Vormonat sogar konstant. Die Inflationsrate auf Zwölfmonatsbasis pendelte sich auf 3,8% ein.

Die wichtigsten Daten im Überblick

BIP Real 2006:	23,8 Mrd. Euro
BIP je Einwohner 2006:	6.929 Euro
Wirtschaftswachstum 2006:	7,5% (2005: 7,5%)
Inflationsrate 2006:	3,8% (2005: 2,7%)
Arbeitslosenrate 2006:	5,6% (2005: 8,5%)
Währung/Wechselkurs 2006: Litauische Litas (LTL)	1 Euro = 3,4528 LTL
Exporte 2006:	11,3 Mrd. Euro
Importe 2006:	15,4 Mrd. Euro

Quellen: Bank Austria Creditanstalt, Wirtschaftskammer Österreich

Die Kaufkraft der Litauer

Der durchschnittliche Lebensstandard in Litauen liegt noch immer deutlich unter dem EU-Durchschnitt. Das durchschnittliche Monatsgehalt lag 2006 bei 501 Euro, der Mindestlohn betrug 174 Euro. Die öffentliche Verschuldung lag mit 16,4% des BIP lediglich bei rund einem Drittel des entsprechenden Maastricht-Kriteriums. Der Rückgang der Arbeitslosigkeit hat sich fortgesetzt: Die Arbeitslosenrate lag 2006 bei 5,6%, 2005 noch bei 8,3%. Auch wenn die absolute Zahl der Erwerbslosen zurückging, stehen einer immer kleiner werdenden Zahl gut ausgebildeter Arbeitsloser viele Langzeitarbeitslose und nicht mehr in den Arbeitsmarkt Integrierbare gegenüber. Gleichzeitig wird in einigen Sektoren ein Facharbeitermangel spürbar, der vor allem durch Abwanderung nach Westeuropa, insbesondere nach Großbritannien und Irland, begründet ist. Besonders betroffen ist der Baubereich sowie der Gesundheitssektor (Ärzte, Pflege- und anderes medizinisches Personal). Die litauische Regierung hat ein Programm in Aussicht gestellt, das litauischen Arbeitnehmern mehr Anreize bieten soll, im Land zu bleiben. Im „Index wirtschaftlicher Freiheit" 2006 belegt Litauen unverändert Rang 23, wenn auch mit etwas besserer Punktezahl, und befindet sich damit in der Gruppe der „überwiegend freien" Länder (Studie von „Wall Street Journal" und „Heritage Foundation"). Im Bereich „Innovationen" belegt Litauen unter den EU-Staaten Rang 19 und zählt somit zu den „aufholenden Staaten". Lob erntete Litauen für Verbesserungen bei Bildung und Wissenschaft. Kritisiert wurden ein Mangel an durch Unternehmen finanzierter Forschungstätigkeit, zu wenige Hochschulabgänger im natur- und ingenieurwissenschaftlichen Bereich sowie die geringe Verbreitung von Breitband-Technologie in Litauen.

Der litauische Konsument

52% der litauischen Konsumenten tätigen ihre Einkäufe in Super- und Hypermärkten. Längere Öffnungszeiten und der Einzug der Diskonter haben den modernen Einzelhandel für die Konsumenten zunehmend attraktiv gemacht. Grundlage des Erfolges der modernen Einkaufsformate ist in Litauen der hohe städtische Bevölkerungsanteil. 2003 gelang es dem Einzelhandel, seine Verkaufsfläche um 150.000 m^2 weiter auszubauen. Für die nächsten Jahre erwartet man eine Konzentration des Lebensmittelhandels und einen Marktanteil der internationalen Handelsketten von 70% des Gesamtmarktes. Einkommensschwächere Konsumenten greifen bevorzugt zu billigeren, heimischen Produkten. Die steigende Kaufkraft sorgt für die Bildung einer wachsenden Mittelschicht, die vor allem von neuen Lebensmitteln, Rezepturen und Marken angetan ist. Produkte wie Wein und Käse, die traditionell nicht auf dem Speisezettel stehen, weisen hohe Absatzzahlen auf – das litauische Einkaufsverhalten passt sich langsam den anderen EU-Ländern an. Die durchschnittliche Einkaufsfläche der Einzelhandelsgeschäfte in Litauen beträgt ca. 600 m^2 und kommt jetzt auch langsam an den EU-15-Durchschnitt von 1.000 m^2 heran.

Der Werbemarkt in Litauen

Werbeausgaben von 124,7 Mio. Euro übertrafen 2006 alle Erwartungen der Branche. Erklärt werden kann der Zuwachs von 18% durch einen Anstieg an politischer Werbung, welche Werbeumfang und -kosten explodieren ließ. Das Fernsehen mit einem Zuwachs von 24,9% und Zeitungen mit 7,8% plus haben den größten Marktanteil. Die aktivsten Werber 2006 waren Handelsketten, Mobilfunkbetreiber, Brauereien, pharmazeutische Unternehmen und Erzeuger von Hygieneartikeln. Die fünf größten Werbetreibenden 2006 waren Procter & Gamble vor Tele2, Omnitel und Reckitt-Benckiser.

Werbeausgaben Litauen 2006

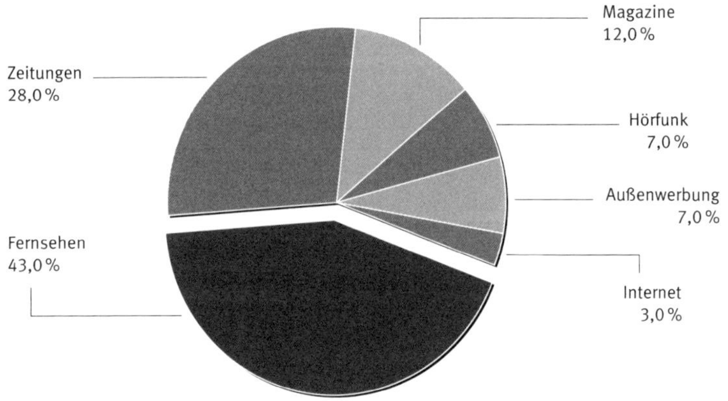

Quelle: TNS Gallup

Direktmarketing in Litauen

Direktmarketing ist in Litauen noch im Entstehen – daher ist das Ausmaß der erhältlichen Daten über den Markt eher gering.

Eine Ausnahme ist die Präsentation „Direct Mail Markt in Osteuropa und CIS Ländern" von Oxana G. Kucheriavaya, Russian Post, die in Bern 2005 gehalten wurde und im Internet veröffentlicht ist.

Laut dieser Präsentation lag die Pro-Kopf-Anzahl der adressierten und unadressierten Mailings 2005 bei 21 Stück in Litauen, und man verzeichnete ein jährliches Wachstum von ca. 30% in den Jahren 2001 bis 2004.

Postalische Infrastruktur in Litauen

Die litauische Post SE Lietuvos Paštas betrieb 2006 934 Postämter – 76% davon in ländlichen Gebieten –, 6 mobile Filialen und 14 Postagenturen. Aktuell ist sie einer der größten Arbeitgeber im Land. Per 31.12.2006 gab es 8.168 Bedienstete.

Ecorys Research und Consulting veröffentlichte im Juli 2005 die im Auftrag der EU erstellte Studie „Wettbewerbsentwicklung im euroäischen Postsektor“ und schreibt darin unter anderem über die Situation in Litauen wie folgt:

Am 13. April 2004 verabschiedete das litauische Parlament das Postgesetz der Republik Litauen. Nach diesem Gesetz sind folgende Dienste für den Anbieter des Universalpostdienstes vorbehalten: Abfertigung, Vertrieb, Transport, Auslieferung und Überreichen der inländischen Briefsendungsstücke, Direct Mails und grenzüberschreitende Briefsendungen unter 100 g. Ausgehende grenzüberschreitende Sendungen wurden nicht liberalisiert; Postwurfsendungen wurden nicht speziell angeführt. Zutrittsbestimmungen sind noch in Verhandlung und wurden nicht reguliert. Um Postdienste leisten zu dürfen, benötigt man die Bewilligung der Kommunikationsaufsichtsbehörde. Für den Kurierdienst wird keine Bewilligung benötigt, ein Bescheid reicht aus.

Polen

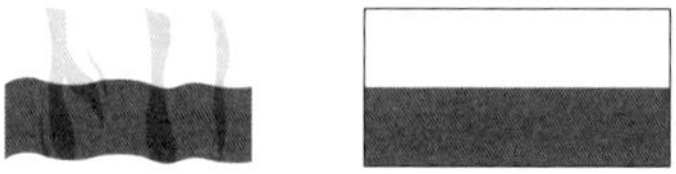

Land und Leute

Mit 38,6 Mio. Einwohnern steht die Republik Polen an 9. Stelle in Europa und an 6. Stelle in der EU. Das Land grenzt im Norden an die russische Exklave Kaliningrad und an Litauen, im Osten an Weißrussland und die Ukraine, im Süden an die Slowakei und Tschechien sowie im Westen an Deutschland. Des Weiteren hat das Land eine 528 km lange Ostseeküste. Die Hauptstadt Warschau hat 1,6 Mio. Einwohner und ist die größte Stadt des Landes. Weitere wichtige Zentren sind das Oberschlesische Industriegebiet, der Ballungsraum um Łódź sowie das Weichseldelta um die sogenannte Dreistadt Danzig-Zoppot-Gdingen.

Ethnisch betrachtet ist Polen ein äußerst homogener Staat, was, wenn man auf die polnische Geschichte zurückblickt, ein Novum ist. Die Polen stellen mit 99,3% die Mehrheitsbevölkerung dar, 0,6% sind Ukrainer und 0,1% gehören anderen nationalen Minderheiten an, wie etwa Deutsche oder Weißrussen. Die Zahl der Auslandspolen wird auf 20 Millionen geschätzt.

Die polnische Mentalität

Der polnische „Nationalcharakter" kann als Ensemble aus Werten und Symbolen bezeichnet werden, das aus religiösen (katholische Kirche und ihre Rituale), nationalen (Staatswappen, weiß-rote Fahne, Hymne), historischen (Heldentaten und herausragende Persönlichkeiten), kulturellen (große Werke der Nationalliteratur) und familiären Werten besteht.

Als romantische Idealisten sind die Polen überzeugt, mit unzähligen Tugenden ausgestattet zu sein: Ehre, Anmut, vornehme Denkungsart, persönliche Integrität, Furchtlosigkeit oder ein galantes Verhalten gegenüber Frauen sind lebendige Werte.

Im Vordergrund steht die individuelle Person, erst dann kommen die Strukturen, Organisationen, Prozesse. Damit verbunden sind solche Tugenden wie: Gefühle zeigen, spontan sein, eigene Unvollkommenheit zugeben, ein Klima der Vertrautheit schaffen. Würdegefühl, Ehre ergeben sich aus dem aufständischen Geist und der Sensibilität. Besonders ausgeprägt sind „weiche Tugenden" – Mitleid, Solidarität, offene Herzlichkeit und Anteilnahme. Polen sind höfliche, freundliche und kontaktfreudige Menschen. Der Pole mag in der Öffentlichkeit hart kämpfen, doch für seine Freunde und Familienmitglieder ist er ganz weich.

Die Säulen des polnischen Staates heißen Katholizismus und Nationalstolz, die geschichtlich miteinander verbunden sind. Die Polen sind stolz auf ihre traditionsreiche religiöse Kultur.

Tipps für den sensiblen Umgang mit Polen

- Verletzen Sie nicht den polnischen Nationalstolz (keine Ironie oder Kritik an nationalen oder religiösen Symbolen), zeigen Sie, dass Sie den polnischen Nationalismus als notwendiges Mittel zum Überleben akzeptieren.
- Zeigen Sie Interesse an der traditionsreichen polnischen Kultur und den großen künstlerischen Leistungen.
- Man sollte immer daran denken, dass Werte wie Ehre, Ritterlichkeit und altmodische Galanterie in Polen eine lebendige Bedeutung haben.
- Achten Sie darauf, als Mensch eine gute Figur zu machen; wenn Sie als Mensch schlecht bewertet werden, dann wird auch der Wert ihrer Produkte in den polnischen Augen sinken.
- Stellen Sie Ihre Freundlichkeit und Loyalität unter Beweis, begegnen Sie ihnen mit Verständnis und Offenheit, dann erweisen sich die stolzen und eigen-

sinnigen Polen als überaus flexibel und entgegenkommend. Das gilt auch für geschäftliche Beziehungen.

Verhalten bei Meetings und Verhandlungen

In ihrem Verhalten schwanken die Polen zwischen Pragmatismus und Gefühlsintensität. Freundlich und flexibel, wenn sie sich gut behandelt fühlen, mitunter sehr heftig, wenn sie Ungerechtigkeit wittern. Es lässt sich häufig eine gewisse grundlegende Scheu und Bescheidenheit vor Personen beobachten, die mit Macht ausgestattet sind, wie etwa Lehrer oder Chefs. Dies geht auf die jahrhundertelange Geschichte zurück, in denen die Autorität solcher Personen nicht in Frage gestellt wurde.

In modernen Unternehmen wächst das Selbstvertrauen, aber man spürt immer noch eine entwaffnende Ungekünsteltheit im Verhalten gegenüber anderen Menschen. Obwohl polnische Unterhändler Wert auf eine persönliche Beziehung legen, sind sie selbst nicht besonders locker. Sie wahren eine taktvolle Distanz zum Gesprächspartner. Vorschläge werden häufig etwas umständlich eingeleitet und man muss zwischen den Zeilen lesen. Mit dem Übergang von der Plan- zur Marktwirtschaft hat sich in Polen auch das Geschäftsgebaren verändert. Wo es früher um Planerfüllung und Kollektiv ging, dreht sich heute alles um Umsatz. Polen sind eher ungeduldige Geschäftspartner. Sie lassen sich wenig Zeit für Smalltalk. In den Verhandlungen geht es meist schnell zur Sache und Gespräche verlaufen nüchtern und zielgerichtet. Flexibilität hat dabei wenig Raum. Verstärkt wird dieser Umstand durch Behörden, die nach wie vor eher unflexibel, unmotiviert und entsprechend langsam arbeiten. Bei der genauen Fixierung der Schlüsselbegriffe und später der Vertragsinhalte ist die gemeinsame Sprachbasis von entscheidender Bedeutung. Bei Verhandlungen mit Partnern aus Polen wird des Öfteren Deutsch und auch Englisch gesprochen. Sie sollten sich aber hier nicht nur auf den Dolmetscher verlassen, denn die wirtschaftlichen Termini in diesen Sprachen entsprechen nicht unbedingt denen im Polnischen. Achten Sie also darauf: Was hier und dort unter „Marketing“ oder „Manager“ verstanden wird, das kann unterschiedlicht interpretiert werden.

Die polnische Wirtschaft

Zu den Wachstumsbranchen zählen die Nahrungsmittelindustrie, Holzverarbeitung und Chemie. Polen importiert schon seit längerem vor allem Maschinen, Anlagen und Fahrzeuge, industrielle Zwischenprodukte zur Weiterverarbeitung sowie Chemieerzeugnisse. Durch angestrebte Vereinfachungen bei der Weiterleitung von EU-Hilfsgeldern an Projektträger dürfte sich darüber hinaus die Finanzierung im privatwirtschaftlichen und öffentlichen Bereich verbessern. Deutschland bleibt der mit Abstand wichtigste Handelspartner.

Polen hat sich nach schwierigen Zeiten in den letzten Jahren zu einem attraktiven Wirtschaftspartner entwickelt.

Es stellt unter den zehn neuen EU-Mitgliedstaaten aus CEE den größten Markt dar und nimmt somit eine Schlüsselposition in Mittel- und Osteuropa ein. Mit einer Bevölkerung von fast 38,6 Mio. Menschen ist Polen beinahe viermal so groß wie Tschechien.

Der Anfang der Wirtschaftsreformen war sehr schwierig. Nach jahrelanger kommunistischer Herrschaft steckte das Land im Kollaps, und die Gesellschaft verarmte immer mehr. In der Umbruchszeit befand sich Polens Wirtschaft in einem fatalen Zustand. Um sie zu retten, entschied man sich für radikale Reformen.

Und so war Polen das erste unter den osteuropäischen Ländern, das auf einen nachhaltigen Wachstumskurs einschwenkte. Dies gelang dank einschneidender struktureller Maßnahmen, zügiger Privatisierung, der Bildung eines effizienten Bankenapparats, der Liberalisierung des Außenhandels und nicht zuletzt auch aufgrund massiver westlicher Unterstützung.

Das polnische Bruttosozialprodukt

Das Wachstum beschleunigt sich

Das Wachstum des Bruttoinlandsprodukts wird 2007 im Vergleich zum Vorjahr anziehen und sich 2008 sogar noch weiter beschleunigen. Jenseits der 5% wird sich das Wachstum aber dennoch nicht bewegen. Als Ursache für die Bremsung sind zum einen statistische Effekte auszumachen, andererseits aber auch nicht greifende, wirtschaftliche Reformen. Erhalten können weitere hohe Wachstumsraten jedoch hauptsächlich durch ausländische Direktinvestitionen, neben den umfangreichen EU-Fördergeldern. Um Unternehmen eine Ansiedlung und eine anschließende Geschäftstätigkeit zu erleichtern, geht das zuständige Wirtschaftsministerium strategisch-rechtliche Reformen an. Zu nennen ist in diesem Zusammenhang das Gesetz „Zur unternehmerischen Freiheit". Privatisierungen dürften 2007 jedoch auf der Stelle treten.

Die wichtigsten Daten im Überblick

BIP Real 2006:	268,5 Mrd. Euro
BIP je Einwohner 2006:	6.955 Euro
Wirtschaftswachstum 2006:	5,8% (2005: 3,2%)
Inflationsrate 2006:	1% (2005: 2,1%)
Arbeitslosenrate 2006:	14,9% (2005: 18,2%)
Währung/Wechselkurs 2006: Zloty (PLN)	1 Euro = 3,8959 PLN (ø 2006)
Export 2006:	93 Mrd. Euro
Import 2006:	97 Mrd. Euro

Quellen: Bank Austria Creditanstalt, Wirtschaftskammer Österreich

Die polnische Kaufkraft

Noch immer von hoher Arbeitslosenrate geprägt

In Großstädten mit hohem Durchschnittseinkommen und geringer Arbeitslosigkeit werden großflächige Einzelhandelszentren errichtet. In Zentren mit verkehrstechnisch günstiger Lage blüht das Geschäftsleben sogar außerordentlich stark auf. Die in diesem Zusammenhang stehenden Investitionen bewertet die Immobilienwirtschaft vom Risiko her als immer sicherer. Das Konjunkturklima im Einzelhandel wurde im Herbst 2005 landesweit und mehrheitlich als negativ eingeschätzt. Eine Konjunkturverbesserung signalisierten 17% der durch das statistische Hauptamt (GUS) im Oktober befragten Einzelhändler, 23% eine Verschlechterung. Positive Entwicklungen vermeldete der Einzelhandel für Möbel, Heimelektronik und Elektrohaushaltsgeräte. Von rückläufigen Tendenzen sprachen Geschäfte für Textilien und Bekleidung, Schuhe, Lebens- und Genussmittel sowie die Autohändler.

Das Wohlstandsniveau lässt sich gut an der Kaufkraft je Einwohner in Kaufkraftstandards vergleichen. Danach liegt die polnische Kaufkraft weit unter dem europäischen Schnitt. Polen erreicht hier 55% des durchschnittlichen Niveaus in der EU, während zum Beispiel Deutschland auf 113% kommt. Strukturprobleme in Polen, die diesen großen Gegensatz mit verursachen, sind vor allem der noch relativ hohe Anteil von Beschäftigten in der Landwirtschaft mit über 14,9% sowie das ungleiche Entwicklungsniveau zwischen städtischen Zentren und ländlichen Regionen.

Laut der GfK-Presseaussendung vom Mai 2005 liegt die Kaufkraft der Warschauer Bürger beispielsweise 55% über dem polnischen Durchschnitt, die Kaufkraft der Bewohner einiger ostpolnischer Regionen dagegen mehr als 20% unter dem Landesdurchschnitt. Blicken die Polen an der deutsch-polnischen Grenze nach Westen, ist die Einkommenskluft auch unter Berücksichtigung der unterschiedlichen Preise sehr groß: Während ein Pole durchschnittlich über 6.949 Euro pro Jahr Einkommen verfügt, stehen seinem deutschen Nachbarn 16.207 Euro zur Verfügung. Blicken sie jedoch nach Osten, zeigt sich an den Grenzen zu Weißrussland mit 1.815 Euro und der Ukraine mit 1.853 Euro auch ein hohes Wohlstandsgefälle, diesmal jedoch mit umgekehrten Vorzeichen.

Tabellenauszug: Übersicht über die monatlichen Mindestlöhne (2006–2007) und durchschnittlichen Monatsbruttolöhne in Zentral- und Osteuropa

Land	monatlicher Mindestlohn (Euro) im Januar 2006	monatlicher Mindestlohn (Euro) im Januar 2007	durchschnittlicher Monatsbruttolohn (Euro) 2006
Bulgarien	82	92	178
Polen	234	246	763
Rumänien	90	114	376
Slowakei	183	217	624
Slowenien	512	522	1.213
Tschechien	261	288	743
Ungarn	247	258	708

Quellen: Eurostat, Statistik kurz gefasst, Mindestlöhne 2007 – monatlicher Mindestlohn Januar, und Dresdner Bank, Investieren in Mittel- und Osteuropa, August 2007 – durchschnittlicher Monatsbruttolohn

Der polnische Werbemarkt

Internetentwicklung am dynamischsten

2005 erhöhten sich die Bruttowerbeausgaben nach Angaben der Television 2006 auf ca. 3.376 Mio. Euro. Zuwächse verzeichneten vor allem das Internet, Outdoor-Werbung und die Printmedien.

Das Fernsehen ist weiterhin das eindeutig führende Medium bei den Werbeeinnahmen, auf das knapp 50% entfalllen. Seit einiger Zeit befassen sich auch in-

Werbeausgaben Polen 2005

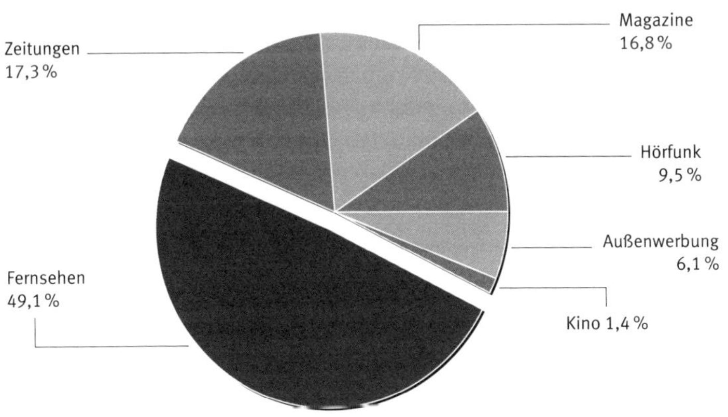

Quelle: Television 2006, International Key Facts (Expert Monitor)

ländische Firmen mit dem Auditing von Medien. Zuvor hatten vor allem in Polen tätige internationale Konzerne von solchen Leistungen Gebrauch gemacht, die helfen, die Wirkung der Werbemaßnahmen zu beurteilen und zu erhöhen. Sie kooperierten dabei mit westlichen Audit-Firmen. Da aber seit dem Hinzukommen neuer Firmen in manchen Fällen das Audit in nicht zufriedenstellender Weise durchgeführt wurde, ist die Vereinigung der Werbeagenturen, Stowarzyszenie Agencji Reklamowych, nun dabei, auf Bitte ihrer Mitglieder einen „Kodex guter Praktiken" zu verfassen. Ihre Mitarbeit dabei hat die Organisation der Hersteller von Markenprodukten, Pro Marka, zugesagt, die die größten Werbeausgaben tätigen. Der polnische Kodex lehnt sich an den europäischen an.

Der polnische Konsument

Einer Studie der GfK zufolge, die in sechs Ländern durchgeführt wurde, sind sogenannte Schnäppchenjäger eine klar abgrenzbare, zugleich aber auch heterogene Zielgruppe, die – richtig angesprochen – ein enormes wirtschaftliches Potenzial beinhaltet.

Weder in Polen noch in den fünf weiteren untersuchten Ländern Frankreich, Großbritannien, Italien, Deutschland und Spanien ist die Schnäppchenjagd ein neues Phänomen. Allerdings scheint deutschen und polnischen Verbrauchern der Preis mit Abstand wichtiger zu sein als ihren europäischen Nachbarn.

In Polen gibt es mit einem Anteil von 62% zwar noch mehr „preisbewusste" Konsumenten als in Deutschland, allerdings ist dieser Anteil seit dem Jahr 2001 bereits um 4% zurückgegangen.

Preisorientierung in Europa

Land	Preis-orientierung 2001	Preis-orientierung 2003	Veränderung in Prozentpunkten
Italien	38%	44%	+ 6
Deutschland	56%	56%	0
Polen	66%	62%	– 4
Großbritannien	45%	41%	– 4
Frankreich	54%	49%	– 5
Spanien	50%	44%	– 6
Europa	51%	49%	– 2

Quelle: GfK Lebensstilforschung 2004

Direktmarketing in Polen

Tomasz Kostyra von Dominanata Direct gab in seiner Präsentation bei den Direktmarketing-Tagen in Portoroz im Mai 2006 einen Ein- bzw. Überblick über die Entwicklung des Direktmarketing in seinem Heimatland:

Viele der größten europäischen Marketingunternehmen, darunter Claritas Acxiom und Schober Direktmarketing, sind in Polen bereits aktiv. Versandhändler wie Reader's Digest, International Master Publisher (in Ungarn Master Kiado), Egmont Verlag, Neckermann, Quelle oder Bertelsmann sind schon seit den 1990er Jahren am polnischen Markt tätig.

Die Handelsführer greifen entweder auf eigene gut gewartete B2C- und B2B-Adresslisten zurück oder bedienen sich externer Listen zur Ergänzung der eigenen bzw. als Hilfe zur Markterschließung. Bei den Listen sind weniger als 5% unbrauchbar, was als gut einzustufen ist. Die Preise variieren zwischen 0,15 und 0,45 USD pro Adresse, spezialisiertere Daten können mehr kosten. Vermittlungsprovisionen reichen von 10% bis 20%. Die Verwendung der Adresslisten orientiert sich immer noch vorwiegend am Versandhandel. Kunden sind vor allem Frauen, die Nachnahme ist die gebräuchliste Zahlungsvariante. Die Polnische Post dominiert bei den Vertriebskanälen und erfährt bedeutende Konkurrenz nur bei den unadressierten Sendungen wie Inserts, von Haus-zu-Haus-Zustellungen etc.

2003 lagen die Ausgaben im Direktmarketing-Markt bei 660 Mio. Euro. Die Pro-Kopf-Stückzahl belief sich bei den Direct Mails auf 18, bei den unadressierten Sendungen auf 40 und beim Telefonmarketing outbound auf 2.

2003 verwendeten 82% der polnischen Unternehmen – um 6,5% mehr als im Jahr davor – Direktmarketing-Tools. Besondere Wachstumsmärkte sind Telekommunikation, Finanzen und die Automobilbranche. 53,7% warben mit Direct Mails, 21,1% mit Telemarketing und 76,5% benutzten bei ihren Aktivitäten das Internet. In Polen verfügen 21 Mio. über ein Mobiltelefon, 73% haben einen Festnetzanschluss.

Großes Potenzial für Direktmarketing

Polen gilt mit seinen 38,6 Mio. Einwohnern und zwölf Mio. Haushalten als einer der vielversprechenden Märkte für Direktmarketing in Europa.

Die Direktmarketing-Budgets entwickeln sich rasant. Von den 660 Mio. Euro Gesamtausgaben entfielen 465 Mio. auf Mailings. Das Medium ist akzeptiert, die Response-Quoten sind gut, das Interesse und die Nachfrage nach Mailings sowie die Ausgaben für dieses Segment wachsen stetig. Seit 2000 sind die Ausgaben um durchschnittlich 19% gestiegen.

Obwohl der Anteil der unadressierten Werbesendungen ca. zwei Drittel beträgt, ist ein klarer Trend zu den adressierten Mailings zu beobachten, die sich einer immer größeren Beliebtheit erfreuen.

1995 wurde der polnische Direktmarketing-Verband – SMB – gegründet (siehe: www.smb.pl.).

Er zählt ca. 100 Mitglieder, die aus den Branchen Versandhandel, Verlage und Dienstleistungsunternehmen kommen.

Direktmarketing Ausgaben Polen 2006

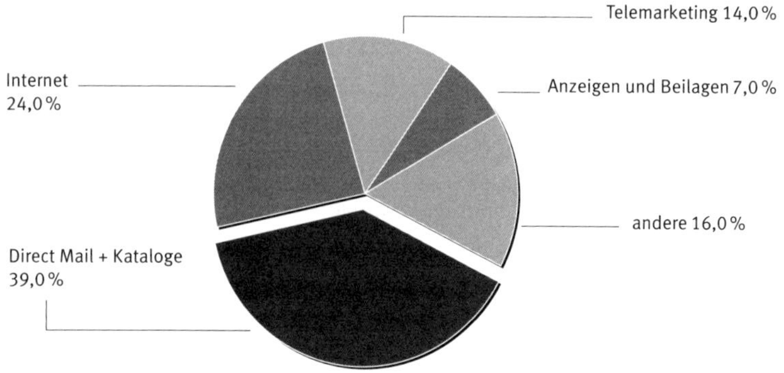

Quelle: Tomasz Kostyra von Dominanata Direct, Präsentation Portoroz 2006

Die Polen lieben Farben und Humor

Die besten Mittel im Bemühen um hohe Responseraten der polnischen Konsumenten sind Humor und Farbenpracht. Von 70% der polnischen Konsumenten, die Werbepost erhalten, liest jeder zweite die Mailings, so eine Studie der GfK.

Vom informativen Charakter des Mailings und vom Interesse am Produktangebot hängt die Akzeptanz der Werbepost für den Großteil der Empfänger ab. Die Polen reagieren vor allem mit der Antwortkarte. Rund 60% der Befragten benutzen sie als Responseelement. Für nur 20% der Befragten sind die Marke oder das Produkt polnischer Herkunft bei der Kaufentscheidung von Bedeutung; der Preis spielt eine übergeordnete Rolle.

Weiters wird Tradition in Polen – mehr als in anderen CEE-Ländern – groß geschrieben. Vertrauen schaffen in neue Angebote ist daher das Wichtigste für Anbieter am polnischen Markt. Im Allgemeinen liegt die Qualitätsorientierung in Polen aber unterhalb des CEE-Mittelwerts.

Adressierte Direktwerbung

Im Aufwind durch gutes Adressmaterial

Polen ist im Hinblick auf das Direktmarketing einer der bestentwickelsten Märkte der mitteleuropäischen Länder. Es gibt in Polen ca. 40 Mio. potenzieller Kunden, die Werbeangebote mit größtem Interesse verfolgen. Obwohl der Adressmarkt in Polen im Vergleich zu den westeuropäischen Ländern relativ jung ist, hat er sich innerhalb der letzten zehn Jahre sehr gut entwickelt. Verdeutlicht wird dies durch die vergleichsweise hohe Anzahl an Adressanbietern, die sowohl marktabdeckende, als auch spezialisierte Datenbanken anbieten. Bei der Anmietung von Adressen sind sehr ausführliche und umfangreiche Verträge üblich, so dass das Adressgeschäft durch eine gewisse Bürokratie gekennzeichnet ist. Insgesamt gibt es 18 Anbieter, davon drei für Privatadressen, neun für Firmenadressen und sechs, die beides abdecken.

Insgesamt werden ca. 15 Brokerlisten von Firmen- und Privatadressen in Polen vermarktet, die eindeutig versandhandelsorientiert sind. Es gibt zwar mehr als 15 Versandhandelsunternehmen in Polen, doch diese vermieten ihre Listen größtenteils nicht. Sie bevorzugen aus Angst vor Datenmissbrauch den direkten Tausch mit anderen Adresseignern.

Die B2C-Adressen werden in Non-profile-Listen mit öffentlich zugänglichen Daten, Profil-Listen, die zusätzlich noch soziodemografische Daten enthalten, und Life-style-Listen unterschieden. Life-style-Listen werden mittels Haushaltsbefragungen erstellt, in denen Informationen wie Interessensgebiete, Kaufgewohnheiten, Hobbies etc. erhoben werden.

Im B2B-Bereich gibt es Datenbanken, die über zahlreiche Merkmale wie postalische Adressen, Möglichkeiten der Erreichbarkeit, Ansprechpartner mit Funktion, Branchen, Rechtsformen, Umsatz oder Anzahl der Mitarbeiter verfügen.

Bei diesen B2B-Adressen werden Garantien abgegeben, die folgende Kriterien beinhalten:

Aktualitätsgrad der Zustellbarkeit von B2B-Adressen mit 95%, die Richtigkeit der Telefonnummern mit 70% und einen Aktualitätsgrad von kleineren und mittleren Betrieben von 90–94%.

Rumänien

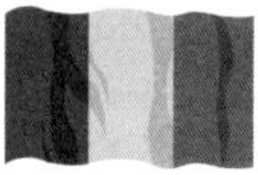

Land und Leute

Die Republik Rumänien hat eine Gesamtoberfläche von 237.500 km² und zählt mit ihren 22,3 Mio. Einwohnern, von denen mehr als die Hälfte in Städten leben, zu den bevölkerungsreichsten Ländern Zentral- und Osteuropas. Derzeit ist Rumänien in 41 Bezirke und in die Hauptstadt Bukarest unterteilt. Das Land hat mehr als 70 Städte. Die größten sind Bukarest mit 1,8 Mio. Einwohnern, Iasi mit 318.000, Cluj Napoca, Timisoara, Craiova mit je etwa 300.000 Einwohnern. Die Bevölkerung setzt sich aus 89,4% Rumänen, 7,1% Ungarn, 0,3% Deutschen und 3,2% anderen Volksgruppen zusammen. Die deutsche Minderheit lebt heute zum größten Teil im Landesteil Siebenbürgen. Die Amtssprache des Landes ist Rumänisch, doch es wird auch Gagausisch, Russisch, Ungarisch und Moldawisch gesprochen. Rumänien wird vom Gebirgszug der Karpaten und dichten Wäldern geprägt und hat eine 225 km lange Küste entlang des Schwarzen Meeres, die für den Inlandtourismus genutzt wird.

Doch Rumäniens besonderer Reichtum sind Rohstoffe: Erdöl, Erdgas, Steinkohle, Salz sowie Zink sind in großen Mengen vorhanden.

Die Nachbarstaaten sind Bulgarien, Ukraine, Moldawien, Serbien und Ungarn. Rumänien ist Mitglied der Vereinten Nationen UNO sowie allen dazugehörigen Unterorganisationen wie FAO, UNESCO, IAEA, UNIDO, UNCTAD, WHO. Seit dem Jahr 1994 ist Rumänien auch Mitglied der Welthandelsorganisation WTO. Es bestehen zahlreiche Freihandelsabkommen, vor allem mit der EU, EFTA, CEFTA sowie eine Reihe von weiteren Freihandelsabkommen, z. B. mit der Türkei und der Republik Moldawien. Seit 1997 ist Rumänien auch Mitglied des Madrider Abkommens vom 27. Juni 1989 hinsichtlich der Registrierung internationaler Marken. Im Zuge der NATO-Osterweiterung wurde Rumänien bereits am 29. März 2004 Mitglied der NATO. Rumänien ist seit 1. 1. 2007 EU-Mitglied.

Kulturelle Besonderheiten und Businessknigge

Was ist zu beachten?

- Meiden Sie Bezeichnungen wie „Balkan“ und „osteuropäisch“! Es kann als Beleidigung interpretiert werden!
- Meiden Sie Themen wie Roma, Sinti, Ceausescu und „Familienplanung“ (unter Ceausescu musste jede Familie mindestens fünf Kinder haben).
- In Rumänien gilt im Straßenverkehr die 0,0-Promillegrenze.
- Bei der Einreise ist mit strengen Kontrollen an der Grenze und Überprüfung des Gepäcks und des Fahrzeugs zu rechnen. Dies kann zu längeren Wartezeiten führen.
- Rumänen sind stolz auf ihr Land, Kunst, Kultur, Sport und ihre Sprache. Diese Themen bieten viel Gesprächsstoff und werden sehr gerne angenommen.
- Russisch wird eher abgelehnt, man bevorzugt und bewundert alles Französische.
- Geben Sie keine kritischen Kommentare zur Wirtschaftslage ab!
- Vergleichen Sie Rumänien nicht mit den mehr entwickelten Nachbarländern wie z. B. Ungarn.

Die rumänische Mentalität

Die Bevölkerung bekennt sich zum größten Teil zum rumänisch-orthodoxen Glauben (87%), römisch-katholisch sind ca. 5%, griechisch-katholisch ca. 1%.

Religion wird als „Privatsache“ betrachtet und hat keinen Einfluss auf Freundschaften und Geschäfte.

Rumänien ist eine „romanische Insel im slawischen Meer“. Die Rumänen schätzen ihre lateinischen Ursprünge sehr. Gerne pflegt man französische Umgangsformen. Rumänen sind am Anfang misstrauisch, aber nachher rasch herzlich und gastfreundlich. Sie lieben üppiges Essen und Trinken.

Was ist zu beachten?

- Bei Einladungen bei einer rumänischen Familie sollte man der Hausfrau Blumen mitbringen. Bei formellen Einladungen werden Reden geschätzt.
- Beim Anstoßen sollten Sie nicht „Prost“ sagen, da es auf Rumänisch „dumm“ bedeutet. Sie sollten immer einige Trinksprüche bereit haben.
- Es ist üblich, Damen die Hand zu küssen. Umarmungen, Wangenkuss und Schulterklopfen sind, wie in anderen romanischen Ländern, gebräuchlich. Geschäftlich wird oft der Handschlag als Begrüßung verwendet.
- Am 1. März ist es üblich, den Frauen als Ausdruck der Zuneigung eine Kleinigkeit zu schenken („Märzchen“).
- Die religiösen Feste werden traditionell und intensiv gefeiert. Namenstage erfreuen sich auch großer Beliebtheit.
- Titel werden in der mündlichen und in der schriftlichen Anrede häufig verwendet.
- Pünktlichkeit wird geschätzt, doch einige Minuten Verspätung werden nicht übel genommen.
- Der Geschäftspartner wird immer von den Mitarbeitern begleitet.
- Führen Sie Erstbesprechungen persönlich und nicht am Telefon durch (trifft auch auf Ämter und Behörden zu).
- Verhandlungen dauern sehr lange, oft wird neu gestartet, es kommen immer wieder Rückfragen.
- Rumänen sind sehr gute Verhandler und vertreten ihre Interessen sehr hart, wenn es um den Preis geht.
- Einladungen werden gerne angenommen und beschleunigen den Geschäftsabschluss.
- Verhandlungen und Geschäftsabschlüsse werden gerne mit einem mehrstündigen Mahl verbunden, bei welchem nicht gerade spärlich gegessen und getrunken wird.
- Sommermonate sind für Geschäftsreisen ungünstig.

Die rumänische Wirtschaft

Das Wirtschaftswachstum hat 2006 knapp 8% betragen und lag somit weit über dem europäischen Durchschnitt.

Die Aufwertung des rumänischen LEU gegenüber dem Euro hat sich etwas verlangsamt. 2006 konnte ein kleiner Budgetüberschuss erzielt werden. Die Einführung der flat-tax für Gewinne und Einkommen in der Höhe von 16% mit Anfang 2005 steigerte die Attraktivität des Investitionsstandortes Rumänien weiter. Die Privatisierungen sind weitgehend abgeschlossen.

Die Konjunktur wieder stärker auf die produktiven Bereiche Industrie, Infrastruktur und Investitionen verlagert. Hier bleiben die Aussichten für westliche Anbieter noch auf Jahre hinaus äußerst interessant.

Handels- und Leistungsbilanzdefizit wächst zu schnell

Rumäniens Volkswirtschaft wächst nicht durch Investitionen, sondern aufgrund des Privatkonsums, der von den einheimischen Unternehmen nicht gedeckt werden kann und dementsprechend die Importe ankurbelt, warnte die Europäische Bank für Wiederaufbau und Entwicklung (EBRD) in ihrem jüngsten Jahresbericht.

Die rumänischen Behörden müssten mehr für die Wettbewerbsfähigkeit der rumänischen Unternehmen sowie für die Heranziehung von ausländischen Direktinvestitionen tun, hieß es in dem EBRD-Bericht. Ferner müsse die Regierung den Arbeitsmarkt durch Novellierungen des Arbeitsgesetzes, die die Aktivität der Unternehmen erleichtern, sowie durch eine Senkung der Sozialabgaben, deren Niveau im Vergleich zu den Nachbarländern hoch seien reformieren, hieß es weiter.

Auch sollten nach Meinung der EBRD-Experten Maßnahmen zur Regelung und Überwachung der Leasing-Aktivitäten getroffen werden, so dass das hohe Wachstumstempo der von der Bevölkerung aufgenommenen Kredite gebremst werden kann.

Die wichtigsten Daten im Überblick

BIP Real 2006:	95 Mrd. Euro
BIP je Einwohner 2006:	4.400 Euro
Wirtschaftswachstum 2006:	7,8% (2005: 4,1%)
Inflationsrate 2006:	4,9% (2005: 9,0%)
Arbeitslosenrate 2006:	5,4% (2005: 5,8%)
Währung/Wechselkurs 2006: LEU neu (RON)	1 Euro = 3,4 RON (Februar 2007)
Exporte 2006:	22,25 Mrd. Euro
Importe 2006:	32,57 Mrd. Euro

Quellen: Bank Austria Creditanstalt, Wirtschaftskammer Österreich

Trotz der insgesamt positiven volkswirtschaftlichen Gesamtentwicklung Rumäniens in den letzten Jahren besteht in der Wirtschaft weiterhin großer Reformbedarf. Zu viel Bürokratie, immer noch nicht ausreichende Rechtssicherheit, Zollprobleme sowie Korruption behindern nach wie vor den dringend benötigten Zufluss ausländischen Kapitals.

Rumänische Kaufkraft

Die Käufe langlebiger Konsumgüter und von Pkws nahmen 2006 eine rasante Entwicklung. Oft noch werden diese Güter zum ersten Mal beschafft. Ermöglicht hat diesen Boom die rasche Expansion der Verbraucherkredite auch in Form von Leasing-Verträgen (mit Monatsraten von 30 bis 80% im Jahresvergleich), hohe Reallohnsteigerungen, die Senkung der Einkommensteuer und nicht zuletzt die Lei-Aufwertung.

Ende September hat die Zentralbank dann das Kreditvolumen der Banken begrenzt. Die Inflation stagniert 2007 voraussichtlich bei 5,0%

Tabellenauszug: Übersicht über die monatlichen Mindestlöhne (2006–2007) und durchschnittlichen Monatsbruttolöhne in Mittel- und Osteuropa

Land	monatlicher Mindestlohn (Euro) im Januar 2006	monatlicher Mindestlohn (Euro) im Januar 2007	durchschnittlicher Monatsbruttolohn (Euro) 2006
Bulgarien	82	92	178
Polen	234	246	763
Rumänien	90	114	376
Slowakei	183	217	624
Slowenien	512	522	1 213
Tschechien	261	288	743
Ungarn	247	258	708

Quellen: Eurostat, Statistik kurz gefasst, Mindestlöhne 2007 – monatlicher Mindestlohn Januar, und Dresdner Bank, Investieren in Mittel- und Osteuropa, August 2007 – durchschnittlicher Monatsbruttolohn

Nach der Kaufkraft berechnet lag Rumäniens Bruttoinlandsprodukt (BIP) je Einwohner im Jahr 2006 bei rund 38% des Durchschnitts in den Mitgliedstaaten der Europäischen Union. Das ist den vom europäischen Statistikamt Eurostat veröffentlichten Daten zu entnehmen. Das höchste Pro-Kopf-BIP hat Luxemburg gefolgt von Irland.

Mit seinen 38% des EU-Durchschnitts platzierte sich Rumänien vor Bulgarien (37%), der Türkei (29%) und Mazedonien (27%).

Rumänien hat im Jahr 2006 mit 4.400 Euro eines der niedrigsten Bruttoinlandsprodukte (BIP) je Einwohner in der Region verzeichnet, obwohl das Wirtschaftswachstum im Zeitraum 2005 bis 2006 mit einem Jahresdurchschnitt von 5,9% zu den höchsten gehörte.

Der rumänische Werbemarkt

TV ist klare Nummer 1

Der rumänische Werbemarkt verzeichnet weiterhin eine kontinuierliche Entwicklung nach oben.

Laut der Television 2006, International Key Facts stiegen die Nettowerbeausgaben 2005 auf 272,5 Mio. Euro.

Immer noch ist das Fernsehen der Liebling der Werber, gefolgt von Print und Radio. Außenwerbung, Internet und Kinowerbung belegen die weiteren Plätze. Werbung im Internet gewinnt aber immer mehr an Bedeutung, wenn man das signifikante Wachstum betrachtet. Somit folgt die heimische Werbebranche dem allgemeinen Trend, obwohl rumänische Werber den neuen Technologien noch nicht sehr offen gegenüberstehen.

Der rumänische Werbemarkt steht mit seinem Wachstum an erster Stelle in Osteuropa und begann sich seit der politischen und wirtschaftlichen Wende im Land zu strukturieren. Die Werbung als effizientes und unverzichtbares Marketingmittel hat sich spätestens mit dem Einstieg der ausländischen Bier-, Waschmittel- und Telekommunikationskonzerne in Rumänien durchgesetzt. Auch klein- und mittelständische Unternehmen beginnen inzwischen in Werbung zu investieren.

Werbeausgaben Rumänien 2005

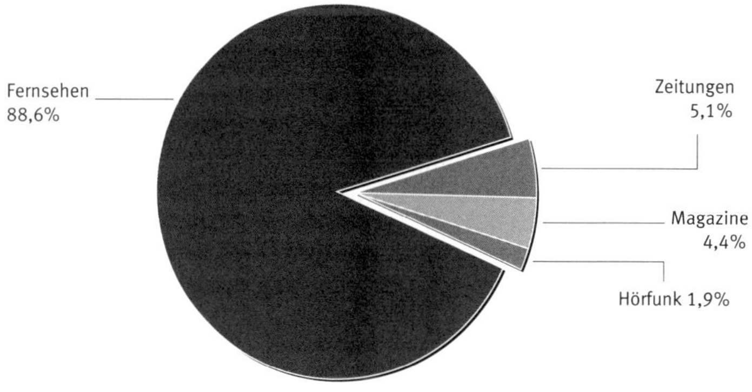

Quelle: Television 2006, International Key Facts (AlfaCont MediaWatch)

Allerdings ist auch die Meinung, Werbeausgaben seien eine reine Verschwendung und keine Investition, noch immer vertreten. Der Kampf um Marktanteile vollzieht sich unterdessen auch in Rumänien verstärkt über die Werbung, obwohl die Branche längst nicht die Bedeutung im Verbraucherbewusstsein erreicht hat wie z. B. in Westeuropa. Vor allem die Einführungsphase eines Produkts ist ohne Werbung nicht mehr denkbar, zwischen 5% und 8% des Umsatzes werden dafür investiert.

Direktmarketing in Rumänien

Unglaubliche Wachstumsraten von 40–150%

Der Direktmarketingmarkt in Rumänien ist noch im Aufbau begriffen – das Datenmaterial daher noch spärlich. Die folgenden Daten stammen vom rumänischen Direktmarketingverband ARMAD, die den Direktmarketingmarkt 2005 abdeckten und im Sommer 2006 erhoben wurden.

Umsatz Direktmarketing	2004: 8 Mio. Euro 2005: 12 Mio. Euro		
Umsatz adressierte Mailings 2005	1,5 Mio. Euro	pro-Kopf-Umsatz 2005	0,07 Euro
Umsatz unadressierte Mailings 2005	450.000 Euro	pro-Kopf-Umsatz 2005	0,02 Euro
Umsatz Telemarketing (hauptsächlich Inbound-Services)	1,031 Mio. Euro		

Der Markt für adressierte Mails – nur Direct Mails, keine Rechnungen oder Kontoauszüge! – wird auf 60 Mio. Stück in 2004 und 150 Mio. Stück in 2005 geschätzt.

Unadressierte Mails werden auf 100 Mio. Stück 2004 und 140 Mio. Stück in 2005 geschätzt. Auch hier gibt es eine geschätzte Wachstumsrate von 40%. In der regionalen Verteilung ist Bukarest die Nummer 1. Allein 40–50% aller zugestellten Mails kommen hier zum Tragen.

Die rumänische Post

Die rumänische Post hat ein dichtes Versorgungsnetz, das aus rund 7.132 Filialen und 37.645 Briefkästen besteht, die über das ganze Land verteilt sind. Wenn man die Größe des Landes mit einbezieht, dann kommt man auf 139,4 Postfilialen und 157,9 Briefkästen pro 1.000 km^2. Mit 14,8 Postfilialen und 16,8 Briefkästen pro 10.000 Einwohner ist die Post als Unternehmen also gut distribuiert – doch das allein garantiert keinen qualitativen Service. Die Transportqualität liegt bei bis zu 1 Tag bei 70%, bis 2 Tage bei 90%.

Die rumänische Post plant, die Informationsunterschiede zwischen den einzelnen Regionen durch Diversifizierung ihrer Dienstleistungen und Einsatz neuer Technologien zu überwinden. Das Unternehmen ist in zehn Regional-, 41 Bezirksdirektionen und sechs Sonderbereiche gegliedert. Es zielt auf die Einführung einheitlicher Qualitätsnormen für ganz Rumänien ab.

Die Automatisierung des Postämternetzes schreitet voran. Im April 2004 verfügten bereits 436 Postämter über eine Reihe elektronischer Finanzdienste wie den Geldüberweisungsdienst über Western Unions und Eurogiro-Transaktionen. Viele Postämter bieten auch elektronische Dienste über das Internet an. PostNet-Access sichert Kunden über PCs in 350 Postämtern – weitere 150 sollen hinzukommen – den Zugriff zu Internet-Diensten. Die rumänische Post kontrolliert 60% des inländischen Expressmarktes.

Russland

Land und Leute

Das größte Land der Welt liegt mit einer Fläche von 17.075,200 km² und einer Bevölkerungszahl von ca. 144 Mio. Einwohnern nicht nur auf zwei Kontinenten, sondern ist auch flächenmäßig fast so groß wie zwei Kontinente (Europa und Australien). Die Ausdehnung des Landes bietet unter anderem ausreichend Platz für den größten Fluss Europas, die Wolga, und den ältesten und tiefsten Binnensee der Welt, den Baikalsee. Dieses riesige Territorium wird durch das Uralgebirge in das europäische Russland und in Sibirien unterteilt. Das Land umfasst fast alle Klima- und elf Zeitzonen. Obwohl rund drei Viertel der Fläche von Russland auf Asien liegen, wohnen 75% der Bevölkerung auf dem europäischen Kontinent. Russland ist ein Land voller Gegensätze. Die Temperaturen können zwischen –50° und +30° Celsius liegen, das Klima ist subtropisch, aber auch polar. Die Bevölkerungsdichte reicht von 1 Menschem pro km² bis 141 Menschen pro 1 km², im Durchschnitt sind es 8,4 Menschen pro km². 13 Städte haben eine Bevölkerungsgröße von über einer Million Einwohnern. Die mit Abstand größte Stadt ist die Hauptstadt Moskau mit über 10 Mio. Einwohnern, gefolgt von St. Petersburg mit 4,66 Mio., Nowosibirsk mit 1,42 Mio., Nischni Nowgorod mit 1,35 Mio. und Jekaterinburg mit 1,26 Mio. Angehörige von mehr als 100 Nationalitäten leben in Russland; 18% der Gesamtbevölkerung sind Nichtrussen. Die anerkannte Landessprache ist Russisch. Der Großteil der Bevölkerung gehört dem russisch-orthodoxen Glauben an, Moslems und Katholiken stellen eine Minderheit dar.

Geschichtlich und topografisch gesehen stellt Russland eine Verbindung zwischen Asien und Europa dar. So grenzt das Land an viele Staaten, unter anderem an Finnland, Norwegen, Lettland, Weißrussland, Estland, Georgien, Ukraine, Aserbaidschan, Mongolei, Nordkorea, Japan, Polen, USA, China und andere. Mit 34.000 km hat es die längste ununterbrochene Küstenlinie der Welt und ist daher eine Seemacht, mit Zugang zur Ostsee, zum Pazifischen und zum Arktischen Ozean. Die Landschaft Russlands ist sehr vielfältig. 40% der Fläche besteht aus Gebirge, die größten sind das Altai-Gebirge und das Baikalgebirge. Es gibt auch viele Vulkane, von denen mehr als 60 noch aktiv sind. Außerdem findet man Steppen, Küsten, mächtige Wälder, unendliche Weiten der Tundra und Gletscher. Das Land ist außergewöhnlich reich an Bodenschätzen – von Steinkohle, Eisenerz bis zu Erdöl, Erdgas, Gold und Diamanten im Wolgagebiet und in Nordkaukasien findet man alles.

Kulturelle Besonderheiten und Businessknigge

Was ist zu beachten?

- Über Jahrzehnte hat der russische Mensch gelernt, Probleme zu umgehen, Einkommen zu verheimlichen und den Behörden geschickt auszuweichen. Falsche Angaben entspringen allerdings der Auffassung, dass man auf direktem Weg keinen Erfolg hat, und nicht um den Partner zu belügen.
- In der sowjetischen Gesellschaft war es üblich, die eigene Position zu nutzen, um im Tausch Vorteile für sich und die Familie zu lukrieren.
- Bedenken Sie, dass ein guter Teil der russischen Wirtschaft (ca. 30%) im Schwarz- und Graubereich liegt.

Die russische Mentalität

Die Russen sind ein stolzes Volk. Der Nationalstolz darf nicht gekränkt werden. Einem Ausländer wird nicht das Recht eingeräumt, Kritik an Russland zu üben. Für viele Russen, insbesondere die ältere Generation, ist Russland noch immer eine Supermacht. Offene Kritik an der Sowjetunion wird auch heute nicht akzeptiert.

Wie die Franzosen lieben die Russen „große Ideen", und sie sind überzeugt, dass sie eine herausragende Aufgabe, eine „Mission" in der Welt zu erfüllen haben. Der russische Patriotismus äußert sich einerseits im starken Zusammengehörigkeitsgefühl (die häufige Verwendung des Begriffes „Nashi – die Unsrigen" in den Medien), andererseits aber auch im radikalen Nationalismus bis hin zum Rassismus, den Übergriffen auf Ausländer oder Menschen mit anderer Hautfarbe.

Wie geht man sensibel mit Russen um?

- Äußern Sie sich lobend über Russland, vor allem über die technischen Errungenschaften!
- Der russische Geschäftsmann sucht persönlichen Kontakt: Zeigen Sie sich daher von der menschlichen Seite – erzählen Sie von ihren Gefühlen, Hoffnungen, Träumen etc.
- Was richtig und was falsch ist, ist keine Frage des Gesetzes, sondern Mehrheitsmeinung.
- Russen haben eine Abneigung gegen starre Regeln. Weisen Sie daher so oft wie möglich darauf hin, dass Sie ebenfalls kein Freund exzessiver Bürokratie sind. In Russland wird viel über ein verwickeltes Netzwerk persönlicher Beziehungen erreicht, von offizieller Seite wird keine Hilfe erwartet.
- Tabuthemen wie Tschetschenien oder der Untergang der „Kursk" sind tunlichst zu vermeiden!

Was ist zu beachten?

- Die Erwartung westeuropäischer Manager, in kleinen Teams mit einer hohen Kompetenzverteilung zu arbeiten, funktioniert in Russland nicht.
- Zu große Gewinnspannen gelten als unmoralisch.
- Der russische Mitarbeiter will streng geführt werden, will klare Anordnungen erhalten, ihm fehlt Eigeninitiative.
- Begriffe wie demokratisch, Fairplay, Profit, cashflow, public relations oder goodwill haben in Russland wenig Bedeutung, ganz gleich in welcher Sprache sie geäußert werden. Bedenken Sie dabei, dass es in der russischen Geschichte bislang keine Demokratie gab.

Verhalten bei Meetings und Verhandlungen

Für den Russen sind Verhandlungen eine ernsthafte Sache, auch wenn letztlich Handschlag und gegenseitiges Verstehen wichtiger sind als Gesetze und Vereinbarungen. Er ist eher personen- als prozessorientiert. Wichtig ist, das Gesicht zu wahren, sein Gegenüber zu respektieren. Zu starke Dominanz oder Besserwisserei ist verpönt. Unterschätzen Sie nie die für Verhandlungen benötigte Zeit! Die Erfahrung zeigt, dass man in Russland das Vierfache an Zeit für die gleichen Geschäfte braucht. Russische Verhandlungspartner erwarten vom westlichen Partner Pünktlichkeit und Verbindlichkeit und Professionalität. Sie lassen sich öfter von Emotionen leiten.

Der russische Verhandlungsstil ist geprägt von Ausdauer und Temperament. Es wird meist hart und ausdauernd verhandelt, daher sollte man entsprechende

Konzessionsmöglichkeiten in sein Angebot einbauen. Der russische Stil ähnelt gelegentlich dem einiger südeuropäischer Manager. „Bazar-Techniken“ sind nicht unüblich. Der Vertrag wird nur dann als verbindlich betrachtet, wenn er für beide Seiten von Vorteil ist.

- Begegnen Sie diesen „Taktiken“ mit Geduld, denn man versucht, Sie „auszusitzen“, und rechnet mit Konzessionen als Folge Ihrer Ungeduld und Unsicherheit, basierend auf dem für Sie ungewohnten Terrain. Die russische Verhandlungsdelegation wird zumeist mit einer Stimme sprechen – mit der des Verhandlungsführers.
- Russische Verhandlungspartner erwarten von der westlichen Seite auf alles sofort eine Antwort und Lösung. Sie werden leicht ungeduldig, wenn es zu lange dauert.
- Russische Verhandlungsteams bestehen häufig aus „alten Hasen“ oder sehr erfahrenen Experten. Sie verhandeln, so wie sie Schach spielen, sie planen mehrere Züge voraus.
- Russen vertreten oft nicht sich selbst, sondern eine staatliche Stelle. Darum verursachen plötzliche Veränderungen oder neue Ideen russischen Verhandlungspartnern häufig Unbehagen, weil sie die Zustimmung höherer Stellen einholen müssen.
- Russen halten Kompromissbereitschaft für ein Zeichen von Schwäche. Kommen Sie Ihrem russischen Partner gleich zu Beginn entgegen, machen Sie jedoch deutlich, dass Sie es nicht aus Schwäche tun.
- Der Vortragsstil ist oft theatralisch und emotional. Dadurch sollen die eigenen Absichten und Forderungen verdeutlicht werden.
- Sie sind sensibel und selbstbewusst.
- Im Allgemeinen bitten sie die andere Seite, als Erste zu sprechen, damit sie über die vertretene Position nachdenken können. Der theoretische Ansatz ist allumfassend – in der Sowjetunion war alles sehr komplex.
- Aufgrund der instabilen wirtschaftlichen Rahmenbedingungen steht der Begriff Langfristigkeit in Russland für eine Dauer von drei oder vier Jahren.

Die russische Wirtschaft

Positiv in die Zukunft

Russlands Wirtschaft demonstriert in den letzten Jahren einige positive Ergebnisse. Obwohl man erst vor 15 Jahren auf das Planungssystem verzichtete, die wichtigsten Marktinstitutionen geschaffen und die Krise von 1998 durchgestanden hatte, haben die Europäische Union und die USA Russland bereits als ein Land mit einer Marktwirtschaft anerkannt. Die makroökonomische Situation in Russland hat sich schrittweise stabilisiert, was seinerseits eine Grundlage für ein Wirtschaftswachstum geschaffen hat. Dieses Wachstumstempo liegt jetzt über dem Durchschnitt in der EU und den USA. Nach Angaben des Russischen Statistischen Amtes nahm das Bruttoinlandsprodukt (BIP) Russlands 1997 bis 2006 um knapp 54,5% zu.

Das jahresdurchschnittliche Wachstumstempo lag in dem Berichtszeitraum bei 6,1%. Dieses Tempo ist um mehr als 100% höher als das jahresdurchschnittliche Wachstumstempo in der Weltwirtschaft mit 3,0%. 2006 wuchs das BIP Russlands laut Angaben des Staatlichen Statistikamtes in Moskau um 6,7%.

Schrittweise nimmt auch der Wohlstand der russischen Bevölkerung zu, besonders in den Großstädten. Nach Angaben des Staatlichen Statistikamtes Russlands wuchsen die real verfügbaren Geldeinkommen der Bewohner 2006 gegenüber 2005 um 11%. Nach Angaben von IMEMO-Experten nahmen darüber hinaus die Summe der Bankguthaben und der Kauf von Devisen zu. Einerseits bedeutet das, dass die Bevölkerung immer noch „Schatten-Einkommen" hat, andererseits ist ein Teil der Einkommen und Sparguthaben legalisiert. Zugleich ist die Kluft zwischen Reich und Arm weiterhin tief. Das Verhältnis der Einkommen von 10% der reichsten zu 10% der ärmsten Bürger bleibt etwa 15 zu 1. Die russischen Ausfuhren wuchsen 2006 um 24% auf mehr als 304 Milliarden US-Dollar und die Einfuhren um 31% auf 163,9 Mrd. Dollar. Hauptexportartikel blieben nach wie vor Energieträger, Bunt- und Eisenmetalle, Dünger und Holz. Das Investitionsklima in Russland verbessert sich ständig, immer mehr ausländische Unternehmen gehen auf den russischen Markt.

Nach Angaben der Firma A. T. Kearney liegt Russland jetzt auf Platz sechs auf der Liste der Investitionsattraktivität (FDI Confidence Index 2005) nach China, den USA, Großbritannien, Indien und Polen. (Im März 2005 lag Russland noch auf Platz elf.)

Die wichtigsten Daten im Überblick

BIP laufend 2006:	784,8 Mrd. Euro
BIP je Einwohner 2006:	5.507 Euro
Wirtschaftswachstum 2006:	6,7% (2005: 6,4%)
Inflationsrate 2006:	9,7% (2005: 12,7%)
Arbeitslosenrate 2006:	7,3% (2005: 7,6%)
Währung/Wechselkurs 2006:	
Rubel (Rbl)	1 Euro = 34,78 Rubel (06/2007)
Exporte 2006:	242,7 Mrd. Euro
Importe 2006:	130,6 Mrd. Euro

Quellen: Bank Austria Creditanstalt, Wirtschaftskammer Österreich

Kaufkraft in Russland

Soziales Gefälle zwischen Moskau und Provinz bleibt

Die Internetzeitung Russland-Aktuell schreibt in einem Artikel vom 12.5.2006 dazu Folgendes:

Knapp 200 Euro verdienen Russen der neuesten Studie des Russischen Statistikamtes zufolge im Durchschnitt. Düster sieht es vor allem in der Provinz aus. In einigen Regionen liegt das Einkommen unter 100 Euro. Schlusslichter der Statistik sind Iwanowo und die beiden russischen Teilrepubliken Kalmykien und Adygea. Hier verdienen die Menschen monatlich etwa 3.000 Rubel (90 Euro). Interessant dabei ist, dass sowohl Kalmykiens Präsident Kirsan Iljumschinow als auch Adygeas Präsident Chasret Sowmen zu den reichsten Menschen Russlands zählen. In Iwanowo hingegen kämpft die Regionalführung erfolglos gegen den Niedergang des Gebiets an, das zu Sowjetzeiten ein bekanntes Textilzentrum des Landes war.

Es wäre allerdings falsch zu glauben, dass es überall in der Provinz grau und trist aussähe. Neben Moskau und St. Petersburg weisen auch die ölreichen sibirischen Gebiete Tjumen, Chanty-Mansisk, die autonomen Bezirke der Nenzen und der Jamal-Nenzen sowie einige fernöstliche Regionen Russlands einen überdurchschnittlich hohen Lebensstandard auf.

Alexander Jurow, Analyst der staatlichen Nachrichtenagentur RIA Nowosti, verweist außerdem auf den ständig wachsenden Wohnungsbau in Russland, der auch ein Anzeichen von steigendem Wohlstand sei. Um 6,3% sei der Wohnungsbau im vergangenen Jahr gewachsen, 515.000 neue Wohnungen seien gebaut worden, beruft sich Jurow auf das Statistikamt. „Wertmäßig beliefen sich die Bauarbeiten im vergangenen Jahr auf 1,7 Billionen Rubel (49,3 Mrd. Euro), 10,5% mehr als 2004. Dass Geschäftsleute solche Mittel in den Bau von Wohnhäusern anlegen, bedeutet eine hohe Nachfrage nach Wohnungen. Arme würden es sich einfach nicht leisten können." Außerdem sei eine Ausweitung aller Einzelhandelsketten in die Regionen zu verzeichnen. Tatsächlich drängt es auch immer mehr internationale Konzerne in die Provinz. Ob IKEA in Kasan oder die Metro Cash&Carry-Gruppe, die im Sommer einen neuen Großmarkt in der Region Rjasan eröffnen will – sie alle entdecken immer mehr die Regionen als neues Geschäftsfeld.

Dies sei ein sicheres Anzeichen für steigende Kaufkraft in der Bevölkerung, glaubt Jurow. Freilich muss auch er zugeben, dass die Kluft zwischen Arm und Reich steigt. Zwar scheint sich in Russland neben der Oligarchie auch langsam eine dünne Mittelschicht herauszubilden. Das sind die Stammgäste bei den überall aus dem Boden schießenden McDonald's, in den Supermärkten und Einkaufstempeln. Für den Großteil der Bevölkerung – vor allem für die zahlreichen Rentner – ist der Konsumrausch jedoch nach wie vor unerschwinglich. Nach dem Abzug der Miete und den ständig steigenden Nebenkosten bleibt ihnen gerade noch so viel, dass es zum Überleben reicht, nicht aber für den Erwerb von Luxusgütern.

Die Anzahl der Pkws (zirka 22,430.000) bleibt im Vergleich zu Deutschland mit 43,128.000 und Österreich mit 4,360.000 gering. Noch deutlicher wird der Vergleich, wenn man den Anteil der Fahrzeuge pro 1.000 Einwohner betrachtet: in Österreich sind es 533 Pkws pro 1.000 Einwohner, in Deutschland 523 und mit 156 Pkws bleibt Russland weit hinten.

Der russische Werbemarkt

Ein erfolgreiches 2006

Die russische Werbebranche kann auf ein erfolgreiches Jahr 2006 zurückblicken. Man spricht von knapp über 8,4 Mrd. USD (ca. 5,9 Mrd. Euro) Einnahmen. Was einem Plus von 33% gegenüber 2005 entspricht. Rechtliche Beschränkungen (z. B. bei der Bewerbung von Tabakwaren und Bier) wirken sich nach Meinung von Experten bremsend aus. Die aber doch nach wie vor kräftigen Zuwächse resultieren indes nur zum Teil aus dem Zustrom neuer Kunden und der Nutzung innovativer Instrumente und Formate. Der Marktwert kletterte 2005 auch aufgrund steigender Preise nach oben. Besonders verteuerten sich die Preise bei klassischer Werbung wie TV- und Außenwerbung, was das wachsende Interesse für neue Medien unterstützt.

Die höchsten Zuwächse kann nach wie vor das Internet verbuchen. Laut Group M stieg das Werbevolumen im russischsprachigen „Runet" 2006 um 87% auf 187 Mio. USD. Ca. 40% der Einnahmen teilen sich die Portale Yandex, Rambler und Mail.ru. Die größten Werber waren Telekommunikationsfirmen, Banken und Versicherungen.

Dennoch ist TV-Werbung nach wie vor dominant in Russland. Group M berichtet: Mit 3,33 Mrd. USD (2,33 Mrd. Euro) 2006 nahmen die Fernsehkanäle um 42,9% mehr ein als im Vorjahr. Wachstumsimpulse gehen vor allem von den Regionen aus. Da bei den großen, landesweiten Sendern die Preise explodieren und die Wartezeiten enorm sind, platzieren viele ihre Spots in Regionalprogrammen nationaler Sender oder bei regionalen Fernsehgesellschaften. Der Anteil regionaler Spots betrug im Schnitt ca. 30% der gesamten TV-Werbung.

Zweitwichtigster Werbeträger sind die Printmedien (ca. 1.640 Mio. USD 2006), mit einem Zuwachs von 18%. Wachstumsreserven ergeben sich besonders in den Regionen. In der Hauptstadt dürfte das Inserenten-Potenzial mehr oder weniger ausgeschöpft sein. Bei Außenwerbung rangiert Russland aktuell auf dem vierten Platz – nach Großbritannien, Frankreich und Deutschland. Insbesondere Mobilfunkanbieter, die Automobilbranche, Banken, Immobilienunternehmen sowie die Freizeitindustrie nützen dieses Werbemedium.

Nichtklassische Werbeformen verzeichnen einen extremen Aufschwung. Die Werber steckten in Below-the-line-Maßnahmen (Direktmailing, Werbegeschenke, POS-Materialien, Event Management) lt. AKAR ca. 6,5 Mrd. USD (+22,22%). Mit einem Anteil am Werbekuchen von derzeit 18% reicht Russland allerdings längst noch nicht an andere Länder heran (im Vergleich Polen 45%, USA 60%). Prognosen für Steigerungen sind allerdings sehr gut: bis 2010 soll das BTL-Volumen auf 5 Mrd. USD anwachsen.

Der russische Konsument

Voller Shoppingleidenschaft

Eine Pressemeldung der Deutschen Bundesagentur für Außenwirtschaft (bfai) gibt eine gute Stimmungslage über das derzeitige Konsumklima in Russland wieder:

„Deutsche Hersteller von Konsumgütern blicken voller Verzückung nach Russland: Obwohl im Durchschnitt weniger verdienend, frönen russische Verbraucher derzeit ihrer Shoppingleidenschaft exzessiver als in westlichen Ländern. Der private Konsum ist eine wichtige Konjunkturstütze geworden. Angesichts weiter steigender Einkommen und eines hohen Nachholbedarfs scheinen Nachfragezuwächse in den nächsten Jahren vorprogrammiert. Dem russischen Lebensmittelmarkt steht mindestens ein Jahrzehnt kräftigen Wachstums bevor. Russische Marktforscher gehen davon aus, dass sich die Ausgaben für Nahrungsmittel und Getränke von derzeit 57 Euro pro Kopf und Monat auf 106 Euro im Jahr 2012 fast verdoppeln werden. Nach Schätzungen belaufen sich die Umsätze auf dem Markt derzeit auf 106 Mrd. Euro pro Jahr. Im Jahr 2012 dürften es wahrscheinlich 180 Mrd. Euro sein. Während der Markt in Moskau schnell gesättigt sein wird, bieten die Regionen noch lange Platz für Expansion. Wird den Prognosen der Marktforscher Glauben geschenkt, dann sind die bitteren Zeiten für die russischen Verbraucher endgültig vorbei. Vor zehn Jahren lagen die verfügbaren Einkommen im Schnitt bei mageren 16 bis 24 Euro pro Kopf und Monat. Heute ist es mit ca. 200 Euro zehnmal soviel.

Die Einwohner der Hauptstadt geben derzeit für Nahrungsmittel und Getränke etwa 163 Euro pro Kopf und Monat aus. Das macht einen Umsatz von ca. 20 Mrd. Euro pro Jahr allein in Moskau. In acht Jahren werde der Hauptstadtmarkt schon auf 34 Mrd. Euro wachsen, so Katschalow.

Zu Produktgruppen mit Anteilen von mehr als 15% an den Ausgaben für Lebensmittel gehörten Süßwaren, alkoholische Getränke und Fleisch, vor allem Frischfleisch und frische Fleischprodukte. Milcherzeugnisse, Wurst und andere Fleischerzeugnisse sowie Früchte und Gemüse fielen in Produktgruppen mit Anteilen von ca. 8% an den Ausgaben für Lebensmittel in Russland. Der Konsum und das Verbrauchsniveau sind von Stadt zu Stadt und Region zu Region unterschiedlich, so wie auch die regionale Einkommensentwicklung unterschiedlich ist. In vielen russischen Regionen wachsen die Lebensmittelmärkte überdurchschnittlich stark. Der Abstand zu Moskau wird geringer. Insgesamt kann der russische Lebensmittelmarkt noch mit vielen Jahren rasanten Wachstums rechnen. Doch wann sind mit dessen Ende und einer Verlangsamung auf einige wenige Prozentpunkte zu rechnen? Für Moskau werde das nach Prognosen von Katschalow etwa 2012 bis 2014 der Fall sein, wenn sich die Ausgaben für Lebensmittel auf einem Niveau von 286 Euro pro Kopf und Monat einpendeln.

Beim Bau von Einkaufszentren konnte 2005 weiterhin ein Trend in Richtung der Regionen beobachtet werden. Bei der Wahl zum Einkaufszentrum des Jahres der Russischen Kammer für Einkaufszentren kamen z. B. Einkaufszentren in Perm, Wolgograd, Nischni Nowgorod und Ufa in die engere Auswahl. Als Einkaufszentrum des Jahres wurde das „Park Haus“ Zentrum in Wolgograd ausgezeichnet. In den nächsten zwei Jahren sollen in Moskau nochmals ca. 3,2 Mio. m^2 hinzukommen.

Bei diesem Marktwachstum mischen immer mehr internationale Unternehmen mit, allen voran die Metro AG. Sie begann hier ihre Aktivitäten im November 2000, keine vier Jahre später betreibt sie zwei Cash&Carry-Märkte in Sankt Petersburg, vier in Moskau und plant weitere russische Regionen zu erschließen. Mittelfristig sollen es insgesamt 50 Cash&Carry-Märkte werden. Bereits 2002 bezifferte die Gesellschaft den Umsatz in Russland auf ca. 290 Mio. Euro. Insgesamt entfallen fast 40% des russischen Einzelhandels auf Importwaren, was gute Chancen für deutsche Importeure bedeutet, denn ‚Made in Germany‘ steht in Russland hoch im Kurs.“

Direktmarketing in Russland

Überdurchschnittliches Wachstum

Mikhail Kapatsinsky, der Präsident des Russischen Direktmarketingverbands, beschreibt die Situation in seinem Land wie folgt:

Direktmarketing in Russland ist eigentlich nicht älter als 13 Jahre, ist aber bereits eines der dynamischsten Segmente im russischen Marketingbereich geworden.

Von den grundlegenden Formen wie unadressierten Sendungen bis zu komplexen Multi-Channel-Kampagnen ist alles zu finden und hat enormen Aufschwung genommen. Der Direktmarketingmarkt wächst schneller als der Werbemarkt im Allgemeinen. Konkrete Zahlen sind nicht verfügbar, darf man aber den Experten glauben, verzeichnet der Markt ein Wachstum von 40–70% pro Jahr.

Der russische Direktmarketing-Verband (RADM, www.radm.ru) wurde 1998 gegründet. Aufgrund seines jungen Alters ist die Anzahl der Mitglieder noch nicht groß. Aktuell vereint der Verband 25 Unternehmen: DM Agenturen, Brokeragenturen, Call-Center, Kurierdienste, Postdienste, Druckereien und Verlagshäuser, Eventagenturen etc. Die Mitglieder sind nicht nur nationale Unternehmen, sondern auch Agenturen und Organisationen aus Europa und den CIS-Ländern. Während der letzten Jahre haben sich die Aktivitäten des Verbandes merklich gesteigert. Resultat ist der Beitritt von mindestens ein bis zwei neuen Mitgliedern im Monat. Eines der Ziele des Verbandes ist eine gemeinsame, fruchtbare Zusammenarbeit zwischen russischen und ausländischen Unternehmen.

Vieles hat sich in diesen 13 Jahren geändert: Zuerst einmal die Einstellung zu Direktmarketing. Die Unternehmen begreifen endlich, dass der russische Konsument ob der übermäßigen TV-Werbung überdrüssig geworden ist und dass Werbung in Printmedien nicht mehr die gewünschten Effekte erzielt. Daher nützen immer mehr Firmen die verschiedenen Formen des Direktmarketing, um Kunden zu gewinnen bzw. zu halten. Diese Tendenz legt den Schluss nahe, dass sich der Anteil der direkten Kommunikation am Werbebudget in wenigen Jahren den westlichen Standards anpassen wird.

Laut dem russischen Marketingverband liegt der Anteil des Werbebudgets bei den größten Werbern des Landes für Direktmarketing und andere Formen der persönlichen Kommunikation aktuell bereits bei 24% – vor vier Jahren waren es nur 5%. 2004 waren um die 400 Unternehmen im Direktmarketing tätig. Die Mehrzahl hat ihren Sitz in Moskau, auch ist hier der Standard der Leistungen der Anbieter am höchsten. Die meisten sind von Beginn an am Markt tätig und haben dadurch viel Erfahrung in allen Gebieten – von Werbetexten bis zu Kurierdiensten – gewonnen. Beispiele sind Agenturen wie Argo Lines, M-City, 4sformula, Data Holding oder Connexions. In letzter Zeit haben sich auch Agenturen in St. Petersburg, Nizhniy Novgorod, Novosibirsk, Yekaterinburg und Krasnoyarsk niedergelassen.

Die Agenturszene im russischen Direktmarketing

In Russland gibt es kaum Agenturen, die ausschließlich DM-Beratung anbieten. Die meisten sind Full-Service-Agenturen, die sich auf das gesamte Spektrum des Bereichs Direktmarketing konzentrieren. In letzter Zeit sind alle großen internationalen Netzwerkagenturen in Russland vertreten. Viele von ihnen versuchen auch DM-Aktivitäten anzubieten. Es sind kleine russische Agenturen, die diese Nische für sich entdeckt haben und aktiv professionelle DM-Beratung anbieten. Dies natürlich in der Hoffnung, die Abwicklung des gesamten Auftrags zu bekommen. Agenturen mit Spezialisierung auf z. B. Katalogmarketing, Handelsmarketing usw. sind auf dem russischen Markt noch kaum vertreten

Es gibt heute sechs große Lettershop-/Fulfillment-Firmen, die ein großes Volumen von Mailings und Paketen abwickeln können. Standorte sind Moskau, rund um Moskau, Jaroslawl und Twer. Das gesamte Lettershop/Fulfillment-Geschäft in Russland hat sich derart dynamisch entwickelt, dass die meisten Firmen schnell auf Kapazitätsprobleme stoßen und gezwungen sind, auch sehr gute Aufträge abzulehnen.

In den meisten Fällen geschieht die Bearbeitung von Mailings und Paketen in Russland manuell. Es lohnt sich nur für bestimmte Aufgaben, spezielle Sortiermaschinen zu kaufen. In Russland gibt es heute keinen Dienstleister, der in der Lage wäre, eine komplizierte Personalisierung oder ein spezielles Direct Mail (z. B. Selfmailing) zu produzieren. Immerhin werden heute bereits 85% aller gedruckten Sachen direkt in Russland produziert. Im Jahr 1998 lag der Wert bei nur 60%.

Umsatz Direktmarketing Russland 2004–2006

	2004	2005	2006
Umsatz Direktmarketing Total in Euro	217 Mio. Euro	273 Mio. Euro	329 Mio. Euro

Quelle: AKAR

Datenbanken

Datenbanken haben in Russland einen weit höheren Standard als noch vor ein paar Jahren. Jedoch werden Adresslisten von guter Qualität von Firmen für ihre eigenen Interessen aufgebaut und können käuflich nicht erworben werden. Die meisten internationalen Firmen versuchen selbst ihre eigenen Datenbanken von null auf aufzubauen. Sie bedienen sich dafür verschiedener Promotionaktionen: mittels Responsekarten bei unadressierten Mailings oder Beilagen in günstigen Magazinen bis zu Kampagnen mit Versandhandelsunternehmen. Adresslisten können aber auch von Brokeragenturen gemietet werden.

Russische Post

Die russische Post ist ein traditionelles Unternehmen, das für viele Regionen immer noch die einzige Verbindung zur Außenwelt ist. Die russische Post ist der einzige Postoperator, der eine flächendeckende Zustellung in Russland anbieten kann.

Die Post hat 41.400 Filialen mit über 330.000 Beschäftigten und ist ein wichtiger Partner für alle Direktmarketing- und Versandhandelsfirmen in Russland.

Die Tarife für Postzustellung sind noch relativ niedrig. Eine 20g-Sendung kostet ca. 0,16 Euro – die Tarife erhöhen sich aber jährlich. Für Großversender gibt es noch keine klare Rabattpolitik.

Die Post in Russland arbeitet zwar zuverlässig, doch die Laufzeiten sind kaum messbar. Während man in Moskau mit einer Laufzeit von einer Woche rechnen darf, kann die Zustellung auf dem Land bis zu zwei oder drei Wochen in Anspruch nehmen.

Expresssendungen sind möglich, jedoch um etliches teurer. Luftpost benötigt von Moskau und Sankt Petersburg zwei bis drei Wochen nach Mitteleuropa, von anderen russischen Städten länger.

Innerhalb Russlands und aller GUS-Staaten werden Briefe nicht wie in Europa adressiert, sondern wie folgt in Kyrillisch:

PLZ – [ggf. Bezirk/Republik etc.] – Stadt
Straße – Hausnummer – [ggf. Hauseingangsnummer] – Wohnungsnummer
Nachname – [ggf. Vatersname] – Vorname

In großen Städten gibt es alternative Kurierdienste, die in der Lage sind, ein zuverlässiges und schnelles Zustellservice zu organisieren. Die Preise sind vergleichbar mit den Preisen der russischen Post. Auf dem Land ist die russische Post der einzige Zusteller, und es wird hier auch in Zukunft kaum Alternativen geben.

Slowakei

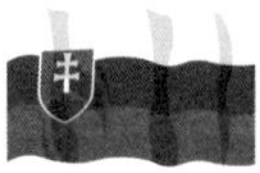

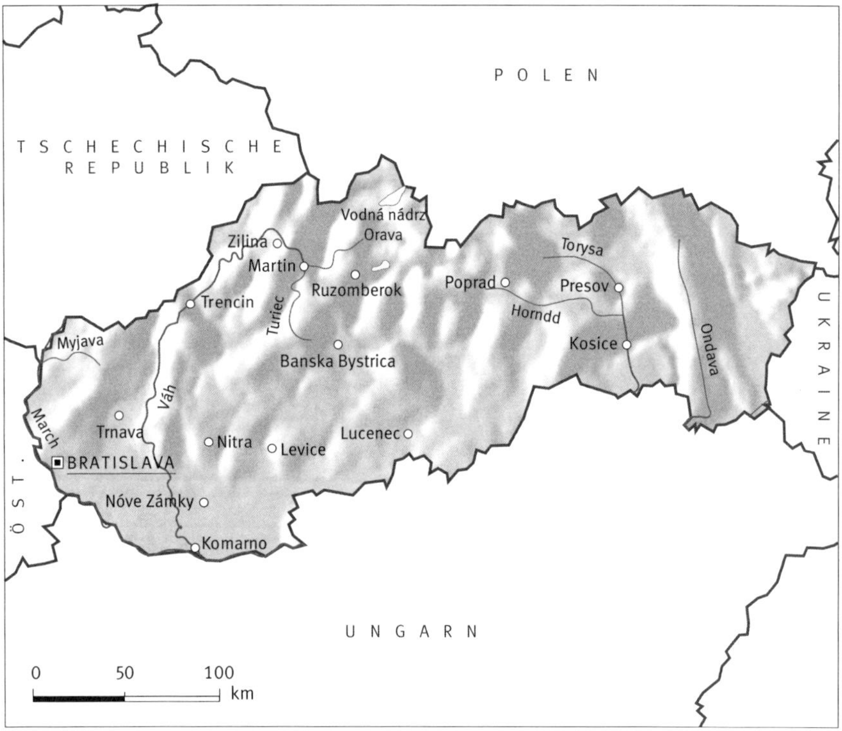

Land und Leute

Die Slowakische Republik mit einer Fläche von 49.014 km² und 5,4 Mio. Einwohner liegt im Zentrum Europas und grenzt an die Tschechische Republik, an Polen, die Ukraine, Ungarn und Österreich. Neben 86% Slowaken besteht die Bevölkerung aus 10–11% Ungarn und 2–3% Roma. Seit dem 29. März 2004 ist die Slowakei Mitglied der NATO, seit dem 1. Mai 2004 gehört sie zur Europäischen Union.

Neben der Hauptstadt Bratislava mit ca. 450.000 Einwohnern gibt es nur wenige große Städte, die wichtigste ist Košice. Das Land ist in acht Landschaftsverbände („Kraje") gegliedert.

Von den Flughäfen Bratislava und Košice gibt es internationale Flugverbindungen in die größten Städte Europas. Außerdem liegt der Wiener Flughafen nur etwa 50 km von Bratislava entfernt. Bratislava verfügt auch über einen Donauhafen. Als nächstes großes Infrastrukturprojekt nimmt die Regierung den Ausbau des Flughafens von Bratislava in Angriff.

Für den Wirtschaftsstandort Slowakei sprechen unter anderem die positive wirtschaftliche Entwicklung, die Lage in der Mitte Europas, Leistungsbereitschaft und Qualifikation der Arbeitnehmer sowie vergleichsweise günstige Arbeitskosten. Für mögliche Investitionen eignen sich insbesondere Maschinenbau, Elektrotechnik, Energetik, Umwelt, Verkehr, Chemie und Holzbau. Auch der Tourismus gewinnt zunehmend an Bedeutung.

Kulturelle Besonderheiten und Businessknigge

Was ist zu beachten?

- Themen wie ungarische Minderheit, Roma, Trennung von Tschechien sollte man lieber meiden.
- Politik ist in der Slowakei ein heikles und emotional besetztes Thema. Falls Sie kein Experte und Psychologe sind, weichen Sie lieber diesem Thema aus.
- In der Slowakei hat der Balkan einen ähnlichen Ruf wie im deutschsprachigen Raum. Die Slowakei mit Slowenien zu verwechseln ist fast eine Beleidigung.
- Wenn Sie einen Slowaken als Tschechen bezeichnen oder die Sprachen verwechseln, werden Ihnen automatisch Persönlichkeits- und Fachkompetenzen aberkannt.
- Begriffe wie Nationalist oder „Meciarera“ sollten für Sie tabu sein.

Die slowakische Mentalität

Die überwiegende Mehrheit der Bevölkerung ist katholisch (60,4%), andere Religionen stellen Minderheiten dar. Auffallend ist, dass nach dem Ende des Kommunismus die Katholiken, insbesondere auch unter den Jugendlichen, ein beachtliches religiöses Engagement zeigen.

Was ist zu beachten?

- Auf Pünktlichkeit wird geachtet. Die zwischenmenschlichen Beziehungen sind herzlich und spontan.
- Als Anredeformen werden Herr, Frau oder Fräulein mit Name und Titel verwendet. Auf Visitkarten werden die Titel ausgewiesen.
- Begrüßung, Einladungen: Man begrüßt einander mit Händeschütteln. Bei der Vorstellung sagt man *teši ma* (= *es freut mich*).
- Als Gastgeschenke bei privaten Einladungen sind Wein oder Sekt, für Damen Blumen angebracht.

- Es ist üblich, (Geschäfts-)Freunde an Geburts- und Namenstagen zu beschenken.
- Durch die Politik der Vollbeschäftigung im Kommunismus sind Frauen emanzipiert und sehr gut ausgebildet. Frauen sind stolz darauf, sich weiblich zu zeigen und lassen sich gerne mit „Gentleman-Manieren" behandeln.
- Beliebte Themen sind: Arbeit, Familie, Landschaft, Humor, Eishockey, Urlaub, Küche und Trinken.
- Bei Begegnungen mit slowakischen Geschäftspartnern oder Freunden gelten jedenfalls strikt respektierte Höflichkeitsformen, welche insbesondere auch in der üblichen kleinen Bewirtung (Kaffee, Getränke, manchmal auch alkoholische Getränke) ihren Ausdruck finden. Für das Gesprächsklima ist es günstig, derartige Angebote nicht abzulehnen (schon gar nicht kategorisch oder schroff).
- Das nonverbale Verhalten entspricht im Wesentlichen dem westlichen; das allzu starre Fixieren des Gegenübers durch Augenkontakt sollte allenfalls unterlassen werden.
- Bezüglich der Sitzordnungen herrschen bei offiziellen Begegnungen sehr strenge Regeln. Auch bei Geschäftszusammenkünften sollte in der Sitzordnung auf interne Hierarchien Bedacht genommen werden.
- Es wird empfohlen, die Sitzungen mit einem informellen Beisammensein (z. B. bei einem Mittag- oder Abendessen) ausklingen zu lassen.
- In Verhandlungen sollte man jede Art von Überheblichkeitsallüren unterlassen; der slowakische Partner erwartet eine Gleichbehandlung von seinem Gegenüber.
- In der Slowakei sind 0,0 Promille für Autofahrer vorgeschrieben.

Die slowakische Wirtschaft

Die Wirtschaft der Slowakischen Republik weist bereits das fünfte Jahr in Folge unter allen Ländern Mitteleuropas die höchsten Zuwachsraten aus. Im Gegensatz zur konjunkturellen Belebung Ende der 1990er-Jahre basiert der Höhenflug heute auf einem soliden ökonomischen Fundament. Hauptmotoren des anhaltenden Aufschwungs bilden die regen Investitionen privater Unternehmen im verarbeitenden Gewerbe und in der Bauwirtschaft sowie die kräftig anziehenden Konsumausgaben der Haushalte. Besonderen Wachstumsimpuls gibt die boomende Fahrzeugindustrie. Die Hochkonjunktur und günstige Investitionsbedingungen bilden eine gute Basis für eine Ausweitung des slowakischen Außenhandels. Von dem nicht abreißenden Zustrom ausländischer Investitionen in der Industrie, dem boomenden Baugewerbe und dem dank kräftiger Reallohnzuwächse wachsenden Privatverbrauch können ausländische Anbieter von Maschinen und Ausrüstungen, Baustoffen sowie Konsumgütern in hohem Maße profitieren. Deutschland ist mit einem Anteil von gut einem Fünftel an den slowakischen Importen mit Abstand vor Tschechien der wichtigste ausländische Beschaffungsmarkt des Reformlandes. Mit dem Ende 2005 vollzogenen Beitritt zum europäischen Wechselkursmechanismus ERM II ist die Slowakei der zum 1.1.2009 geplanten Einführung des Euro ein Stück nähergerückt. Mit etwas Verspätung startete die Slowakei 2007 in ihre erste volle EU-Förderperiode. In den kommenden sieben Jahren stehen rund 11,2 Mrd. Euro – aufgeteilt in zehn Operationsjahre – zur Verfügung.

Die wichtigsten Daten im Überblick

BIP Real 2006:	33,6 Mrd. Euro
BIP je Einwohner 2005:	6.930 Euro
Wirtschaftswachstum 2006:	8,3% (2005: 6,0%)
Arbeitslosenrate 2006:	9,4% (2005: 11,6%)
Inflationsrate 2006:	4,5% (2005: 2,7%)
Währung/Wechselkurs: Slowakische Krone (Sk)	1 Euro = 38,097 Sk (2. 8. 2006)
Export 2006:	34,3 Mrd. Euro
Import 2006:	36,8 Mrd. Euro

Quellen: Bank Austria Creditanstalt, Wirtschaftskammer Österreich

Kaufkraft in der Slowakei

Bestimmt durch höhere Löhne 2005

Private und öffentliche Arbeitgeber haben aufgrund der hohen Produktivitäts- und Gewinnzuwächse in den Firmen und dank sinkender Defizite in den öffentlichen Haushalten die Möglichkeit, höhere Löhne zu zahlen. Träger dieses Trends sind der weitere Abbau der Arbeitslosigkeit und die stärkere Inanspruchnahme von Verbraucherkrediten. Hauptnutznießer ist der Einzelhandel.

Die Arbeitslosenrate mit 10,4% sank 2006 um 1,2% auf die niedrigste Quote seit acht Jahren, ist aber immer noch die zweithöchste der Europäischen Union. Der „harte Kern" der Arbeitslosen wächst jedoch ständig – die Anzahl der Arbeitslosen mit über zwei Jahren ohne Beschäftigung stieg erneut an, konkret um 13.900. Der durchschnittliche Monatslohn erreichte im dritten Quartal 2007 die Höhe von 18.324 SK (481 Euro). Er war damit um 7,7% höher als ein Jahr zuvor. In den slowakischen Automobilclustern erreichen die Durchschnittseinkommen schon westliche Dimensionen mit 50.000 Kronen, d.s. 1.563,– Euro pro Monat.

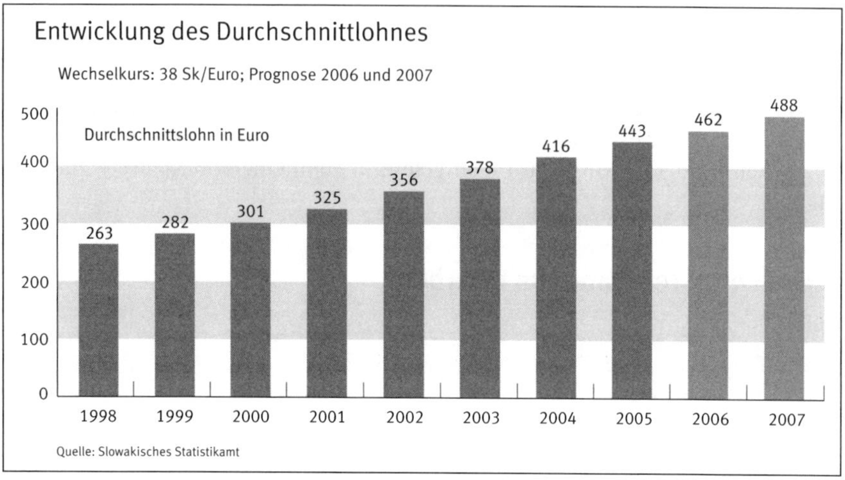

Der slowakische Konsument

Der slowakische Konsument ist ein preisbewusster Einkäufer. 60% der slowakischen Konsumenten treffen ihre Wahl aufgrund des Preises und liegen damit knapp unter dem osteuropäischen Schnitt.

Markenbewusstsein ist aber vorhanden und somit eine gute Chance, Loyalität zu erzeugen – so sagen es zumindest 76% der Befragten. Tradition und Nationalität spielen eine untergeordnete Rolle, auch im Vergleich zum CEE-Mittelwert.

Wenn man dem GfK Slovakia Haushaltspanel – erhoben wurden 1.500 Haushalte im 2. Halbjahr 2004 – glauben darf, erleben die Diskonter in der Slowakei einen enormen Aufschwung und sprechen eine immer größer werdende Zielgruppe an.

Natürlich sind Supermärkte noch immer der Einkaufsplatz Nummer 1 für slowakische Konsumenten, aber die Diskonter gehören zu den erfolgreichsten Retailoutlets und konnten auch das größte Wachstum der letzten Jahre verzeichnen. Nicht nur was die Anzahl betrifft, sondern auch bezüglich des Umsatzes pro einzelnem Standort.

Der slowakische Werbemarkt

Der eigentlich kleine Anzeigenmarkt in dem 5,5 Millionen Einwohner-Land wächst kontinuierlich. Internationale Konzerne wie T-Mobile, Orange, Procter&Gamble, T-Com oder L'Oréal haben dabei den Löwenanteil an den Werbeausgaben. Ca. 191 Millionen Euro betrugen die Netto-Werbeausgaben 2005. Am meisten profitierten die Printmedien, die 2005 einen größeren Anteil am

Wachstum der Werbebudgets hatten als die Fernsehsender. Der Online-Werbemarkt hat zwar noch einen sehr geringen Anteil von 1,3% am Gesamtwerbebudget, ist aber im Jahr 2005 um etwa 40% gestiegen. Alle wichtigen Medien haben einen Internetauftritt, obwohl dieser noch eher eine ergänzende Rolle spielt. Trotzdem ist die Tendenz stark steigend. Bei der Internetnutzung liegen die Slowaken noch unter den EU-Schlusslichtern.

Direktmarketing in der Slowakei

Junger Markt mit Zukunft

Direktmarketing in der Slowakei ist ein junger Markt, der enorme Zuwachsraten verzeichnet. Seit 1999 haben sich die Ausgaben für Direktmarketing beinahe verfünffacht und erreichten 2002 ca. 47 Mio. Euro. Mailings nahmen mit 30 Mio. Euro den größten Anteil der Gesamtausgaben für Direktmarketing ein. Die slowakischen Verbraucher sind dem Direktmarketing gegenüber positiv eingestellt.

Gemessen an der Affinität der slowakischen Konsumenten für Werbemedien liegt das Mailing mit 21% noch vor TV- und Print-Werbung. Damit ist der Werbebrief bei den slowakischen Konsumenten beliebter als bei ihren osteuropäischen Nachbarn.

Laut GfK-Untersuchungen liest jeder zweite slowakische Mailing-Empfänger seine Werbepost auch. 16% reagieren daraufhin. Die Umwandlungsquote von Werbebriefen beträgt in der Slowakei 8%. Diese Werte spiegeln den CEE Durchschnitt wider, übertreffen aber gerade beim Response bei weitem westliche Standards.

Werbeausgaben Slowakei 2005

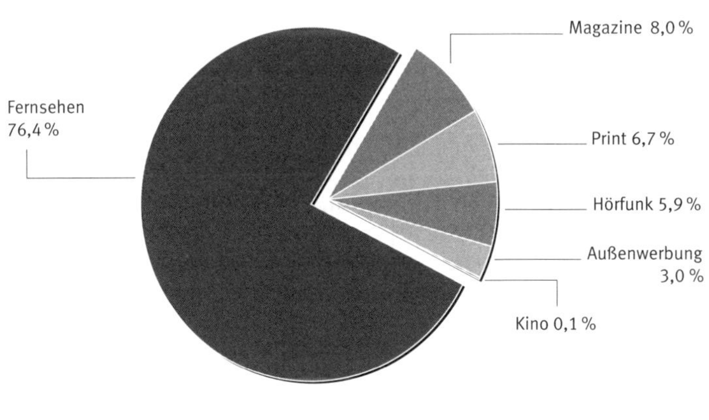

Quelle: Television 2006, International Key Facts

Bekannte Unternehmen haben Vorteile, die Aufmerksamkeit der slowakischen Konsumenten zu erlangen. Bei den Gestaltungskriterien kommt es aber mit 35% auf den Witz und mit 34% auf eine edle Aufmachung an. Persönliche Anreden sind auch in der Slowakei ein sehr wichtiges Element. Auch Titel sind in der Slowakei äußerst wichtig und sollen möglichst in der persönlichen Anrede von Mailings verwendet werden.

Unadressierte Direktwerbung

Die Slowaken lieben Handelswerbung

Der größte Anteil des Direktmarketing-Gesamtvolumens entfällt auf unadressierte Mailings. Ca. 22 Mio. Euro wurden allein 2002 in diese Werbeform investiert. Für die kommenden Jahre werden gerade in diesem Bereich enorme Zuwächse erwartet. Marketingfachleute geben jährliche Zuwachsraten von ca. 20% an.

Studien der GfK Slowakia ergeben, dass die slowakischen Konsumenten sehr angetan von Handelsfoldern sind, mit denen die verschiedenen Retailmarken ihr Angebot bewerben.

85% der Slowaken, die für den Haushaltseinkauf zuständig sind, erhalten und lesen Handelswerbung. Fast die Hälfte verwendet diese Informationen als Einkaufsentscheidung am Point of Sale.

Adressierte Direktwerbung

Adressdatenbanken im Aufbau

Die Anzahl der adressierten Mailings ist auch im osteuropäischen Vergleich noch ausbaufähig. Ein wichtiger Schritt dazu ist die Verfügbarkeit von qualifizierten Adresslisten. Das Angebot an qualifizierten Adresslisten in der Slowakei ist noch ausbaubar, wobei der überwiegende Teil der angebotenen Adressen Firmenadressen sind.

Im Privatbereich werden Adressen vor allem durch Lifestylebefragungen gewonnen.

Für Privatadressen existieren unter anderem folgende wichtige Anbieter:

Direktmarketing mit ca. 600.000 Adressen, MARKETING servis mit ca. 1,5 Mio. Adressen und slovenska posta mit 147.000 Adressen. Die Preise pro 1.000 Stück liegen zwischen 80 und 180 Euro im Privatadressenmarkt.

Im Firmenbereich gibt es unter anderem folgende Anbieter: Albertina data mit ca. 490.000 Adressen, Direktmarketing mit fast 400.000 Adressen, Hermes direct marketing mit rund 450.000 Adressen sowie ileo/DMMS mit 450.000 und MARKETING servis mit 450.000 Adressen. Die Adressen kosten pro 1.000 Stück zwischen 35 und 245 Euro je nach Selektionsanforderung.

Die Retourenquote liegt bei gepflegten Datenbanken im Firmenadressenbereich bei 3,5%, bei Privatadressen zwischen 3,5 und 5%. Weniger gut geführte Listen kommen an die 10%.

Die Anzahl der Anbieter nimmt aber kontinuierlich zu, so dass in Kürze Adresslisten mit guten Selektionsmöglichkeiten verfügbar sein dürften.

Negativadressen wie zum Beispiel Schuldnerlisten oder Listen von Verstorbenen werden weder im Privat- noch im Firmenbereich angeboten. Obwohl es in der Vergangenheit Bemühungen gegeben hat, eine Robinsonliste durch den Direktmarketingverband AdiMA bereitzustellen, ist dies nicht gelungen. Listen von Mailing-Verweigerern existieren bei einigen Versandhandelsunternehmen.

Slowenien

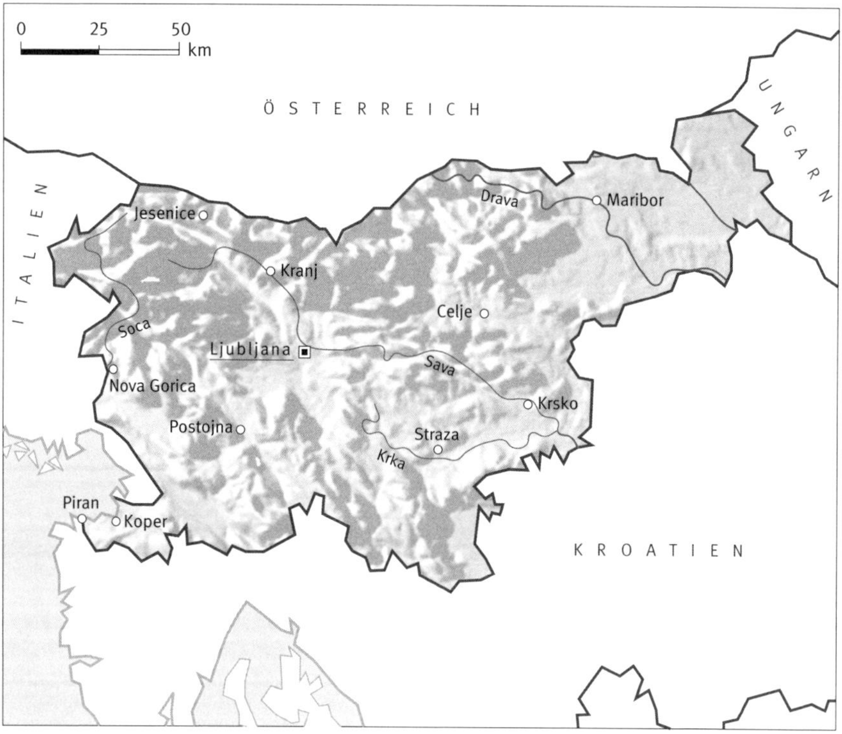

Land und Leute

In Slowenien leben ca. 2 Mio. Menschen, davon rund 300.000 in der Hauptstadt Ljubljana, dem früheren Laibach. Mit einer Fläche von 20.000 km² ist das Land nur halb so groß wie die Schweiz. Gemeinsame Grenzen gibt es mit Italien, Österreich, Ungarn und Kroatien. Entlang der Adria hat Slowenien eine 47 km lange Küste. Die Bevölkerung besteht zu 83% aus Slowenen, 2% Serben, 2% Kroaten, 1% Bosniern und kleineren autochthonen Minderheiten von Italienern, Ungarn und Deutschen. Die Haupstadt Ljubljana mit 300.000 Einwohnern ist heute eine kosmopolitische, junge Stadt mit einer pulsierenden Kunst- und Kulturszene, mit zahlreichen Kirchen, Museen und Galerien. Weitere größere Städte sind Maribor, Celje, Kranj oder Velenje. Slowenien ist in 193 Gemeinden, darunter elf Stadtgemeinden, gegliedert. Über die Schaffung von Regionen wird aber nachgedacht. Das Land besitzt ein modernes Autobahnnetz, der größte internationale Flughafen heißt Brnik in der Nähe von Lubljana. Slowenien trat 2004 als einzige der ehemaligen Teilrepubliken Jugoslawiens der EU bei. Schon im ehemaligen Jugoslawien stand Slowenien wirtschaftlich vergleichsweise gut da, heute entspricht das Bruttoinlandsprodukt (BIP) pro Einwohner 80% des EU-Durchschnitts. Damit ist Slowenien nach Zypern der wohlhabendste der neuen EU-Mitgliedstaaten.

Die Slowenen verdienen monatlich im Schnitt 181.980 slowenische Tolar (670 Euro). Das Wirtschaftswachstum lag 2005 bei 3,9%, die Arbeitslosenquote bei 6,3%. Slowenien erfüllt mit einem Haushaltsdefizit von 1,8% des Bruttoinlandsprodukts, einer Gesamtverschuldung von 29,1% und einer Inflationsrate von 2,5% im Jahresdurchschnitt 2005 die drei Euro-Stabilitätskriterien.

Kulturelle Besonderheiten und Businessknigge

Was ist zu beachten?

- Meiden Sie Themen wie „Tito-Zeit" und die Beziehungen zu den Serben. Ex-Jugoslawien ist ebenfalls ein sensibles Thema.
- Slowenien sieht sich wirtschaftlich, politisch, historisch und kulturell als Teil von Westeuropa und nicht des Balkan. Bitte beachten Sie dieses Selbstbild der Slowenen!
- Die Slowenen sind durchwegs gemütliche, aufgeschlossene und vor allem freundliche Menschen. Sie haben einen starken Drang, sich als eigenständiges, stolzes Volk zu sehen.
- Fremdsprachenkenntnisse, vor allem Englisch und Deutsch, an der Küste auch Italienisch, können bei gebildeten Slowenen vorausgesetzt werden.
- Die kulturelle Beziehung zu Österreich und wirtschaftlich gemeinsame Interessen können betont werden.
- Grundsätzlich gleicht der slowenische dem österreichischen Verhandlungsstil. Doch erfordern Geschäftskontakte nach Slowenien vielleicht ein wenig mehr Geduld und Sensibilität.
- Die slowenische Gesellschaft ist eher hierarchisch strukturiert: Titel sind ein wichtiges Attribut, ähnlich wie in Österreich. Deshalb ist es wichtig, die Geschäftspartner mit ihrem jeweiligen Titel anzusprechen.
- Eine der Grundregeln für erfolgreiche Geschäftsabschlüsse in Slowenien: Zuerst Vertrauen gewinnen, dann nachvollziehbar handeln und Versprechen einhalten.
- Ihr Geschäftspartner ist pünktlich und erwartet diese Pünktlichkeit auch von Ihnen. Begründete Entschuldigungen werden akzeptiert.
- Einladungen zu Geschäftsessen in Restaurants werden als Zeichen der Höflichkeit und Wertschätzung angesehen.

Die slowenische Wirtschaft

Kleines Land – wirtschaftlich ein Riese

Wirtschaftlich gesehen ist das kleine Land ein Riese. Das Pro-Kopf-Einkommen ist hoch, die Arbeitslosigkeit gering, Inflation und politisches Umfeld sind stabil. Slowenien hat sich zum Musterschüler unter den mitteleuropäischen EU-Beitrittskandidaten gemausert. Sogar Altmitglieder wie Portugal oder Griechenland hat es schon abgehängt.

Bereits vor der Teilung Jugoslawiens war Slowenien die wirtschaftlich am besten entwickelte Teilrepublik. Die Wirtschaft ist marktwirtschaftlich organisiert, allerdings ist der Anteil des Staates an der Wirtschaft weiterhin noch höher als in den anderen Transformationsstaaten.

2006 und 2007 ist die slowenische Wirtschaft in einem attraktiven Ausmaß gewachsen. Hier sind in erster Linie der boomende Wohnungsbau und der stark expandierende Automobilsektor zu nennen, aber auch die Hersteller von Elektrotechnik und die in Slowenien wichtige Nahrungsmittel- und Getränkeindustrie müssen in den nächsten Jahren umfangreiche Investitionen tätigen. Das Wachstum des slowenischen Bruttoinlandsprodukts 2006 ist in erster Linie auf die starke Exportzunahme von 16,4% zurückzuführen, aber auch der Privatkonsum und die Investitionen haben sich gut entwickelt. Slowenien ist der einzige neue EU-Mitgliedstaat, der den Euro am 1.1.2007 einführte. Geringe Preissteigerungen sind in Restaurants ersichtlich, im Großen und Ganzen wurden die Preise durch die Euro-Einführung jedoch nicht erhöht.

Der Privatisierungsvorgang allerdings ist bisher nur zögerlich vorangegangen. Ganz oben auf der Prioritätenliste stehen die Verkäufe der Telekom Slovenija, des Hafens Koper sowie der slowenischen Bahn.

Im März 2004 wurde Slowenien von der Weltbank in den Kreis der Geberländer der Welt aufgenommen und wird nunmehr die am wenigsten entwickelten Länder finanziell unterstützen.

Die wichtigsten Daten im Überblick

BIP Real 2006:	29,76 Mrd. Euro
BIP je Einwohner 2006:	14.808 Euro
Wirtschaftswachstum 2006:	5,2% (2005: 3,9%)
Inflationsrate 2006:	2,5% (2005: 2,5%)
Arbeitslosenrate 2006:	6,0% (2005: 6,6%)
Export 2006:	17 Mrd. Euro
Import 2006:	18,10 Mrd. Euro

Quellen: Bank Austria Creditanstalt, Wirtschaftskammer Österreich

Kaufkraft in Slowenien

Höchste Löhne im Finanzbereich – niedrigste im Gastgewerbe

Der Bruttolohn belief sich im 1. Quartal 2005 auf ca. 1.106 Euro im Schnitt, der Nettolohn lag entsprechend bei ca. 708 Euro. Sowohl gesetzliche als auch tariflich festgelegte Mindestlöhne werden im Lauf der Zeit gemäß der Entwicklung der Lebenshaltungskosten angepasst. Der gesetzliche Mindestlohn wird zusätzlich regelmäßig um das BIP-Wachstum nach oben korrigiert.

Das Lohnniveau in Slowenien ist in den einzelnen Branchen und Sektoren unterschiedlich. Die höchsten Löhne werden im Finanzbereich (47% über dem Landesdurchschnitt) gezahlt, die niedrigsten im Gastgewerbe (25% unter dem Landesdurchschnitt).

Tabellenauszug: Übersicht über die monatlichen Mindestlöhne (2006–2007) und durchschnittlichen Monatsbruttolöhne in Zentral- und Osteuropa

Land	monatlicher Mindestlohn (Euro) im Januar 2006	monatlicher Mindestlohn (Euro) im Januar 2007	durchschnittlicher Monatsbruttolohn (Euro) 2006
Bulgarien	82	92	178
Polen	234	246	763
Rumänien	90	114	376
Slowakei	183	217	624
Slowenien	512	522	1 213
Tschechien	261	288	743
Ungarn	247	258	708

Quellen: Eurostat, Statistik kurz gefasst, Mindestlöhne 2007 – monatlicher Mindestlohn Januar, und Dresdner Bank, Investieren in Mittel- und Osteuropa, August 2007 – durchschnittlicher Monatsbruttolohn

Die Musterschülerschaft der slowenischen Wirtschaft wird einem gerade bei den Kaufkraftkriterien nach KKS der Eurostat bewusst.

Hier erreichte Slowenien 2006 bereits 88% (1996: 69%) der Kaufkraft in der EU-27 und ist damit auf einer rasanten Aufholjagd in Richtung Altmitglieder. Portugal und Griechenland wurde bereits überholt!

Der slowenische Werbemarkt

Stark TV-dominiert

Slowenien blickt auf eine langjährige Werbetradition zurück. Das moderne Werbegeschäft begann bereits Anfang der 1970er-Jahre und war immer fortschrittlich ausgerichtet.

Werbeausgaben Slowenien 2005

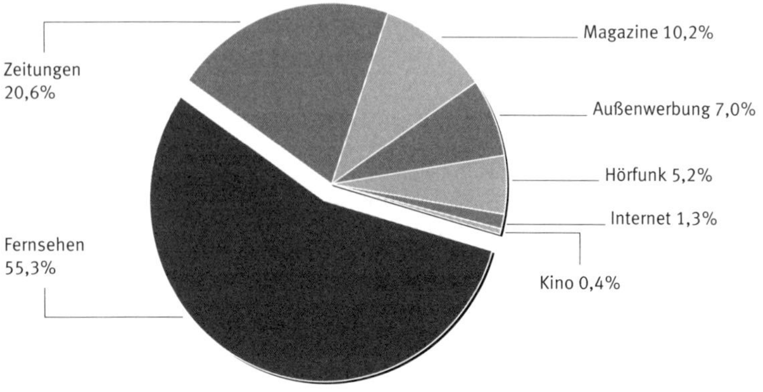

Quelle: Television 2006, International Key Facts

Im Jahr 2005 wurden 348 Mio. Euro brutto für Werbung ausgegeben.

Zu den größten TV-Werbern gehören: Procter & Gamble, Reckitt-Benckiser, Pejo Trading, Henkel Slovenija und L'Oreal Slovenija.

Während andere mittel- und osteuropäische Länder ihre Medien zu Beginn der Übergangsperiode (1990–1992) an ausländische Investoren verkauft haben, hat Slowenien während der vergangenen zehn Jahre privatisiert, Beteiligungsbeschränkungen erlassen und zwei Mediengesetze verabschiedet. Das Endergebnis ist allerdings eine Konzentration der Medien in den Händen einiger Geschäftsleute und in den Händen des Staates.

Der slowenische Konsument

Obwohl die Entwicklung der Wirtschaft sehr gut vorangeht, ist der slowenische Markt immer noch sehr preisempfindlich. Der slowenische Konsument bevorzugt heimische Produkte und ist auch bereit, dafür mehr zu zahlen. 5% der Bevölkerung können als wohlhabend eingestuft werden. Sie bilden die Käuferschicht für das obere Preissegment. Der Umbruch im Einzelhandel bringt auch ein verändertes Einkaufsverhalten mit sich. Mit 46,5% werden mehr als die Hälfte der slowenischen Lebensmittelausgaben in modernen Lebensmitteleinzelhandel-Geschäften wie Hypermärkten oder Supermärkten ausgegeben. 34,5% der Slowenen bevorzugen regelmäßig aber auch noch den Einkauf in den traditionellen Läden, der Rest konsumiert in beiden Handelsformaten. Wertmäßig ist auch der Außer-Haus-Konsum gestiegen, was auf die Steigungerungsrate von 39,6% beim durchschnittlichen Monatsbruttolohn von 2000 bis 2004 zurückzuführen ist. Die Preise der Gastronomie sind im gleichen Zeitraum „nur" um 31,5% gestiegen.

Direktmarketing in Slowenien

Junger Markt im Wachstum

Direktmarketing ist ein junger Markt in Slowenien. Auch besteht die Datenerhebung erst seit ein paar Jahren. Fakten sind zurzeit nur für adressierte und unadressierte Mailings erhältlich, Telemarketing oder Online-Marketing können noch nicht abgedeckt werden.

So sind auch noch nicht allzu viele Aussagen über die Trends in Slowenien möglich – außer dass laut FEDMA das gesamte Volumen in 2003 um fast 25% gestiegen ist und damit massive Steigerungsraten aufweist.

Diese Steigerung resultiert vor allem aus den unadressierten Mailings, die um 26% auf 288 Mio. Stück in 2003 gestiegen sind. Mit den adressierten Mailings (19,2 Mio. Stück) wurden 306,89 Mio. Mailings produziert. Diese Entwicklung wird auch im Umsatz der adressierten Mailings widergespiegelt. Dieser ist 2003 um 14% auf 7,22 Mio. Euro angestiegen.

Im Gegensatz dazu ist der Anteil der adressierten Mailings mit rund 19,2 Mio. Stück 2003 seit 2001 stabil geblieben, während der Umsatz um 24% auf 7,22 Mio. Euro gestiegen ist.

Der Gesamtmarkt wird von der FEDMA auf 15,5 Mio. Euro 2005 geschätzt.

Der Direktmarketingverband ZDM verzeichnete 2004 20 Mitglieder und wurde im Dezember 2002 gegründet. Der Verbund vereinigt Gesellschaften, Anbieter oder Verbraucher von Leistungen des Direktmarketing. Ihre Haupttätigkeit ist dieOrganisation von professionellen Vorlesungen, Treffen, Konferenzen, Werkstätten und Seminaren.

Direkt Mail in Slowenien 2005

	In Stück pro Einwohner 2005	In Stück pro Einwohner 2003	In Stück pro Einwohner 2002
Direct Mail gesamt	237	146	117
unadressierte Werbesendungen	204	137	108
adressierte Werbesendungen	33	9	9

Quellen: Boštjan Zrimšek, Dimacenter

Tschechische Republik

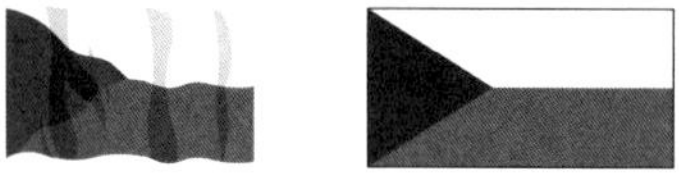

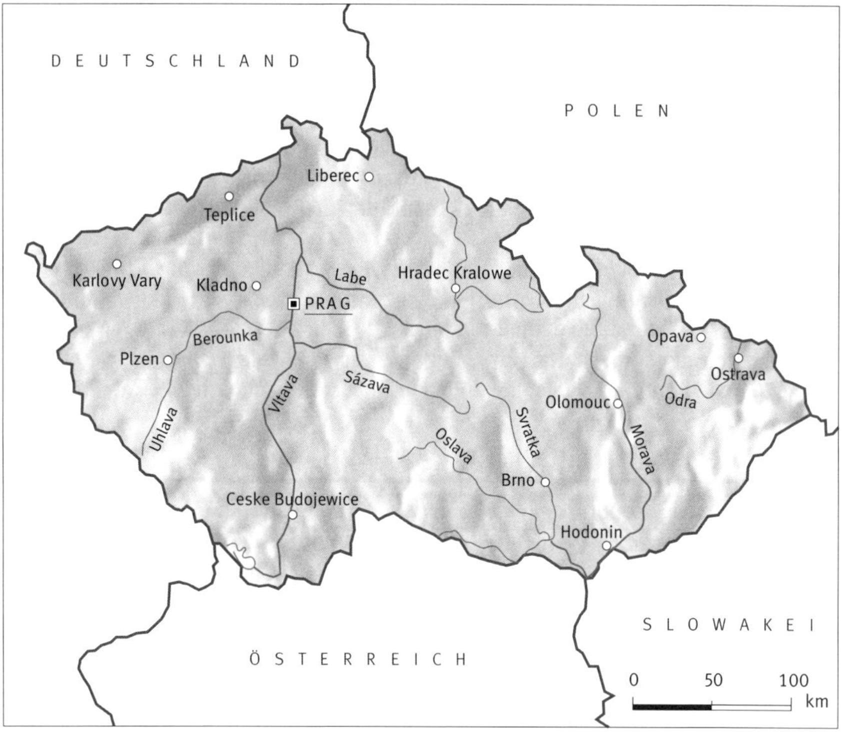

Land und Leute

Die Tschechische Republik hat eine Fläche von knapp 80.000 km² und 10,3 Mio. Einwohner. Tschechien umfasst traditionell die drei historischen Länder Böhmen, Mähren und Mährisch-Schlesien Die größten Städte sind die Hauptstadt Prag mit 1,2 Mio. Einwohnern, Brünn mit 370.000, Ostrava mit 310.000 und Pilsen mit 160.000 Einwohnern.

Die Bevölkerung besteht zu 94% aus Tschechen, 3% Slowaken und Minderheiten von Polen, Deutschen, Ungarn und Roma.

Rund ein Drittel der Landesfläche wird von Wäldern eingenommen. Die Beckenlandschaften sind sehr fruchtbar. So wird in Böhmen, vor allem im Saazer

Becken, Hopfen angebaut. Böhmen ist eines der traditionellen Bierbrauerländer, in Mähren wird Wein angebaut.

Politik und Wirtschaft sind seit dem Ende der kommunistischen Diktatur 1989 westlich orientiert. Das Land ist Mitglied der NATO und trat zum 1.5.2004 der Europäischen Union bei. Mittelfristig ist ein Beitritt zum Schengener Abkommen und zum Euro-Raum absehbar.

Kulturelle Besonderheiten und Businessknigge

Was ist zu beachten?

- Benutzen Sie unter keinen Umständen die Länderbezeichnung „Tschechei“. Sie stammt aus der Zeit des Nationalsozialismus, als die Tschechoslowakei zerschlagen und der tschechische Teil deutsch besetzt war. Der offizielle Staatsname heißt Tschechische Republik; ist Ihnen das zu lang, dürfen Sie gerne auch Tschechien sagen.
- Meiden Sie Themen wie „Vertreibung“, „Beneš-Dekrete“ und Zweiter Weltkrieg. Die tschechische Auffassung ist eindeutig: Das Vertriebenenproblem begann mit Hitlers Überfall auf Polen am 1. September 1939. Akzeptieren Sie diese Meinung – zumindest für die Zeit, in der Sie sich in Tschechien aufhalten.

Die tschechische Mentalität

Die Tschechische Republik ist ein entwickelter Industriestaat mit hohem technischen und wissenschaftlichen Niveau. Aufgrund der geografischen Lage und der geschichtlichen Einflüsse ist die Tschechische Republik das wohl westlichste Land der slawischen Länder. Ähnlich wie die Dänen gelegentlich als Italiener des Nordens bezeichnet werden, liegt bei den Tschechen der Vergleich mit Skandinaviern und Deutschen nahe, denen sie in vielen Verhaltensweisen generell ähnlich sind.

Was ist zu beachten?

- Man begrüßt einander mit einer leichten Verneigung und Händeschütteln.
- Zu Geburtstagen oder zu größeren Feiertagen wird unter (Geschäfts-)Freunden ein Geschenk erwartet.
- Wenn Sie in Tschechien Erfolg haben wollen, legen Sie großen Wert auf Pünktlichkeit, Professionalität, Höflichkeit und Bescheidenheit.
- Für einen erfolgreichen Geschäftsabschluss sind persönlicher Kontakt und etwas „Smalltalk“ wichtig.
- Tschechen kommunizieren direkt und kommen schnell zum Punkt.
- Ihr tschechischer Geschäftspartner verhält sich eher reserviert und zurückhaltend und zeigt selten seine Emotionen in der Öffentlichkeit.

- Mit einer vornehm zurückhaltenden Art wird man eher Freunde in Tschechien gewinnen, überhebliches Auftreten ist absolut verpönt.
- Vorsicht bei der Kleidung! Für Männer ist ein Anzug und für eine Frau ein Kleid oder ein Kostüm ein MUSS!
- Bereiten Sie sich auf alle Besprechungen und Präsentationen sehr gut vor und vergessen Sie nicht eine Zeitreserve, Ihr Gegenüber nimmt sich Zeit für Sie und will Ihr Angebot gründlich kennenlernen!
- Formalitäten und Hierarchien spielen eine große Rolle!

Die wirtschaftliche Entwicklung

Topstandort für die Automobilbranche

Die wirtschaftliche Dynamik dieses „Nachbars" – Tschechien hat die längste Westgrenze der neuen Reformstaaten – ist sehr stark. Tschechien gehört für Auslandsinvestoren schon lange zu den Topstandorten. Die Steigerung des Bruttoinlandsproduktes um 6,4% hat alle Erwartungen übertroffen. Die Ausfuhren stiegen um 14,6%, die Importe um 14,4%. Trotz steigender Energiepreise und erstarkender heimischer Währung haben sich tschechische Unternehmen auf den Weltmärkten behauptet. Das Ausfuhrwachstum verdankt sich der Ansiedlung vieler ausländischer Direktinvestitionen, deren Produktionsstätten in Fahrt gekommen sind und den Export mitreißen. Aber auch rein tschechische Unternehmen haben sich umstrukturiert und finden zunehmend im Ausland Abnehmer für ihre Produkte.

Mehr denn je ist die Automobilbranche, die zu ca. 80% in ausländischer Hand ist, Motor der tschechischen Industrie.

Zu den Standortvorteilen zählen das weiterhin moderate Lohnniveau. Laut B&D Forecast liegen die Kosten für eine Arbeitsstunde in der Produktion bei 4,20 Euro und damit um 24,5 Euro unter dem westdeutschen Niveau – inkl. Lohnzusatzkosten. Damit befindet sich Tschechien mit Polen, Ungarn oder der Slowakei im mittleren Bereich. Einzig Rumänien mit 1,70 Euro inkl. Lohnnebenkosten ist unschlagbar. Weitere Standortvorteile sind die günstige geografische Lage und die verhältnismäßig gute Infrastruktur. Mit einer schrittweisen Senkung der Unternehmenssteuer auf 24% im Jahr 2006 und einem erleichterten Zugang zu Fördermitteln will die Regierung das Land noch attraktiver für Investoren machen.

Mit der im Vergleich zu Deutschland günstigeren Wirtschaftslage und den mit dem EU-Beitritt einhergehenden Handelserleichterungen bleibt Tschechien als Absatzmarkt für westliche Konsumgüter mehr als attraktiv.

Die wichtigsten Daten im Überblick

BIP 2006:	104,7 Mrd. Euro
BIP je Einwohner 2006:	10.264 Euro
Wirtschaftswachstum 2006:	6,4% (2005: 6,0%)
Inflationsrate 2006:	2,5% (2005: 1,9%)
Arbeitslosenrate 2006:	7,5% (2005: 8,9%)
Währung/Wechselkurs 2005:	
Tschechische Krone (Kc)	1 Euro = 28,343 Kc (ø 2006)
Export (1–11/2006):	69,49 Mrd. Euro
Import (1–11/2006):	67,71 Mrd. Euro

Quellen: Bank Austria Creditanstalt, Wirtschaftskammer Österreich

Die Kaufkraft der Tschechen

Mehr Geld für Autos, Kleider und Schuhe

Der nominale Monatsbruttolohn stieg im ersten Quartal 2007 um 7,6%. Investitionen in den eigenen Wohnraum wurden bevorzugt und ließen für andere Ausgaben wenig Spielraum. Trotzdem floss 2006 mehr Geld in neue Autos, Kleidung oder Schuhe als das Jahr zuvor. Aufgrund des hohen Wirtschaftswachstums rechnen Experten mit neuen Jobs und einem weiteren Sinken der Arbeitslosenrate.

Umworbene Tschechen
Vervierfachung der Mediaspendings in den letzten zehn Jahren

Der Werbemarkt in der Tschechischen Republik hat in den letzten Jahren ein immenses Wachstum hinter sich. Experten erwarten ein jährliches Wachstum um die 5% im klassischen Marketing und ca. 25% im Direktmarketing.

So betrug der klassische Werbemarkt in Tschechien 2005 über 1,434 Mrd. Euro.

Laut PanMedia Western Wien haben sich die Mediaspendings in den letzten zehn Jahren vervierfacht und sind ein weiterer Beweis für die EU-Reife dieses Markts. Neben der klassischen Werbung treten vor allem Internetwerbung, Direktmarketing und Telefonverkauf immer deutlicher in den Vordergrund. Wie 2002 in Polen trat im Juli 2004 auch in Tschechien das Verbot der Außenwerbung für Zigaretten und Tabakware in Kraft.

Die Verteilung innerhalb dieser Ausgaben ist interessant, da die normalerweise im Osten vorherrschende TV-Dominanz hier nicht vorliegt. Tschechien zeichnet sich durch einen pulsierenden Printmarkt aus. Radio und Outdoor-Werbung machen nur einen kleinen Anteil aus.

Der tschechische Konsument

Die Steigerungsraten im Einzelhandel bleiben mäßig. Während multinationale Handelsketten höhere Zuwächse verbuchen können, leiden kleinere Läden an Geschäftseinbußen. Doch der tschechische Markt ist eng geworden und die großen Ketten müssen sich einem harten Verdrängungswettbewerb stellen. 2005 haben sich sowohl die französische Kette Carrefour – seine sechs Filialen gingen an die britische Tesco – als auch die österreichische Julius Meinl Kette – 67 Supermärkte wurden an den niederländischen Konzern Ahold Czech Republic verkauft – vom Markt zurückgezogen.

Mit der Fertigstellung von sechs riesigen Einkaufszentren und 31 Hypermärkten erlangte laut Incoma Research die Expansion 2005 einen Höhepunkt. Somit gibt es in Tschechien derzeit 206 Einkaufzentren, die 4.197 Outlets, 467 Gastronomiestätten, 53 Freizeitmöglichkeiten (Kino, Fitness) und 337 Dienstleistungsbereiche vereinen. Das dynamischste ist das Modesegment.

Weiters gab es 2005 160 Hypermärkte, 520 Supermärkte und 405 Diskonter. Auch in kleineren Städten und Regionen werden größere Lebensmittelgeschäfte langsam heimisch. Etwa wie Tesco, sonst ein Synonym für Riesenflächen. Man testet einen ersten kleineren Supermarkt mit nur noch 1.000 m^2 im südmährischen Mikulov.

Der tschechische Konsument kauft am liebsten in Hypermärkten sowie in Diskontläden ein. Lidl, der erst seit 2003 auf dem tschechischen Markt ist, hat mittlerweile schon über 100 Outlets eröffnet und möchte weiter stark expandieren.

Mit hohen Wachstumsraten wartet der Internet-Handel auf. APEK, der Verband für elektronischen Handel, erwartet eine 40%ige Umsatzsteigerung auf 8 bis 10 Mrd. Kc. Nicht enhalten sind die Erlöse aus Reise-, Unterhaltungs- und Dienstleistungsgeschäft. Haushalts- und Unterhaltungselektronik, Handwerkzeug, Sportausrüstungen, Autozubehör oder Autoreifen werden bevorzugt via Internet gekauft.

Hohes Markenbewusstsein – Preis vor Qualität

Der Preis spielt in Tschechien eine große Rolle. 61% der Befragten achten gemäß einer Studie von GfK/MRSC aus 2004 vor allem auf den Preis. Weiters ist die Marke dieser Produkte wichtig. Mit 81% Treue bei Zufriedenheit mit einer gekauften Marke liegen die Tschechen weit über dem osteuropäischen Schnitt. Qualitätsorientierung steht weniger zur Diskussion: Nur 29% sind bereit, für gute Qualität mehr auszugeben. Das liegt weit unter vergleichbaren CEE-Werten. Die Anforderung für Marketers lautet: Top-Marken zu Top-Preisen.

Bei der Werbung ist der Tscheche ein gelernter EU-Bürger: Der harte Wettbewerb der Handelsketten wird unter anderem in den Briefkästen ausgetragen, die täglich gefüllt sind mit Prospekten und Sonderangeboten. An jeder Ausfallstraße erhebt sich ein unendliches Spalier von Reklameplakaten. Geworben wird besonders einfallsreich und zuweilen kontrovers für Getränke, Versicherungen, Automarken, Mobilfunk-, Banken- und Versicherungsdienste.

Direktmarketing in Tschechien

Beliebtes Medium – geprägt von hoher Kaufkraft und Handelswerbung

Die Tschechen stehen auf Direktmarketing, bei gleichzeitig eher distanzierter Haltung zur Werbung. Das gesamte Direktmarketing befindet sich noch im rasanten Aufbau mit Steigerungsraten von um die 25% pro Jahr. 2003 erreichten die DM-Ausgaben insgesamt 331 Mio. Euro, wovon der Löwenanteil mit 265 Mio. Euro auf Direct Mails entfiel – davon allein 150 Mio. Euro auf unadressierte Werbung.

Im Schnitt erhielt jeder Tscheche 2005 rund 346 Werbesendungen – davon 16 adressiert und 330 unadressiert.

Bei der Pro-Kopf-Anzahl der unadressierten Mailings überflügelt Tschechien sogar die Bundesrepublik Deutschland. Ein starkes Zeichen für eine lebhafte Direktmarketingszene!

Der Tschechische Direktmarketingverband (www.admaz.cz) ist in Prag ansässig, umfasst zirka 40 Mitglieder, von denen rund die Hälfte im Adressgeschäft beheimatet sind.

Laut TNS Infratest/MRSC 2006 reagieren 70% aller tschechischen Werbebriefempfänger mindestens ein Mal im Jahr auf Werbebriefe und gehören damit zu den Reaktionsfreudigen.

Werbeausgaben Tschechische Republik 2005

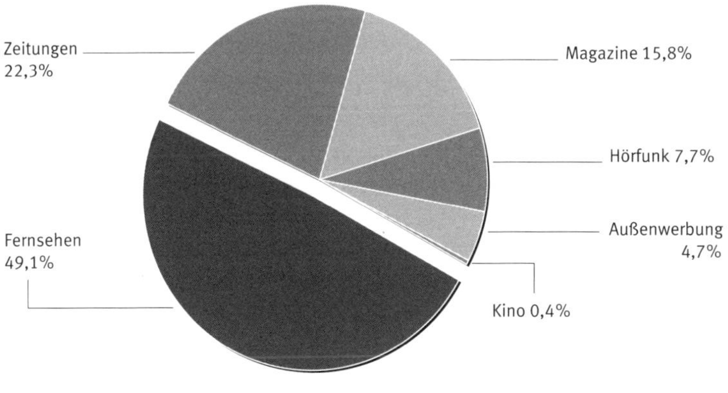

Quelle: Television 2006, International Key Facts (TNS A-Connect)

Adressierte Mailings

Gute Adressqualität im B2B-Bereich – verbesserungswürdig bei B2C

Der Markt für adressierte Mailings ist in Tschechien erst im Aufbau und im internationalen Vergleich mit 14 Aussendungen pro Kopf und Jahr noch von untergeordneter Bedeutung. Es existieren Unternehmen, die nach eigenen Angaben bereits Erfahrungen mit Adress- und Namensdatenbanken besitzen. Bislang können nur wenige dieser Adressanbieter geprüfte Listen zur Verfügung stellen. Die Situation verbessert sich derzeit durch Direktmarketingunternehmen, die personalisierte Business-to-Business-Listen erstellen.

Einige Listbrokers arbeiten bereits mit fortgeschrittenen Datenbank-Technologien.

Interessante Anbieter im B2B sind: Admas Direct Marketing mit 545.000 Adressen, Albertina data mit über 2 Mio. Adressen, Dun & Bradstreet mit 600.000 Adressen und Schober Direktmarketing mit über 1 Mio. Adressen.

Der B2C-Adressenmarkt ist dagegen noch verbesserungswürdig. Die größte Adressdatenbank ist von der Schober Direktmarktgruppe mit über 5 Mio. Adressen zu erhalten. Selektionskriterien sind: Alter, Geschlecht, Beruf, Kaufkraft, Familiengröße etc.

Kostenmäßig liegen die Firmenadressen bei ca. 80 bis 350 Euro pro 1.000 Stück, Privatadressen bei 125 bis 300 Euro pro 1.000 Stück und Lifestyleadressen starten bei 90 bis 150 Euro für einfachere Selektionen bis hin zu 900 Euro für 1.000 Stück für detaillierte Anfragen.

Der Datenschutz wird bei der Adressgenerierung groß geschrieben:

Hypermärkte als bevorzugter Shoppingort in ausgewählten Ländern Zentral- und Osteuropas

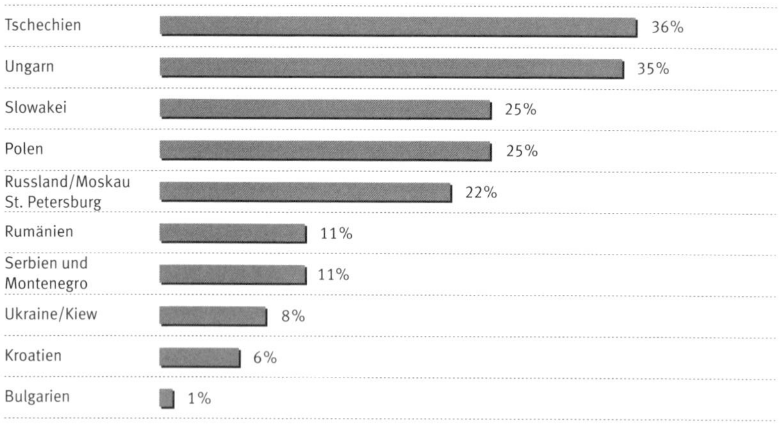

Quelle: GfK + INCOMA Research, 2006

Obligatorisch ist eine Zusatzfrage bei Fragebögen, Mailings etc., in der explizit die Erlaubnis des Konsumenten (B2C und B2B!) zur Weiterverwendung seiner Daten eingeholt werden muss – eine „Nein-Option“ muss vorgegeben sein. „Kalte“ Adressverwendung ist strikt untersagt und das Sammeln von Daten, Namen etc. von Fragebögen ist verboten.

Postalische Infrastruktur

Die nationale Postgesellschaft in Tschechien ist die Česka Post, die zu 100% in staatlichem Eigentum und dem Ministerium für Informationstechnologien zugeordnet ist. 2002 wurden 482 Mio. Euro Umsatz mit an die 41.000 Mitarbeiter erwirtschaftet. 2003 umfasste der Mitarbeiterstand nur noch rund 39.000 Personen, bei einem Stellennetz von 3401 Filialen. 740 Mio. Stück Briefversand wurden 2002 durchgeführt, wobei die Transportqualität im Steigen begriffen ist. Bei einem Standardversand bis 1 Tag liegt man bei 93,5%, beim Standardversand bis zu 2 Tagen liegt man über 99,5%. Bereits 2002 wurde die Zustimmung zur Umwandlung in eine Aktiengesellschaft gegeben, der Transformationsprozess läuft. Spätere Privatisierung sind nicht ausgeschlossen.

Ukraine

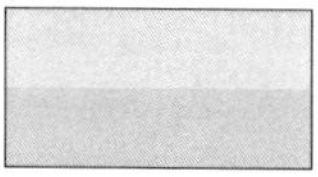

Land und Leute

Die Ukraine ist mit einer Gesamtfläche von 603.700 km² der größte Staat in Europa. Die Einwohnerzahl ist seit Jahren rückläufig und beträgt nach jüngsten Schätzungen etwa 47 Mio. Menschen, was einer Dichte von ca. 78 Einwohner/km² entspricht. 67% der Bevölkerung leben in Städten, der Rest auf dem Land. Die seit dem 24.8.1991 unabhängige Ukraine ist ein Einheitsstaat, zu dem 24 Verwaltungsbezirke, sogenannte Oblasty und die autonome Republik Krim gehören. Die Hauptstadt Kiew und Sewastopol sind der Republik direkt unterstellt. Die größten Städte sind Kiew mit 2,6 Mio. Einwohnern, Charkow mit knapp 1,5 Mio.,

Dnepropetrowsk mit 1,06 Mio., Donezk mit 1,0 Mio., Odessa mit 1,02 Mio. und schließlich Lwow mit etwa 0,73 Mio. Einwohnern. Ca. 95% der Ukraine liegen auf dem Gebiet der Osteuropäischen Ebene, weshalb die Ukraine auch zu Osteuropa gezählt wird.

Die Natur der Ukraine ist sehr vielfältig und bietet Abwechslung zwischen Mischwäldern, Waldsteppen, Berglandschaften, Flussdeltas, Steppen und Meeresstränden. Der größte Fluss ist der Dnepr, der quer durch das Land von der Nord- bis zur Südgrenze verläuft und schließlich ins Schwarze Meer mündet. Mit Ausnahme des Südens der Schwarzmeerhalbinsel Krim, wo das Klima subtropisch ist, herrscht in der Ukraine kontinentales Klima.

Kulturelle Besonderheiten und Businessknigge

Was ist zu beachten?

- Meiden Sie Themen wie „russische Geschichte" und aktuelle politische Entwicklungen. Sie können nicht wissen, welchem „Lager" Ihr Gesprächspartner angehört. Politische Themen bewegen jetzt die Ukraine.
- Ukrainisch ist eine eigenständige Sprache, auch wenn sie dem Russischen ähnelt!
- Auch wenn die Ukraine einen kleinen Teil der Geschichte mit Russland geteilt hat, nicht mit „Russen" bzw. Russland verwechseln!
- Meiden Sie Kritik und Erinnerungen an Tschernobyl!

Die ukrainische Mentalität

Ukrainer sind höflich, zuvorkommend und gastfreundlich und mögen gutes Essen und Trinken. Ein ausländischer Gast bekommt wie zu Hause so auch im Restaurant einen Ehrenplatz an der Seite des Gastgebers.

Was ist zu beachten?

- Vermeiden Sie nächtliche Autofahrten übers Land. Wegen schlechter Straßenverhältnisse, fehlender Straßenmarkierungen und häufig unvorhersehbaren Hindernissen auf der Fahrbahn besteht ein deutlich erhöhtes Unfallrisiko.
- Zu Ihrer eigenen Sicherheit sollten Sie bei vermeintlichen Pannen anderer Verkehrsteilnehmer am Straßenrand – insbesondere auf einsamen Landstraßen – nicht anhalten.
- Grundsätzlich empfiehlt es sich, Kreditkarten, Bankkarten, Bargeld und Ausweispapiere an mehreren Stellen direkt am Körper zu verwahren, um zu verhindern, bei eventuellen Taschendiebstählen alles auf einmal zu verlieren. Nehmen Sie Kopien Ihrer Dokumente mit.
- Im Straßenverkehr gilt striktes Alkoholverbot. Ist ein Verkehrsdelikt unter Alkoholeinfluss begangen worden, stellt dies einen wesentlichen Strafver-

schärfungsgrund dar. Bereits bei geringem Personenschaden muss in diesem Fall mit einer Freiheitsstrafe gerechnet werden.

- Autos mit ausländischen Kennzeichen werden von der Polizei allerdings häufiger und strenger geprüft.
- Beim Fotografieren technischer Einrichtungen ist Vorsicht geboten. Militärische Einrichtungen sollten grundsätzlich nicht fotografiert werden. Es kann nicht ausgeschlossen werden, dass aufgrund derartiger Fotos Anklage wegen Spionage erhoben wird.
- Im Geschäftsleben ist es üblich, die Visitenkarten auszutauschen (zweisprachig mit Funktionsbezeichnung in der Landessprache).
- Im Gesprächsverlauf wird oft Körperkontakt gepflegt (Unterarm, Schulter). Der Austausch von „Brüderküssen“ entspricht nicht der Realität, ist ein Klischee.
- Akademische Titel und Rangbezeichnungen werden nicht verwendet, oft wird als Anrede rasch der Vorname angeboten. Nehmen Sie es ruhig an!
- Für Verhandlungen sollte man eine Portion Geduld und Ausdauer mitbringen. Schaffen Sie rasch eine Atmosphäre des Vertrauens, so kommen Sie schneller und einfacher ans Ziel!
- Sprechen Sie nie sofort das Verhandlungsziel an! Es ist unhöflich, sich vorab mit Ihrem Geschäftspartner auf persönlicher Ebene auszutauschen.
- Stellen Sie von Anfang an Kontakte auf den höchsten Hierarchieebenen her. Ukrainische Unternehmen sind sehr stark hierarchisch aufgebaut!
- Üblich ist auch direkter Augenkontakt.
- Ukrainer sind auf „Multitasking“ orientiert. Lassen Sie sich nicht stören, falls Ihr Partner neben dem Gespräch auch andere Sachen „erledigt“.
- Fragen Sie strittige Punkte sofort nach! Ein Nein muss nicht Nein bedeuten. Rascher und glatter Verlauf der Verhandlungen ist ein schlechtes Zeichen.

Die ukrainische Wirtschaft

Schleppender Aufschwung

Während in den Jahren 2000 bis 2004 die ukrainische Wirtschaft einen beachtlichen wirtschaftlichen Aufschwung erlebte, erfolgte 2005 trotz eines Konsumbooms ein „Absturz“ auf nur 2,6%. Neben einer Abschwächung der internationalen Stahlkonjunktur waren die politischen Verhältnisse Ursache für ein nur mageres Wirtschaftswachstum, vor allem wegen der schwachen Investitionen. Auch nach der „Orangenen Revolution“ zögern ausländische Firmen mit Kapitalengagements in der Ukraine. Sie werden abgehalten durch die Intransparenz der sich häufig ändernden Rechtsvorschriften, mangelnden Schutz von Eigentum sowie der Rechte von Minderheitsaktionären, Unregelmäßigkeiten im öffentlichen Ausschreibungswesen, relativ hohe Steuern und Abgaben, Probleme bei der Zollabfertigung sowie das neuerdings schwächere Wirtschaftswachstum und die Verschärfung der innenpolitischen Machtkämpfe.

Getrübt wird die Lage der ukrainischen Wirtschaft dadurch, dass 2006 erstmals seit 1998 wieder ein Handelsbilanzdefizit auftrat. Nur zwei Jahre nach dem Rekordüberschuss in der Handelsbilanz (2004: 4,87 Mrd. USD) wird ein Fehlbetrag in Rekordhöhe realisiert.

Die Handelsbilanz hatte 2005 noch mit einem Überschuss von 671 Mio. USD abgeschlossen. Ausschlaggebend für den hohen Fehlbetrag 2006 waren das hohe nominale Wachstum der Importe und der Rückgang der Exporte. Das Abbröckeln der Ausfuhren war vor allem auf zwei Ursachen zurückzuführen: zum einen auf die Mengeneinbußen und Preisrückgänge bei den Eisen- und Stahlexporten, die im Durchschnitt der vergangenen Jahre 35 bis 40% des Ausfuhrwerts ausmachten. Zum anderen auf die Handelskonflikte mit Russland, die vor allem zum Wegbrechen der ukrainischen Exporte von Fleisch, Käse und von Molkereierzeugnissen führten.

Das starke Importwachstum war teils auf Preiseffekte (darunter auf die Teuerung bei Erdgas und anderen Energieträgern), teils auf lebhafte Importnachfrage nach Investitions- und dauerhaften Konsumgütern zurückzuführen.

Die wichtigsten Daten im Überblick

BIP 2006:	84,8 Mrd. Euro
BIP je Einwohner 2006:	1.810 Euro
Wirtschaftswachstum 2006:	7,1% (2005: 2,7%)
Inflationsrate 2006:	9,1% (2005: 13,5%)
Arbeitslosenrate 2006:	6,8% (2005: 7,2%)
Währung/Wechselkurs 2006: Griwna (UAH)	1 Euro = 6,34 UAH
Export 2006:	31,020 Mrd. Euro
Import 2006:	35,157 Mrd. Euro

Quellen: Bank Austria Creditanstalt

Die Kaufkraft in der Ukraine

Starke regionale Unterschiede

Das Nominaleinkommen von Jänner bis Dezember 2006 ist im Vergleich zum selben Zeitraum 2005 um 28,2% gestiegen.

Aktuelle Gehälter für verschiedene Tätigkeiten

Qualifizierte Mitarbeiter Lohn- Finanzbuchhaltung	1.200 UAH (188 Euro)
Facharbeiter in der Industrie und im Handwerk	1.000 UAH (256 Euro)
Mitarbeiter Verwaltung, Büro, Sekretariat, Verkäuferin	350 UAH (55 Euro)

Vom Anstieg der Einkommen wiederum profitieren besonders der Handel, die Konsumgüterindustrie, die Baubranche und der Dienstleistungssektor. In den Städten bildet sich bereits jetzt eine Schicht von höheren Angestellten und Selbstständigen mit hoher Kaufkraft heraus.

Mit 21% verfügen im regionalen Vergleich relativ viele Haushalte über ein Auto.

Die Bruttolöhne in der Ukraine zählen zu den niedrigsten in ganz Europa. Dennoch gibt es ein starkes Gefälle: Während im Ballungszentrum rund um die Hauptstadt Kiew nahezu Vollbeschäftigung herrscht und die Spitzengehälter kräftig steigen, ist in ländlichen Regionen wie West-Podolien nahezu jeder fünfte Erwerbsfähige arbeitslos. Überall im Land fehlen qualifizierte Fach- und Führungskräfte mit Markterfahrung. Die Personalsuche gilt als schwierig und zeitaufwändig.

Der ukrainische Werbemarkt

Eine Branche boomt

Der ukrainische Werbemarkt, in Österreich noch eine Unbekannte, wächst weiter dynamisch.

Laut einem Vortrag von Valentin Kalashnik, dem Generaldirektor der Marketing Gruppe OS-Direkt im Oktober 2007 entwickelte sich das Werbevolumen Ende 2006 auf geschätzte 1.005,46 Mio. Euro. Für 2007 prognostiziert er einen Anstieg von 27%.

Das Top-Medium ist dabei das Fernsehen – der Anteil liegt laut Television 2006 bei fast 70%.

Besonders attraktiv ist der Werbemarkt für Hersteller alkoholischer Getränke, Telekomanbieter und Kosmetikerzeuger. Obwohl TV noch immer den Löwenanteil am Mediamix hält, gewinnt der Bereich der Neuen Medien zunehmend.

Auch die gesetzlichen Rahmenbedingungen entwickeln sich parallel zu dem immer weiter wachsenden Werbemarkt.

Der ukrainische Konsument

Vertrauen in Finanzierungsmodelle wichtig für Wirtschaftsentwicklung

Durch die positive wirtschaftliche Entwicklung der letzten Jahre, den Anstieg von Einkommen und die Steuerreform, die Senkung der Gewinnsteuer bis zu 25% für Betriebe und der Einkommensteuer bis zu 13%, stieg auch die Kaufkraft und damit der Konsum. Der ukrainische Konsument ist sehr vielfältig: Im Lebensmittelbereich werden heimische Marken vorgezogen, deren Angebot in den letzten Jahren um ein Mehrfaches gestiegen ist und die Importware verdrängt hat. Anders sieht es in der Autoindustrie aus, Luxusmodelle und Mittelklasseautos aus dem Ausland liegen im Trend, der Umsatz damit hat sich verdoppelt, vor allem durch die Einführung der für die Ukraine revolutionären Ratenzahlung. Daraus folgend floriert auch das Geschäft mit Ersatzteilen. Auch die Nachfrage für technische Innovationen wie Internetanbieter und Mobilkommunikation steigt immens an. Nur im Bereich des Bankwesens verhält sich der Konsument äußerst vorsichtig. In der Ukraine kommt es aus unterschiedlichen Gründen nur zu einer sehr schwachen Kreditvergabe des Bankensystems an die Wirtschaft. Die Bevölkerung traut dem Bankensystem nicht und zieht es vor, ihr Geld in bar und als Schutz gegen die Inflation in Dollar zu halten. Auf Grund der ungenügenden juristischen Möglichkeiten ist es schwierig, die Kreditwürdigkeit der potenziellen Unternehmensschuldner zu überprüfen und die Frage der Vermögenshaftung zu klären. Nichtsdestotrotz steigt die Anzahl der Kleinkredite, und internationale Banken wie die Raiffeisen Bank gewinnen immer mehr das Vertrauen der Bevölkerung.

Direktmarkteting in der Ukraine

Direktmarketing hat in der Ukraine ein rasante Entwicklung hinter sich. Sowohl die auf DM spezialisierten Agenturen als auch ihre Kunden haben diese Form des Marketings für sich entdeckt und in ihre Marketingpläne mit einbezogen. Zu dieser Entwicklung hat auch die ukrainische Post „Ukrpochta" beigetragen.

Die Größe der Rabatte hängt von der vereinbarten Geschäftsdauer ab, etwa ein Jahr oder ein Vierteljahr. Die Größenordnung wird außerdem für jeden Versand extra fixiert und hängt nicht von anderen Dienstleistungen oder Sendungen des jeweiligen Kunden ab.

Werbeausgaben Ukraine 2005

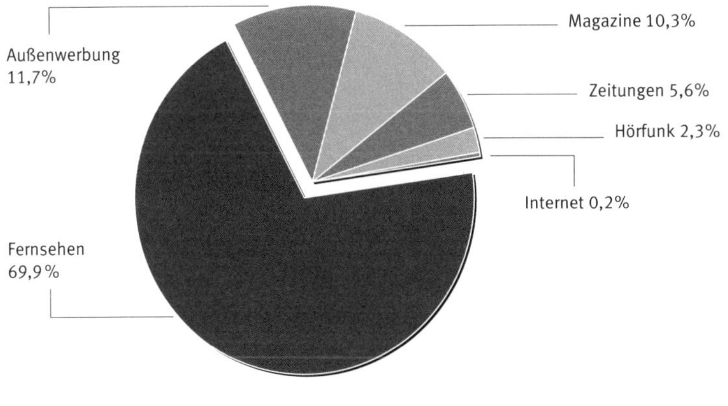

Quelle: Television 2006, International Key Facts (GfK-USM/Starcom MediaVest Group/Monitoring ZMI Ukraine)

Ähnlich ist es bei der Kalkulation für andere Sendungen bzw. Dienstleistungen. Erfüllt der Geschäftspartner nicht den vereinbarten Umfang, muss der Rabatt zurückgezahlt werden. Offensichtlich führen die Aktionen der ukrainischen Post zu einer Steigerung der Sendungen.

Die Ukrainische Post 2006 in Zahlen

85% aller Lieferungen und Zahlungen werden innerhalb von vier Tagen getätigt.

2006 wurden 358 Millionen Briefe und ca. 250 Millionen Pakete versandt.

Der Ukrainische Versandhandel 2006

Der Ukrainische Versandhandel erreichte 2006 einen Umsatz von 150 Millionen Euro und stieg damit um gut 36% gegenüber 2005 an.

Die Katalogverkäufe betrugen 74 Millionen Euro – entspricht einem Plus von 64% – der Verkauf über Shopping-TV erreichte 18 Millionen Euro.

Der Ukrainische Direktmarketingmarkt 2005 im Überblick

Direktmarketing Umsatz in Euro	82,85 Mio. Euro
Direktmarketing	Umsatz
Instrumente	Euro 2005
Direct Mails addressiert	20 Mio. Euro
Direct Mails unaddressiert	21 Mio. Euro
Telemarketing Call-Center	2,73 Mio. Euro
Internet	n.a.
Zeitungsinserate	6,1 Mio. Euro

Quelle: Valentin Kalashnik Marketing Gruppe OS-Direct

Aufteilung adressierte und unadressierte Mails 2005

	adressierte Mails	unadressierte Mails
Umsatz in Euro 2005	20 Mio. Euro	21 Mio. Euro
Umsatz in Euro pro Kopf 2005	0,42 Euro	0,44 Euro
Menge 2005	139 Mio. Stk.	2 774 Mio. Stk.
Menge pro Kopf 2005	3 Stk.	58 Stk.

Quelle: Valentin Kalashnik Marketing Gruppe OS-Direct

Ungarn

Land und Leute

Ungarn liegt in der Mitte Europas und verdankt es dieser Lage, dass es – traditionell – als Brücke zwischen Ost- und Westeuropa angesehen wird. Es grenzt an Kroatien, Österreich, Rumänien, die Slowakei, Slowenien, die Ukraine und an Serbien und Montenegro. In Ungarn herrscht ein gemäßigt kontinentales Klima, was auf die von Gebirgen umschlossene und meerferne Beckenlage zurückzuführen ist.

Auf einer Fläche von 93.033 km² leben ca. 10 Mio. Magyaren, davon 2,1 Mio. in der Hauptstadt Budapest und Umgebung. Zwei Drittel der Fläche Ungarns sind Tiefland. Die drei großen Landschaftsgebiete Ungarns sind Transdanubien mit dem Plattensee (Balaton), die Große Tiefebene, die etwa die Hälfte des Staatsgebietes ausmacht, und Nordungarn. Die wichtigsten Flüsse sind Donau und Theiß.

Kulturelle Besonderheiten und Businessknigge

Was ist zu beachten?

- Wenn Sie mehr über die Geschichte Ungarns wissen wollen, unterhalten Sie sich mit dem Partner darüber. Generell sind Ungarn sehr geschichtsbewusst.
- Die Themen, die Sie vermeiden sollten: kommunistische Vergangenheit, Know-how und Wohlstandsunterschied zwischen Österreich und Ungarn.
- Sie punkten, wenn Sie Interesse an der ungarischen Sprache zeigen.
- Die Ungarn sind einerseits emotional und andererseits empfindlich hinsichtlich Kritik und Konflikten. Ein freundliches Miteinander steht an erster Stelle. Konflikte werden als äußerst unangenehm empfunden.

Die ungarische Mentalität

Die Ungarn sind stolz auf ihre lange Geschichte und ihr kulturelles Erbe, vor allem aber auf den individuellen Weg, den ihr Land noch während der Zeit des Kommunismus erfolgreich einschlug.

Man schätzt in Ungarn vor allem folgende Werte: Unabhängigkeit, eine Familie mit gutem Zusammenhalt, Bildung, Sicherheit, Eigentum und Reisen ins Ausland. Professionalität und Perfektion besitzen einen hohen Stellenwert.

Was ist zu beachten?

- Auf Pünktlichkeit wird geachtet. Die zwischenmenschlichen Beziehungen sind herzlich und spontan.
- Die traditionelle Geschäftsbegrüßung in Ungarn ist ein kräftiger Händedruck begleitet von einem Jónapot kivánok – Guten Tag, Jóreggelt kivánok – Guten Morgen oder Jóestét kivánok – Guten Abend
- Bezüglich der Verwendung von Titeln lässt sich vor allem bei der jüngeren Generation der Trend feststellen, die Betonung von Titeln als unangebracht oder überheblich zu empfinden.
- Esseneinladungen – es ist in Ungarn unüblich, mit Biergläsern anzustoßen, mit Wein ja, aber nicht mit Bier.
- Wenn Ihr ungarischer Kollege sich bei Ihnen mit seinem Namen vorstellt, bedenken Sie, dass im Ungarischen zuerst der Familienname und dann erst der Vorname genannt wird.
- Auf Visitenkarten sollten Sie Titel und Berufsbezeichnung anführen; bringen Sie immer ausreichend Visitenkarten nach Ungarn mit, die Sie großzügig verteilen dürfen.

- Rufen Sie lieber an, anstatt eine E-Mail zu schreiben. Machen Sie einen Geschäftsbesuch anstelle einer Videokonferenz. Versuchen Sie Ihren Geschäftspartner persönlich näher kennenzulernen und gestatten Sie ihm auch persönliche Fragen.
- Ungarn sind in ihrem Kommunikationsverhalten weniger direkt. Widerspruch gilt als unhöflich. Das direkte Nein wird lieber gemieden.
- Zu viele Regeln und Vorschriften werden als einschränkend empfunden.
- Die Verhandlungen sind häufig viel zeitaufwendiger als vorgesehen.
- Guten Willen zeigen und Ihrem Geschäftspartner Respekt entgegenbringen ist mehr wert als eine Unterschrift.

Die ungarische Wirtschaft

Frühe Öffnung und hohe Kooperationsbereitschaft

Ungarn gilt als einer der größten und attraktivsten Märkte Mittelosteuropas. Die Wirtschaft befindet sich auf einem stabilen Wachstumspfad, dessen Motor seit der Wende die Exporte der durch Auslandsinvestitionen modernisierten Industrie sind. Ungarn steht und stand für frühe Öffnung und hohe Kooperationsbereitschaft mit den angrenzenden Ländern.

Ungarn hat bereits vor der politischen Wende zahlreiche Schritte in Richtung Marktwirtschaft unternommen, wie zum Beispiel den Beitritt zum internationalen Währungsfonds und zur Weltbank oder die Errichtung eines zweistufigen Bankensystems. Danach stand einer sofortigen Annäherung an Europa – Assoziierungsabkommen mit der Europäischen Gemeinschaft sowie Antrag auf EU-Mitgliedschaft – nichts mehr im Wege.

Etwa seit fünf Jahren aber ist Ungarn nicht mehr „Leader" unter den neuen Mitgliedstaaten. Trotz Wirtschaftswachstum, sinkender Inflationsrate, relativ niedriger Arbeitslosenrate, sinkendem Handelsbilanzdefizit und beachtlicher Auslandsinvestitionen – höchste Pro-Kopf-Rate der neuen EU-Mitgliedstaaten – leidet Ungarn unter Reformstau. Die Erfüllung der Maastricht-Kriterien scheinen noch in weiter Ferne – kein einziger Punkt wird derzeit ereicht –, und auch die Aufnahme in die Eurozone für 2010 sehen Experten gefährdet.

2006 betrug die Steigerung des ungarischen Bruttoinlandsproduktes 3,9%, wofür vor allem das Exportwachstum verantwortlich ist. Dieses profitierte von der besseren Konjunktur in der EU und vom schwachen Forint. Durch die positive Konjunkturentwicklung in einigen größeren EU-Ländern steigerte sich die Nachfrage nach ungarischen Produkten erheblich. Durch die Senkung der Mehrwertsteuer auf 20% per Jahresbeginn 2006 erhielt der private Konsum einen wesentlichen Impuls für weitere Steigerungen.

Die wichtigsten Daten im Überblick

BIP 2006:	92,6 Mrd. Euro
BIP je Einwohner 2006:	9.194 Euro
Wirtschaftswachstum 2006:	3,9% (2005: 4,1%)
Inflationsrate 2006:	3,9% (2005: 3,6%)
Arbeitslosenrate 2006:	7,5% (2005: 7,2%)
Währung/Wechselkurs 2006: Forint (HUF)	1 Euro = 264,27 HUF
Exporte 2006:	58,4 Mrd. Euro
Importe 2006:	58,8 Mrd. Euro

Quellen: Bank Austria Creditanstalt, Wirtschaftskammer Österreich

Höhere Kaufkraft durch gesenkte Mehrwertsteuer und Wahlgeschenke

Kontinuierlich steigen auch der Privatkonsum und die Kaufkraft des 10,1-Mio.-Einwohner-Staates. Budapest ist mit seinen 2,1 Mio. Einwohnern ökonomisch dominierend und beherrscht die wirtschaftliche Entwicklung in Ungarn viel stärker als dies für Hauptstadtregionen westlicher Länder gilt. Entsprechend hoch ist die Kaufkraft in den westlichen Regionen, z. B. auch im Industriezentrum Györ, wo große ausländische Investoren einkommensstarke Arbeitsplätze schufen. Gravierend ist das regionale Kaufkraftgefälle in Ungarn, so MB Research. Auch das Stadt-Land-Gefälle ist stark ausgeprägt: Armut und neuer Reichtum liegen dicht beieinander. Von großer Bedeutung für die Kaufkraft ist in einigen Regionen auch der Tourismus. Nach einer Statistik der World Tourist Organisation liegt Ungarn hinsichtlich der einreisenden Ausländer an fünfter Stelle der Welt. Der Tourismus ist daher mit 10% am Bruttoinlandsprodukt inzwischen zu einem Motor der ungarischen Wirtschaft geworden.

Der ungarische Werbemarkt

Werbemedium Nr. 1: das Fernsehen

Schon lange vor dem EU-Beitritt hat sich in Ungarn ein Werbemarkt mit internationalen Standards etabliert. Das Medienangebot ist groß und wächst immer weiter. Die Struktur der Werbeinvestments ist in Ungarn gleichzusetzen mit der Struktur in den EU-15-Ländern. Die führenden Branchen sind hier die Telekommunikation, Finanzmarkt und Automobil, im Gegensatz zum Beispiel von Rumänien oder Russland, wo Lebensmittel, Getränke und Reinigungsprodukte dominieren.

Laut Television 2006 betragen die Netto-Werbeausgaben 2005 an die 648,91 Mio Euro.

Werbeausgaben Ungarn 2005

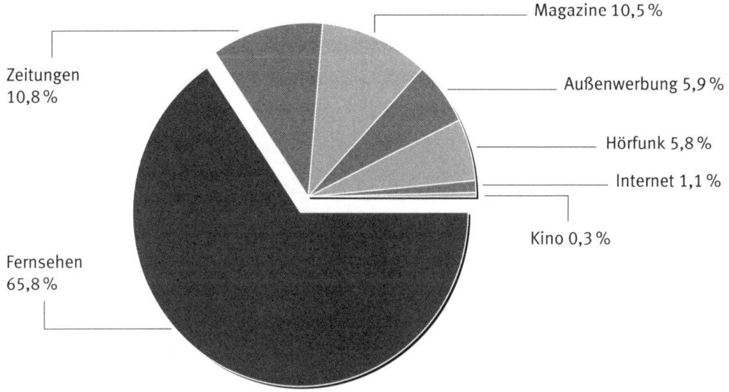

Quelle: Television 2006, International Key Facts (Mediagnózis)

Das Werbemedium Nummer 1 ist für die Ungarn nach wie vor das Fernsehen mit über 65% laut Television 2006. Die Pro-Kopf-Fernsehdauer ist in Ungarn besonders hoch. Laut dem paneuropäischen Vermarkter Arbomedia werden 59,8% dieser TV-Spendings in die Prime Time von 19 bis 23 Uhr investiert, 73,8% der Werbeausgaben zielen auf 18- bis 49-jährige Zuschauer. Dahinter liegen die Printmedien und an dritter Stelle die Außenwerbung und Radio ex aequo.

Ungarn, ein Land mit ausgeprägtem Marken- und Qualitätsbewusstsein

Zahlreiche globale Marken haben sich in Ungarn bereits niedergelassen, andere strömen ob der zuversichtlichen Wirtschaftsprognosen ebenfalls in den neuen EU-Staat. Laut Reader's Digest sind Markengrößen von Nokia über Nivea bis Coca-Cola unter den „Most Trusted Brands" in Ungarn.

Mit mehr als 70% Qualitätsorientierung liegen die Ungarn weit über dem osteuropäischen Durchschnitt mit 46%. Vor allem deutsche Qualitätsprodukte und Markenartikel werden von den ungarischen Konsumenten geschätzt. Da das verfügbare Einkommen pro Kopf bei derzeit noch 3.753 Euro liegt, kommt zu diesem Qualitätsaspekt der Preis – wie in allen vergleichbaren Märkten – als wichtiges Kriterium.

Wer in Ungarn werben will, findet einen innovationsfreudigen Konsumentenmarkt und internationale Standards im Medien- und Werbemarkt. Auch wenn TV-Werbung den Markt dominiert und weiterhin boomt, bieten Direktmarketing und Online-Werbung gute Aussichten auf Erfolg. Direktmarketing ist am ungarischen Werbemarkt mit einem Anteil von 20% gut eingeführt, und bereits 1995 wurde der Fachverband DMSZ-Direkt Marketing Szovetseg – www.dmsz.net – gegründet.

Direktmarketing in Ungarn

Ein Markt mit Zukunft

Der Umsatz 2006 in Ungarn aus DM-Aktivitäten betrug rund 108,5 Mio. Laut Angaben des DMSZ liegen die Zuwachsraten mit 15% per anno weit über dem westlichen Standard. Im internationalen Vergleich sieht man, dass Ungarn die zentral- und osteuropäischen Staaten anführt –, verglichen mit den westlichen Ländern aber noch erhebliches Aufholpotenzial birgt, mit Wachstumsraten um die 15%.

Das Adressenmaterial im B2C-Bereich ist ein wesentlicher Faktor für diese Ausgangssituation. Es lohnt sich daher, mit unadressierten Mailings in Ungarn zu starten.

Der Markt der unadressierten Direct Mails wächst mit 15 bis 20% p. a. aufgrund neuer Markteintritte von Lebensmittelketten, Baumärkten und Möbelhäusern.

Die Akzeptanz ist sehr hoch, was sich in hohen Responseraten und aktivem Kaufverhalten widerspiegelt, wobei Responseverstärker wie Incentives größte Verwendung finden, Gewinnspiele und Couponing werden ebenfalls eingesetzt.

Der Online-Markt wächst stetig, denn die Internetnutzung nimmt in Ungarn wie in allen zentral- und osteuropäischen Staaten kontinuierlich zu. Im Lauf der nächsten fünf Jahre soll sich der Useranteil verdoppeln. Mit Kooperationen im Bereich Affiliate Marketing, Suchmaschinen-Management und Permission Marketing wird die Markenbekanntheit der Anbieter weiter ausgebaut.

B2C-Adressen noch verbesserungswürdig

Wie in allen Ländern Osteuropas gibt es nur sehr wenige „gute" Privatadressen. Diese sind zudem auch teuer. Die Selektionsmöglichkeiten für Postwurfsendungen in Ungarn sind daher begrenzt. Und Interessenten werden gefordert sein, „ihre Datei" aus diversen Datenbanken, Lifestyle-Befragungen und den wenigen Anbietern von Privatadressen zusammenzustellen.

Listbroking ist zurzeit noch unüblich, Adressen mit negativen Kreditauskünften werden zwar angeboten, aber Umzugsdatenbanken existieren noch nicht.

Auch hier ist eine Angleichung an westliche Standards zu erwarten.

B2B-Adressen zeigen bereits gute Qualität

Die Qualitäten von B2B-Adressen in Ungarn sind sehr gut und günstig. FEDMA empfiehlt die Cid CEG Info Direktmarketing Kft., die ca. 330.000 Eintragungen beinhaltet. Abrufbare Selektionskriterien sind: Regionalität, Branche, Rechtsform, Anzahl der Mitarbeiter, Umsatz, Gründungsdatum, Joint Ventures mit anderen Staaten usw. (mehr unter: www.ceg-info.hu).

Empfohlen werden von der Magyar Post auch Opten Informatikai Kft. und Kjk-Kerszöv mit ca. 700.000 Adressen sowie Dun & Bradstreet Kft. mit rund 450.000 Adressen.

Rechtliche Unklarheiten bestehen noch darüber, ob die Bezugsquelle der Adressen auf den Mailings bekannt gegeben werden muss.

Aufmerksam und interessiert: Der ungarische Werbepost-Empfänger

Gute Werte für Direktmarketing, bei denen man noch erahnen kann, wie hoch der Nachholbedarf an Direktansprache liegt – so eine Studie der GfK.

Denn fast zwei Drittel der ungarischen Werbepost-Empfänger lesen ihre Mailings und sogar 22% reagieren auf die ihnen zugesandten Werbebriefe. Damit liegt die Umwandlungsquote von Mailings mit 15% deutlich über dem osteuropäischen Durchschnitt von 9%. Auch hier gilt das bereits Erwähnte: Der Ungar liebt Qualität. Diese spielt nicht nur beim Einkauf eine Rolle, sie fördert auch die Wahrnehmung der Werbepost: Hochwertige Mailings kommen an, vor allem wenn sie persönlich adressiert sind.

Bekannte Unternehmen mit ungarischem Background haben es leichter, Zugang zum Konsumenten zu finden. Vielen Ungarn ist es wichtig, in den farbenfrohen Werbebriefen persönlich in perfektem Ungarisch angesprochen zu werden.

Als Responseelement bevorzugen 76% eindeutig die Antwortkarte. Erfreuliche 57% tätigen eine Bestellung als Reaktion auf diese Werbepost.

Ein Großteil der Adressaten ist neugierig auf Werbepost im eigenen Briefkasten und schätzt Werbebriefe als informatives Medium. Erscheint das Produktangebot interessant, wird das Mailing von 63% der Ungarn aufmerksam gelesen. Die Zeitung als Werbeträger erfreut sich bei 42% der ungarischen Adressaten großer Beliebtheit. Gleich danach rangiert der Werbebrief mit 24% – ein im osteuropäischen Vergleich überdurchschnittlicher Wert.

Kunst als Spiegelbild der wirtschaftlichen Entwicklung in CEE/SEE

Oskar Stocker

Die folgenden Bilder habe ich im Rahmen des Galadiners des Grow-East-Kongresses am 6. September 2007 im Zeremoniensaal der Wiener Hofburg ausgestellt. Das Thema war Grow East und dazu habe ich mir folgende Gedanken gemacht: Wenn es um Marken, Positionen, wirtschaftliche Werte usw. geht, stehen dahinter wiederum Manager, Unternehmer, Unternehmen, Ideologien – oft mit klingenden Namen. Und mit diesem Gedanken habe ich begonnen zu spielen und ernsthaft zu arbeiten.

Das Schlüsselbild ist Nicolae C., die Ikone des Schreckens und die Marke, das Gesicht für das vergangene System (Abbildung 1). Aber darum habe ich ihn nicht gemalt. Vielmehr ging es mir darum, anhand seiner Sichtweise zu zeigen, wie man mit Zeit und Fokus umgeht. Was passiert, wenn Manager zwanglos zusammentreffen? Neben den üblichen Männlichkeitsritualen und hohlen Floskeln und der Definition der aktuellen Hackordnung entwickelt sich das Gespräch, und der „Scheinwerfer" richtet sich auf vergangene Tage, eine Anekdote folgt der nächsten und der Schlussakkord ist: wie schön alles in der Vergangenheit war... Manager reden selten von der Zukunft: Da herrschen Angst, Unsicherheit, persönliche Überlegungen und Befürchtungen – überlebe ich die nächste Aufsichtsratssitzung, werde ich gekauft, verkauft? Alles Themen, die mit extremer Unsicherheit und Imponderabilien verbunden sind.

Nicolae der Schreckliche hat in seinen Reden immer von der Zukunft und vom Paradies geredet. Ich habe mir viele Dinge angeschaut und übersetzen lassen. Die Gegenwart war für ihn wohl nicht auszuhalten, also die Flucht in die Zukunft, und dieses Faktum war mir wichtig zu zeigen. So eine Art Spiegelung der Spiegelung. Vordergründig könnten sich viele der anwesenden Manager ja als Helden der Veränderung, der Befreiung gefühlt haben. Sie haben das System zumindest mitgekippt und bringen jetzt das „Heil der freien Marktwirtschaft", des Wohlstandes, der Leistung usw. in diese neue Wirtschaftsregion. Dass diese Märkte nach allen Regeln der Kunst geplündert werden und eigentlich eine Welle der Kolonialisierung stattfindet, diskutiert man erst gar nicht. Da müsste man ja was hinterfragen oder ändern. Da ich die ganz Szenerie und das Innenleben der Argumentation, die Strategien der westlichen Konzerne und vieler Manager sehr gut kenne, war es für mich klar, die Zukunft, die aktuelle Situation und die Bedingungen zu hinterfragen. Ich will mit meinen Bildern nicht anklagen, politisieren und dergleichen, sondern Klarheit schaffen, zumindest für mich, was hier abläuft.

Abb. 1: Nicolae Ceaucescu, 2007, Öl auf Leinwand, 160 x 230 cm

Die anderen Bilder haben ebenfalls einen klaren Bezug zum CEE-Raum. Der junge Mann Georghe P. ist seit gut zehn Jahren Wirtschaftsflüchtling und lebt illegal in der EU, weil er so seinen Kindern eine Ausbildung und damit eine Zukunft ermöglichen kann (Abbildung 2). Sein Verdienst in Rumänien würde unter optimalen Bedingungen 200 US-Dollar nicht übersteigen, dementsprechend scheu und vorsichtig schaut er dich auch an. Die Angst, ertappt und abgeschoben zu werden, ist ein ständiger Begleiter. Einmal wurde er bereits abgeschoben und hat, ich glaube, zwei Jahre Einreiseverbot erhalten, kehrte aber sofort über die grüne Grenze zurück in den „Goldenen Westen", während die westlichen Firmen die „Goldadern des Ostens" aufspürten – es ist interessant, wie die Bewegungen stattfinden. Er ist aber froh, fast zu jedem Lohn (ohne soziale Absicherung!) hier arbeiten zu können. Mittlerweile fährt er sogar einen uralten schwarzen BMW, baut sein Haus aus und ist voller Hoffnung und Willen etwas zu verändern.

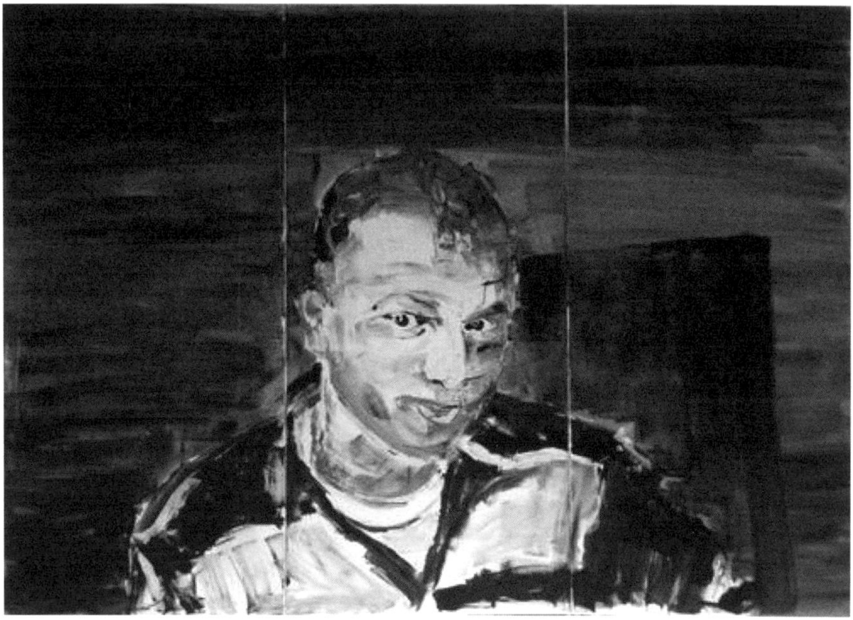

Abb. 2: Flüchtling, 2007, Öl auf Leinwand, 160 x 230 cm

Die junge Dame ist eine Deutsche, die in Deutschland keinen Studienplatz für Veterinärmedizin bekommen hat (Abbildung 3). Obwohl ihr Vater extrem einflussreich und vernetzt ist, hat sie ihre Zelte zum Studium in Budapest aufgeschlagen, bezahlt 3000 US-Dollar Studiengebühren sowie alle weiteren Kosten. Vor zehn Jahren hätte ich jede Wette gewonnen, wenn ich gesagt hätte, dass die Tochter eines deutschen Konzernchefs niemals eine Stadt im Osten, sondern viel wahrscheinlicher London, eine Stadt in den USA oder Paris als ihren Studienplatz gewählt hätte. Wie man sieht, ist der Osten doch auch für ganze andere Dinge attraktiv.

Abb. 3: Deutsche Studentin. 2007, Öl auf Leinwand, 160 x 150 cm

Das letzte Bild, ein Porträt meiner Tochter, ist meine Zukunft (Abbildung 4). Wer weiß, wo es sie hinverschlagen wird? Wer weiß, wie ihre Zukunft mit dem Osten vernetzt sein wird? Wer weiß, in wie vielen Dimensionen sie ihre Zukunft sieht?

Abb. 4: Tochter, 2005, Öl auf Leinwand, 160 x 150 cm

Zur Technik:

Alle Bilder sind auf meinen Standardbildträgern, bespannte Keilrahmen, in Öl gearbeitet. Sie entsprechen in etwa meinen zwergenhaften Körpermaßen 170 x 75 cm. Ein Bild kann sich über mehrere Bildtafeln erstrecken. Georghe P. und Nicolae C. auf je drei, die Frauen auf je zwei Tafeln. Die männliche Dominanz spiegelt sich auch in der verbrauchten und beanspruchten Fläche wider, oder? Die Farben der Männerporträts setzen sich zusammen aus einem dreckigen vermischten Rot und viel Schwarz, aber die rote Vergangenheit leuchtet durch. Vielfach wird sie gar nicht mehr so schrecklich gesehen – zumindest, wenn man mit einfachen Menschen spricht, die mit dem Leistungsdruck und dem Konsumterror etc. nicht zu Rande kommen oder kommen wollen.

Die Frauen strahlen – in die Zukunft, auch in anderen Farben.

Die Bildgrundlage für das Ceaucescu-Bild ist auf einem offiziellen Foto aufgebaut, das ich aus einer Volksschule aus dem Westen Rumäniens mir „angeeignet" habe. Es war nicht mehr aufgehängt, aber hat hinter einem Kasten auf meine Entdeckung gewartet.

Autorinnen und Autoren

Dr. Manfred F. Berger, Managing Director der DRAFTFCB KOBZA, Retail Consulting & Werbeges.m.b.H. in Wien.

Mag. Tamás Bognár Geschäftsführender Gesellschafter/Pan-Media Western Budapest.

Prof. Dr. Rudolf Bretschneider, Geschäftsführer GfK Austria GmbH, Lehrbeauftragter am Institut für Publizistik und Kommunikationswissenschaft der Universität Wien.

Josef Dutter, Geschäftsführer der Unternehmen der Salesianer-Gruppe, verantwortlich für die Leitung des Vertriebes und die Bereiche Werbung, Personal, EDV sowie die Expansion ins Ausland.

Mag. Helmut Hager, Seit Juli 2007 Division Head für die Bereiche Marketing und Target Group Management in der Holding der Erste Bank Group.

DI Walter Hitziger, Vorstand Brief und Logistik der Österreichischen Post AG, außerdem Präsident der Bundesvereinigung Logistik Österreich und Mitglied im Präsidium des Zentralverbandes für Spedition und Logistik.

Dr. Georg Kresbach, Intellectual Property und Information Technology, Wolf Theiss Rechtsanwälte/Attorneys-at-Law.

Mag. Marie-Hélène Magenschab, Vorstandsvorsitzende Vipnet d.o.o., Zagreb, Kroatien – ein Unternehmen der Telekom Austria Gruppe. Telekommunikationsexpertin mit Schwerpunkten im Bereich Südosteuropa, Marketing & Vertrieb, Strategie.

Dr. Elisabeth Ochsner – Geschäftsführerin der PanMedia Western Werbeplanung GmbH.

Mag. Simone Petsche-Demmel, Dispute Resolution, Wolf Theiss Rechtsanwälte/Attorneys-at-Law.

Dr. Andreas Philipp war bis Ende 2007 Geschäftsführer für Marketing und Vertrieb der Steyr Mannlicher GmbH & CoKG, seit Anfang 2008 ist er Geschäftsführer für Marketing und Vertrieb der Salesianer Miettex.

Prof. Piotr Ploszajski, Ph.D., Head of the Department of Management Theory, Vice Rector for International Relations, Warsaw School of Economics.

Dr. Franz Salm-Reifferscheidt, Unternehmensführer der HIPP GmbH & Co. Export KG.

Dr. Ulrich Schmidt, Geschäftsführer der Beiersdorf CEE Holding GmbH, Vorstandsmitglied der Markenartikelindustrie, Sprecher des PR-Ausschusses der Kosmetikindustrie in Österreich.

Mag. Alexander Schnider LLM, Intellectual Property und Information Technology, Wolf Theiss Rechtsanwälte/Attorneys-at-Law.

Ass.-Prof. Dr. Arnold Schuh, Direktor – Competence Center for Central and Eastern Europe der Wirtschaftsuniversität Wien.

Mirka Škrabalová ist Marketing Managerin der Chiquita CR und CEE in Prag.

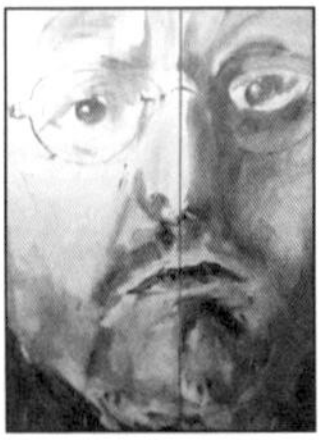

Oskar Stocker lebt und arbeitet in Graz (www.oskarstocker.com).

Mag. Günter Thumser, Präsident der Henkel Central Eastern Europe (CEE) in Wien, verantwortlich für 30 Länder in der Region.

DI Peter Umundum war im Laufe seiner zehnjährigen Tätigkeit bei der Styria Medien AG Geschäftsführer in verschiedenen Tochterunternehmen in den Bereichen Medienproduktion, Druck und Logistik (red mail), er war Geschäftsführer der Tageszeitungen „Die Presse" und „Kleine Zeitung".

Dipl. Bw. Martin Weseloh hat 2005 die Marketing- und Vertriebsverantwortung als Managing Director der Division Mail (Medienpost, Infomail, Briefpost) übernommen und ist für das nationale und internationale Geschäft verantwortlich.

Christian Wimmer, MBA, ist Partner und Chairman der CAPEXIT Beteiligungsmanagement.

Dr. Ludwig Wimmer, Berater. Teilnehmer am CONSTANTINUS-Wettbewerb (= Österreichs Beratungs- und IT-Preis)